Didaktik der Arithmetik

Mathematik Primar- und Sekundarstufe

Herausgegeben von
Prof. Dr. Friedhelm Padberg
Universität Bielefeld

Bisher erschienene Bände:

Didaktik der Mathematik

A.-M. Fraedrich: Planung von Mathematikunterricht in der Grundschule (P)
M. Franke: Didaktik der Geometrie (P)
G. Krauthausen/P. Scherer: Einführung in die Mathematikdidaktik (P)
F. Padberg: Didaktik der Arithmetik (P)

G. Holland: Geometrie in der Sekundarstufe (S)
F. Padberg: Didaktik der Bruchrechnung (S)
H.-J. Vollrath: Grundlagen des Mathematikunterrichts in der Sekundarstufe (S)

Mathematik

F. Padberg: Einführung in die Mathematik I - Arithmetik (P)
F. Padberg: Zahlentheorie und Arithmetik (P)
M. Stein: Einführung in die Mathematik II - Geometrie (P)
M. Stein: Geometrie (P)

H. Kütting: Elementare Stochastik (P/S)
F. Padberg: Elementare Zahlentheorie (P/S)
F. Padberg/R. Danckwerts/M. Stein: Zahlbereiche (P/S)

Weitere Bände in Vorbereitung:

Didaktik des Sachrechnens (P)

Algebra in der Sekundarstufe (S)
Computer im Mathematikunterricht (S)
Didaktik der Geometrie (S)
Didaktik des Sachrechnens (S)
Didaktik der Analysis (S)

Einführung in die Elementargeometrie (P/S)

P: Primarstufe
S: Sekundarstufe

Friedhelm Padberg

Didaktik der Arithmetik

2., vollständig überarbeitete und erweiterte Auflage

Spektrum Akademischer Verlag   Heidelberg · Berlin

Autor:
Prof. Dr. Friedhelm Padberg
Fakultät für Mathematik
Universität Bielefeld

Die Deutsche Bibliothek – CIP-Einheitsaufnahme

Padberg, Friedhelm:
Didaktik der Arithmetik / Friedhelm Padberg. – 2., vollst. überarb. und erw. Aufl.. - Heidelberg ;
Berlin ; Oxford : Spektrum, Akad. Verl., 1996
    (Mathematik Primar- und Sekundarstufe)
    ISBN 3-86025-480-4

Die bisherigen Ausgaben dieses Buches sind in der Reihe „Texte zur Didaktik der Mathematik"
erschienen.

4. Nachdruck 2002
© 1996 Spektrum Akademischer Verlag GmbH   Heidelberg · Berlin

Lektorat: Bianca Alton / Dr. Andreas Rüdinger
Umschlaggestaltung: Kurt Bitsch, Birkenau
Druck und Verarbeitung: Progressdruck GmbH, Speyer

Vorwort zur zweiten, stark überarbeiteten und erweiterten Auflage

Seit der Erstauflage dieses Bandes im Jahre 1986 sind eine größere Anzahl anregender und äußerst interessanter, *neuerer Forschungsarbeiten und Publikationen* zur Didaktik der Arithmetik im deutschen, anglo–amerikanischen und französischen Sprachraum erschienen. Gleichzeitig hat auch meine *eigene Kenntnis und Erfahrung* in diesem Bereich — durch weitere empirische Untersuchungen, durch Gespräche mit einer Vielzahl von Kollegen, durch die Analyse neuerer Schulbuchkonzepte und Lehrpläne (auch aus den neuen Bundesländern) sowie – last, but not least – durch den praktischen Einsatz dieses Buches in verschiedenen Seminaren zur Didaktik der Arithmetik — weiter zugenommen. *Beides* hat dazu geführt, daß bei dieser Neuauflage *Veränderungen und Ergänzungen* in einer Reihe von Punkten gegenüber der Erstauflage (und ihren diversen Nachdrucken) erfolgt sind, und zwar insbesondere in *folgenden* Bereichen:

- Erwerb und Einsatz der Zahlwortreihe in der Vorschulzeit (Kap. I),
- Vorkenntnisse von Schulanfängern (Kap. I),
- gegenwärtiger Anfangsunterricht sowie Ursachen für seine starken Veränderungen gegenüber der Neuen Mathematik (Kap. I),
- Strategien von Schülern bei der mündlichen Addition und Subtraktion, Klassifikation von Additionssituationen und Schwierigkeitsgrad von Aufgaben des Kleinen 1 + 1 (Kap. III),
- Entwicklung des Verständnisses der mündlichen Multiplikation; Wege zum Kleinen 1 × 1 (Kap. III),
- Division mit Rest (Kap. III),
- Vergleich verschiedener Verfahren der schriftlichen Subtraktion (Kap. IV),
- alternative Verfahren zur schriftlichen Subtraktion, Multiplikation und insbesondere Division (Kap. IV),
- Einsatz von Taschenrechnern und Computern im Arithmetikunterricht der Grundschule (neues Kapitel VI).

Obwohl der *Umfang* dieses Bandes gegenüber der Erstauflage *deutlich vergrö-ßert* worden ist, gilt unverändert, daß aus der Fülle von Fragestellungen zur Didaktik der Arithmetik hier *nur eine Auswahl* etwas gründlicher dargestellt werden kann.

Bielefeld, Juli 1992   Friedhelm Padberg

Vorwort (zur ersten Auflage)

Die Arithmetik ist das Kernstück des Mathematikunterrichts der ersten vier Schuljahre. Das mündliche und schriftliche Rechnen mit natürlichen Zahlen bildet den zentralen Bereich dieses Stoffgebietes. Wir beschreiben daher im *ersten* Kapitel dieses Bandes ausführlich das Vorwissen der Schulanfänger über Zahlen und gehen gründlich auf den Ausbau und die Vertiefung der Zahlvorstellungen ein. Im *zweiten* Kapitel analysieren wir die charakteristischen Kennzeichen unserer heutigen Zahlschrift und stellen die schrittweise Erweiterung des Zahlenraumes während der Grundschulzeit genauer dar. Im *dritten* und *vierten* Kapitel behandeln wir gründlich und umfassend die nichtschriftlichen und die schriftlichen Rechenverfahren. Abwechslungsreiches Üben ist für einen erfolgreichen Arithmetikunterricht äußerst wichtig. Wir beschreiben daher im *fünften* – und letzten – Kapitel zunächst verschiedene Übungsformen und einige hilfreiche Übungsgrundsätze und nennen anschließend viele konkrete – direkt im Unterricht einsetzbare – Spiele zum automatisierenden und operativen Üben.

Dieser Band zur Didaktik der Arithmetik weist folgende *Charakteristika* auf:

- Die *Praxisnähe* der Darstellung ermöglicht eine leichte Umsetzung der Inhalte in den Unterricht. An passenden Stellen wird bewußt auf geeignete Textstellen aus *neueren Schulbuchwerken* zurückgegriffen.
- Die *Vorkenntnisse* der Schulanfänger bezüglich der natürlichen Zahlen wie auch bezüglich der Rechenoperationen mit ihnen werden auf der Grundlage neuerer Untersuchungen gründlich dargestellt.
- Die von den Schülern benutzten *Strategien* zum Erwerb der Grundaufgaben beim mündlichen Addieren (Kleines 1 + 1), Subtrahieren, Multiplizieren (Kleines 1 × 1), Dividieren sowie beim mündlichen Rechnen mit „größeren" Zahlen werden umfassend beschrieben.
- Äußerst gründlich gehen wir in diesem Band auf *typische Schülerfehler* beim mündlichen und insbesondere beim schriftlichen Rechnen, aber auch beim Zählen und bei der Notation von Zahlwörtern ein. Auf der Grundlage umfangreicher eigener Untersuchungen sowie der Kenntnis der einschlägigen deutschsprachigen und anglo–amerikanischen Literatur werden besonders auch *die* Fehler, die Schüler *systematisch* machen, berücksichtigt. Hier lassen sich bei der Fehlerbekämpfung leicht große

Erfolge erzielen. Ferner wird auf mögliche Ursachen für die Fehler sowie auf Maßnahmen zur Fehlerbekämpfung bzw. zur Vorbeugung eingegangen.

– Der Band enthält vollständige *diagnostische Tests* zu den vier Grundrechenarten und ermöglicht so eine leichte Abklärung systematischer – aber auch anderer – Fehler bei Schülern.

– Sowohl beim mündlichen wie auch z.T. beim schriftlichen Rechnen stellen wir in diesem Band *verschiedene Einführungswege* – einschließlich der Angabe von *leichteren Alternativverfahren* (bei der schriftlichen Multiplikation und Division) – sorgfältig dar und diskutieren diese.

– Die Einführungswege im Sinne der Reform des Mathematikunterrichts in den siebziger Jahren – also im Sinne der sogenannten „*Neuen Mathematik*" werden im erforderlichen Umfang beschrieben, kritisch analysiert (vgl. z.B. Kap. I) und hieraus Folgerungen für den gegenwärtigen Arithmetikunterricht gezogen.

– Bei den schriftlichen Rechenverfahren gehen wir wegen des hohen Anteils ausländischer Kinder auf die übliche Notation dieser Rechenverfahren in wichtigen *Gastarbeiterländern* ein, um so den Lehrern in dieser Frage Hilfen an die Hand zu geben.

– Die Probleme bei der Schreibweise von *Divisionsaufgaben mit Rest* werden ausführlich diskutiert.

– Sowohl zum automatisierenden wie auch zum operativen *Üben* beschreiben wir eine Fülle von direkt im Unterricht einsetzbaren Spielen.

– Die umfangreiche neuere *deutschsprachige* und *anglo–amerikanische Literatur* wurde gründlich berücksichtigt. Das Literaturverzeichnis verzeichnet jedoch nur einen Teil dieser Literatur, nämlich die Arbeiten, die in diesem Text explizit erwähnt werden.

Dieser Band ist aus verschiedenen – von uns im Laufe der letzten Jahre an der Universität Bielefeld durchgeführten – Vorlesungen und Seminaren zur Didaktik der Arithmetik hervorgegangen. Daher ist der vorliegende Text im Verlauf mehrerer Jahre schrittweise entstanden und mehrfach verändert worden. Infolgedessen kann es sein, daß wir einige Arbeiten und Anregungen, die den vorliegenden Text in seinen verschiedenen Fassungen beeinflußt haben, bei der Endfassung dieses Bandes nicht mehr exakt rekonstruieren konnten.

Im Text haben wir überwiegend *neuere* Literatur zitiert. Dies darf keinesfalls zu dem falschen Schluß führen, daß erst seit den siebziger bzw. achtziger

Jahren interessante Arbeiten zur Arithmetik erschienen sind. Wir haben uns vielmehr stärker auf diese neueren Arbeiten gestützt, um so besser den neuesten Forschungsstand berücksichtigen zu können. Bei einem Vergleich neuerer mit älteren Arbeiten kann man allerdings beobachten, daß *einige* heutige Ergebnisse durchaus schon *früher* – wenn auch z.T. in anderer Form – gefunden worden sind.

Es ist selbstverständlich nicht möglich, in *einem* Band zur Arithmetik *alle* Aspekte dieses Stoffgebietes anzusprechen oder gar erschöpfend zu behandeln. So gehen wir nicht auf die Anwendungen der Arithmetik im Bereich des *Sachrechnens* ein, da es uns nicht vertretbar erscheint, dieses Gebiet auf einigen wenigen Seiten knapp und skizzenhaft darzustellen. Wir gehen auch nicht auf die sehr interessante *Teilbarkeitslehre* ein, die wir schon an anderer Stelle (Padberg, 1981) gründlich dargestellt haben oder auf die *Geschichte der Arithmetik* (vgl. Radatz-Schipper, 1983). Ebenso diskutieren wir die wichtige Frage der *Differenzierung* nur an *einigen* Stellen dieses Bandes, um nur einige Beispiele zu nennen.

Für die Durchsicht des Manuskriptes und eine Reihe von wertvollen Hinweisen bin ich meinen Kollegen, den Herren Prof. Dr. W. Hestermeyer (Bielefeld), Prof. Dr. N. Knoche (Essen), Prof. S. Kothe (Reutlingen), Prof. Dr. H. Scheid (Wuppertal), Prof. Dr. R. Schmidt (Gießen), AOR H. Trauerstein (Bielefeld) sowie StD. Dr. Fritz Padberg und Rektor H. Glaß (Beckum), für die Erstellung des Manuskriptes Frau Inge Bathelt zu Dank verpflichtet.

Bielefeld, Mai 1986   Friedhelm Padberg

Inhaltsverzeichnis

I Erarbeitung der ersten Zahlen

In diesem ersten Kapitel beschäftigen wir uns mit der *Erarbeitung der ersten Zahlen* unter verschiedenen Gesichtspunkten. *Zunächst* analysieren wir einige Fragen zum *Erwerb und Einsatz der Zahlwortreihe* in der *Vorschulzeit*. Es schließt sich im *zweiten* Abschnitt eine gründliche Darstellung der *Vorkenntnisse von Schulanfängern* an. Einleitend werden als Grundlage zuerst *verschiedene Aspekte* des Zahlbegriffs *systematisch* aufgezeigt, um dann anschließend auf *neuere empirische Untersuchungen* über die Kenntnisse der natürlichen Zahlen als *Zählzahlen*, als *Kardinalzahlen* – dies besonders gründlich – sowie als *Maßzahlen* einzugehen und um abschließend knapp aufzuzeigen, wie *vielseitig* – *über* die bisher genannten Aspekte hinaus – das Wissen der Schulanfänger über den *Gebrauch der natürlichen Zahlen* schon ist.

Die *Neue Mathematik* prägte äußerst gründlich — auch mit heftigen Kontroversen — die Schulbuchlandschaft zwischen dem *Anfang der siebziger* und etwa der *Mitte der achtziger Jahre*. Und auch in den *gegenwärtigen* Schulbüchern sind noch — mehr oder weniger ausgeprägte — *Spuren* der Neuen Mathematik zu finden. Daher skizzieren wir im *dritten* Abschnitt zunächst einen *typischen Einführungsweg* im Sinne dieses Konzeptes, gehen anschließend auf die *mathematischen* und *psychologischen Begründungen* für diesen Weg ein, bevor wir abschließend *Schwachstellen dieses Konzepts* bei der Erarbeitung der ersten Zahlen aufzeigen.

Die seit etwa *Mitte der achtziger Jahre* in allen Bundesländern *neu formulierten* und *stark revidierten Lehrpläne* für die Grundschule haben bewirkt, daß sich die *heutigen Schulbücher* generell — und insbesondere auch im Bereich der Erarbeitung der ersten Zahlen — *stark von ihren Vorgängern* aus der Zeit der Neuen Mathematik *unterscheiden*. Daher gehen wir im *vierten* Abschnitt zunächst auf *Ursachen* für diese *starken Veränderungen* ein, um dann anschließend den *gegenwärtigen Anfangsunterricht* — auch kritisch — darzustellen.

1 Die Zahlwortreihe — Erwerb und Einsatz in der Vorschulzeit

Wir gehen in diesem *ersten* Abschnitt auf *einige* Fragen zum *Erwerb und Einsatz* der *Zahlwortreihe vor* Beginn der Schulzeit auf der Grundlage *neuerer Forschungsarbeiten* ein, wobei sich *Überlappungen* — z.b. bei den verschiedenen Niveaus beim Einsatz der Zahlwortreihe — mit dem *Beginn der Schulzeit* nicht vermeiden lassen. Den Umfang der Beherrschung der Zahlwortreihe zu *Beginn des ersten Schuljahres* stellen wir genauer im Abschnitt 2.2 dar.

Schon um das *zweite* Lebensjahr herum beginnt nach Fuson/ Richards/Briars (1982) und auch anderen der *Erwerb der Zahlwortreihe* (bei amerikanischen Kindern der Mittelschicht). Bei den *meisten* Kindern kommt er in der ersten Klasse zu einem gewissen *Abschluß*. Beim Erwerb der Zahlwortreihe kann man allerdings sehr große, *individuelle Unterschiede* feststellen: So beherrschen durchaus schon manche *Dreijährige* korrekt längere Abschnitte der Zahlwortreihe als manche *Fünf*jährige. Von 3 1/2 Jahren an aufwärts können die meisten Kinder Zahlwortfolgen *bis zehn* aufsagen und sind im Begriff, die Zahlwortfolge bis *zwanzig* zu erwerben. Zwischen 4 1/2 und 6 oder 6 1/2 Jahren erkennen die Kinder allmählich die gleichförmigen *Bildungsgesetze* der Zahlwortfolge innerhalb der einzelnen Dekaden zwischen 20 und 100.

Während des — mehrere Jahre dauernden — Erwerbs der Zahlwortreihe kann man nach Fuson et al. bei den meisten Kindern im jeweils „beherrschten" Bereich drei Teilabschnitte unterscheiden: Eine stabile, korrekte Zahlwortfolge am Anfang, anschließend eine ebenfalls stabile, jedoch nicht korrekte weitere Folge von Zahlwörtern (meist durch die Auslassung einiger Zahlwörter gekennzeichnet) und danach schließlich eine weitere Folge, die beim jeweiligen Aufsagen der Zahlwortreihe durchaus unterschiedlich ist bzw. sein kann.

Beispiel:

1. Versuch:	1, 2, 3, 4,	6, 8, 9,	14, 16, 13, 5
2. Versuch:	1, 2, 3, 4,	6, 8, 9,	12, 15, 16, 13
	stabil, korrekt	stabil, inkorrekt	nicht stabil

Beim Gebrauch der Zahlwortreihe durch die Kinder fällt auf, daß sie schon sehr früh Zahlwörter gegen *Nichtzahlwörter* scharf abgrenzen können. So werden beim Aufsagen der Zahlwortreihe nach den Befunden von Fuson et al.

sowie auch anderen selbst im dritten, noch nicht stabilen Abschnitt der Zahl-wortreihe praktisch ausschließlich nur *Zahlwörter* (und höchstens ganz ver-einzelt mal *Buchstaben*, die ja auf eine sehr ähnliche Art und Weise wie die Zahlwortreihe von den Kindern gelernt werden) genannt.

Ansätze, den Erwerb der Zahlwortreihe mittels *Zählprinzipien* zu beschrei-ben, stammen u.a. schon von Kruckenberg (1935) und von Gelman/Gallistel (1978) (vgl. Radatz (1982)). Folgende Prinzipien lassen sich in diesem Zu-sammenhang ausgliedern:

(1) *Das Eindeutigkeitsprinzip*
Jedem der zu zählenden Gegenstände wird genau ein Zahlwort zugeord-net.

(2) *Das Prinzip der stabilen Ordnung*
Die Reihe der Zahlnamen hat eine feste Ordnung.

(3) *Das Kardinalzahlprinzip*
Das zuletzt genannte Zahlwort beim Zählprozeß gibt die Anzahl einer Menge an.

(4) *Das Abstraktionsprinzip*
Die Zählprinzipien (1) bis (3) können auf jede beliebige Menge ange-wandt werden.

(5) *Das Prinzip von der Irrelevanz der Anordnung*
Die jeweilige Anordnung der zu zählenden Obekte ist für das Zählergeb-nis irrelevant.

Bereits im Alter von 2 1/2 bis 3 Jahren beachten Kinder *implizit* die ersten drei Zählprinzipien. Im Alter von 4 bis 6 Jahren werden sie sich allmählich der beschriebenen Zählprinzipien *bewußt*. Eine Verfestigung und zugleich auch *Verbesserung* der Zählfähigkeit jeweils innerhalb des erworbenen Zahlenrau-mes erfolgt durch eine *Zunahme* der Zählgeschwindigkeit sowie durch die *Überwindung* von Koordinationsfehlern zwischen der Zahlwortreihe und den zu zählenden Objekten (Nichtberücksichtigung von Objekten, mehrmaliges Benennen *eines* Objektes u.a.).

Untersuchungen von Briars/Siegler (1984, S. 614) belegen *genauer*, daß Kin-der mit zunehmendem Alter mehr und mehr erkennen, daß für ein korrektes Zählen die Anwendung des *Eindeutigkeitsprinzips* erforderlich ist: Während nur 30% der Dreijährigen konsistent Zählversuche, die *gegen* das Eindeutig-keitsprinzip verstoßen, als *falsch* zurückweisen, weisen 90% der untersuchten

Vierjährigen und *alle* untersuchten Fünfjährigen derartige Zählversuche *konsistent als fehlerhaft zurück*. Wie das *Kardinalzahlprinzig* schrittweise erworben wird, beschreiben Bermejo/Lago (1990, S. 248) auf der Grundlage eigener empirischer Untersuchungen bei Vier- bis Sechsjährigen in Form von sechs Stufen. Wieweit das *Beherrschen wichtiger Zählprinzipien* allerdings *überhaupt eine Garantie* dafür ist, daß Vorschulkinder die *quantitative Bedeutung* des Zählens *wirklich* verstehen, diskutiert kritisch Sophian (1988).

Beim Zählen benutzen wir oft *nicht nur* die genannten *Zählprinzipien*. Daneben verwenden wir *häufig auch Konventionen* (wie z.B. das Zählen konkreter Objekte von links nach rechts, den Beginn des Zählens am äußersten Ende und nicht etwa in der Mitte, das Zählen in *der* Abfolge, wie die Objekte nebeneinander liegen), die für die richtige Ergebnisfindung u. U. hilfreich, aber *keineswegs notwendig* sind. Nach Untersuchungen von Briars/Siegler (1984, S. 616) wächst bei Kindern *schon während der Vorschulzeit* die Einsicht beachtlich, daß die *obigen Konventionen* — im Unterschied zu den Zählprinzipien, insbesondere zu dem Eindeutigkeitsprinzip — für die *richtige Ergebnisfindung nicht ausschlaggebend* sind. So akzeptieren Fünfjährige — im Gegensatz zu Dreijährigen — jede richtige, jedoch von den obigen Konventionen abweichende Zählweise *signifikant häufiger als richtig* als Zählversuche, die gegen das Eindeutigkeitsprinzip verstoßen.

Wenn die Kinder über die Zahlwortreihe — genauer über einen im Laufe der Jahre *ständig wachsenden* Abschnitt der Zahlwortreihe — korrekt verfügen, wird der Einsatz dieser Reihe im Laufe der Zeit zunehmend *differenzierter*. Nach Fuson et al. lassen sich hierbei idealtypisch 5 *Niveaus* unterscheiden.

Niveau 1 (string level)
Die Zahlwortreihe kann nur als Ganzes *unstrukturiert* eingesetzt werden. Die Reihe hat für das Kind also faktisch die Form einszweidreivierfünfsechs.... *Einzelne* Zahlwörter können *nur* durch das Aufsagen der *ganzen* bekannten Reihe angegeben werden. Die Zahlwortreihe kann nur mit *großen Einschränkungen* erfolgreich zum *Zählen* eingesetzt werden, da das *Eindeutigkeitsprinzip* bei diesem Kenntnisstand noch nicht *sicher* beherrscht wird.

Niveau 2 (unbreakable chain level)
Die einzelnen Zahlwörter können klar *unterschieden* werden. Statt der Form einszweidreivierfünfsechs...hat die Zahlwortreihe für das Kind jetzt die übliche Form eins, zwei, drei, vier, fünf, sechs, ... Jedoch muß die Reihe bei Be-

nutzung immer *noch von eins* an aufgesagt werden, ein *Weiterzählen* etwa von fünf aus ist *noch nicht* möglich. Wegen der mittlerweile erfolgten, deutlichen *Unterscheidung* der *einzelnen* Zahlwörter kann die Zahlwortreihe jetzt auch wirksam beim *Zählen* eingesetzt werden. Daher können allmählich auch Anzahlen ausgezählt (*Kardinalzahlaspekt*), Antworten auf Fragen wie „An welcher Stelle?" (*Ordinalzahlaspekt*) oder „Wieviele Einheiten?"(*Maßzahlaspekt*) gegeben und auch erste einfache *Additions*- (und vielleicht auch *Subtrakti*-onsaufgaben) gelöst werden. Durch das Aufsagen der Zahlwortreihe können auch Aussagen über die *Kleiner*- bzw. *Größer*relation zwischen zwei Zahlen gewonnen werden (z.B. in der Form, daß 5 vor 7 kommt).

Niveau 3 (breakable chain level)
Die Zahlwortreihe kann jetzt auch schon *von größeren Zahlen aus* — und nicht mehr nur ausschließlich von eins als Startpunkt aus wie in den Niveaus 1 und 2 — eingesetzt werden. Ferner kann jetzt neben dem Weiter- und Rückwärtszählen von einer natürlichen Zahl n aus *auch* von einer Zahl n bis zu einer *größeren* Zahl m *vorwärts* sowie von einer Zahl m bis zu einer *kleineren* Zahl n *rückwärts* gezählt werden. Dadurch, daß die Kinder beim Zählen *nicht* mehr bei eins beginnen müssen, gewinnen sie die Aussagen über die Größer- bzw. Kleinerbeziehung zweier Zahlen sehr viel *rascher* als im Niveau 2. Ferner können sie jetzt auch Aussagen über einige oder alle Zahlen *zwischen* zwei gegebenen Zahlen machen und auch bei einfachen *Additions*- und *Subtraktion*saufgaben *effektiver* rechnen.

Niveau 4 (numerable chain level)
Auf diesem Niveau *zählen* die Kinder erstmalig auch die *Zahlwörter*. Die Zahlwortreihe wird also nicht mehr *nur* eingesetzt, um Objekte zu zählen. So können die Kinder von einer gegebenen Zahl a aus um eine vorgegebene Anzahl n von Zahlen *weiterzählen*, und sie können auch bestimmen, um *wieviel* man von einer gegebenen Zahl a bis zu einer größeren Zahl b weiterzählen muß. Etwas später — etwa um das 7. Lebensjahr — erwerben die Kinder *zusätzlich* die entsprechenden Fertigkeiten im *Rückwärtszählen*: Sie können also von einer gegebenen Zahl b aus um n Zahlen *zurückzählen*, und sie können ferner bestimmen, um *wieviel* man von einer gegebenen Zahl b bis zu einer kleineren Zahl a zurückzählen muß. Diese *neuen* Fertigkeiten verbessern weiter die Fähigkeit zum Lösen einfacher Additions- und Subtraktionsaufgaben.

Niveau 5 (bidirectional chain level)
Dieses *höchste* Niveau ist dadurch gekennzeichnet, daß die Kinder schnell vorwärts und rückwärts zählen können, und zwar von *jedem bekannten* Zahlwort aus. Ferner können sie *leicht und flexibel* die Zählrichtungen verändern, ohne daß — wie noch häufiger im Niveau 4 — Fehler oder Verwechslungen mit der vorher benutzten Zählrichtung vorkommen.

Kritisch muß zu diesen fünf *idealtypisch* herausgestellten Niveaus allerdings angemerkt werden, daß über die wichtige Frage der *Übergänge* zwischen ihnen *noch wenig* bekannt ist. So fehlen bislang noch weitgehend *Längsschnittuntersuchungen* bei einzelnen Kindern. Ferner ist auch noch unklar, ob sich beispielsweise das Niveau 4 und das Niveau 5 *unabhängig* voneinander entwickeln oder ob *etwa* Niveau 5 (immer) erst *nach* Niveau 4 erreicht wird. Bei den Niveaus ist ferner zu beachten, daß wegen der Entwicklung der Zahlwortreihe über einen *längeren* Zeitraum hin *ein und dasselbe* Kind sich zur *gleichen* Zeit innerhalb *verschiedener* Teilabschnitte der Zahlwortreihe auf *verschiedenen* Niveaus befinden kann. So hat das Kind bei den ersten Zahlen der Reihe vielleicht schon das *höchste* Niveau erreicht, während es sich zugleich *weiter hinten* in der Zahlwortreihe noch auf einem *niedrigeren* Niveau befindet.

Die dargestellten neueren Forschungsarbeiten belegen insgesamt deutlich, daß *Zählen* wesentlich *mehr* beinhaltet als ein *rein mechanisches Aufsagen der Zahlwortreihe* und daß der *Zählvorgang* äußerst *komplex* ist.

2   Vorkenntnisse von Schulanfängern

Die *natürlichen Zahlen* — und nur diese kommen im Unterricht der Grundschule vor — werden im täglichen Leben in *äußerst verschiedenartigen Situationen* benutzt und für *vielfältige Zwecke* eingesetzt. Als *Grundlage* für die in den *nächsten* Abschnitten erfolgende Darstellung der *Vorkenntnisse der Schulanfänger* gehen wir daher im *ersten* Abschnitt *zunächst systematisch* auf *verschiedene Aspekte des Zahlbegriffs* ein.

2.1 Aspekte des Zahlbegriffs

Die folgenden Beispiele verdeutlichen einige *unterschiedliche Einsatzmöglichkeiten* der natürlichen Zahlen:

(1) Hans hat 2 Brüder. Dort liegen 4 Bauklötze. Gib mir die 3 blauen Murmeln.

(2) Hans liegt beim Wettlauf an 3. Stelle. Die 5. Perle in der Kette ist blau. Mein Rad fährt im 3. Gang am schnellsten. Heute ist der 10. Juni.

(3) Das Haus hat die Nummer 15. Ich lese gerade in meinem Buch auf Seite 9.

(4) Der Schulweg ist 2 km lang. Die Bonbons kosten 40 Pf. Die Tafel Schokolade wiegt 100 g.

(5) Peter ist diese Woche fünfmal zur Schule gegangen. Schreib die Seite dreimal ab.

(6) $8+5=5+8$
$(8+7)+13=8+(7+13)$

(7)
$$
\begin{array}{r} 579 \\ +\ 688 \\ \hline 1267 \end{array}
\qquad
\begin{array}{r} 834 \\ -\ 359 \\ \hline 475 \end{array}
$$

(8) Halle hat die Postleitzahl 4802. Ich habe die Telefonnummer 5679.

Den Beispielen (1) bis (8) kann man jeweils *verschiedene Zahlaspekte* entnehmen:

– In der Beispielgruppe (1) dienen die Zahlen zur Beschreibung von *Anzahlen*. Man fragt: „Wie viele?" und benennt das Ergebnis mit eins, zwei, drei usw. (*Kardinalzahlaspekt*).

– In der Beispielgruppe (2) kennzeichnen die Zahlen die *Reihenfolge* innerhalb einer (total geordneten) Reihe. Man fragt jeweils: „An welcher Stelle?" oder „Der bzw. die wievielte?" und benennt das Ergebnis mit erster, zweiter, dritter usw. Die natürlichen Zahlen werden hier als *Ordnungszahlen* benutzt (*Ordinalzahlaspekt*).

– In der Beispielgruppe (3) bezeichnen die Zahlen *ebenfalls* eine Reihenfolge. Hierfür benutzt man an *dieser* Stelle im Unterschied zu (2) *direkt* die natürlichen Zahlen (bzw. eine Teilmenge von ihnen) *in der Reihenfolge*, wie sie im Zählprozeß durchlaufen werden („*Zählzahlen*"). Man benennt die Ergebnisse mit eins, zwei, drei usw. Da durch die Zählzahlen genau wie bei (2) eine *Reihenfolge* beschrieben wird, spricht man auch in *diesem* Zusammenhang vom *Ordinalzahlaspekt* der natürlichen Zahlen.

- In der Beispielgruppe (4) fragen wir „Wie lang?", „Wie teuer?" oder „Wie schwer?" Die natürlichen Zahlen dienen hier zur Bezeichnung von *Größen*, man benutzt sie als *Maßzahlen* bezüglich einer gewählten Einheit (*Maßzahlaspekt*). Maßzahlen spielen auch eine Rolle bei der Herstellung von *Skalen* (z.B. für Temperatur- oder Zeitangaben). Dieser Gesichtspunkt wird gelegentlich auch als *Skalenaspekt* der natürlichen Zahlen bezeichnet.

- In der Beispielgruppe (5) beschreiben die natürlichen Zahlen die *Vielfachheit* einer Handlung oder eines Vorgangs. Man fragt hier „Wie oft?", benennt das Ergebnis mit einmal, zweimal usw. und bezeichnet diesen Zahlaspekt als *Operatoraspekt*.

- Die in (6) formulierten Gleichheitsaussagen beruhen auf dem Kommutativ- bzw. Assoziativgesetz der Addition (vgl. III.1.3), also auf der Gültigkeit von *algebraischen Gesetzen*. Die natürlichen Zahlen werden hier zum Rechnen, also als *Rechenzahlen*, benutzt (*Rechenzahlaspekt*).

- Bei der Beispielgruppe (7) werden die natürlichen Zahlen *ebenfalls* als *Rechenzahlen* benutzt. Während bei den Beispielen (6) jedoch bestimmte *algebraische* Gesetzmäßigkeiten der natürlichen Zahlen angesprochen werden — man spricht daher auch von dem *algebraischen Aspekt* der Rechenzahlen —, sollen die Beispiele (7) den Gesichtspunkt verdeutlichen, daß man mit den natürlichen Zahlen nach eindeutig bestimmten Folgen von Handlungsanweisungen *ziffernweise* rechnen kann („Algorithmen", daher *algorithmischer Aspekt* der Rechenzahlen).

- Die Ziffernfolgen in der Beispielgruppe (8) dienen dazu, Dinge zu *benennen* und zu *unterscheiden*. Man kann mit ihnen *weder* sinnvoll rechnen — so ist z.B. eine Addition von zwei Telefonnummern sinnlos — *noch* kann man sie sinnvoll der Größe nach ordnen. Die Ziffernfolgen dienen zur Codierung (*Codierungsaspekt*).

In den verschiedenen *Beispielen* sind insgesamt folgende *Zahlaspekte* angesprochen worden:

- Kardinalzahlaspekt

- Ordinalzahlaspekt
  - Ordnungszahl
  - Zählzahl
- Maßzahlaspekt
- Operatoraspekt
- Rechenzahlaspekt
  - algorithmischer Aspekt
  - algebraischer Aspekt
- Codierungsaspekt[1]

Diese Zahlaspekte darf man *nicht isoliert* sehen, wie obige idealtypische Auflistung vielleicht vermuten lassen könnte. Sie hängen *eng* miteinander zusammen. Das *Zählen* stellt eine *Verbindung* zwischen den verschiedenen Aspekten her. So gewinnt man die *Anzahl* der Elemente einer gegebenen Menge durch Auszählen: Die *zuletzt genannte* Zahl beim Zählen gibt die Anzahl (*Kardinalzahl*) an. Die Reihenfolge bzw. den Rangplatz innerhalb einer Reihe (*Ordinalzahlaspekt*) erhält man durch das Abzählen. Ebenso kann man vielfach die *Maßzahl* einer Größe durch das Auszählen der Anzahl der erforderlichen *Größeneinheiten* gewinnen. Die *Vielfachheit* einer Handlung oder eines Vorgangs (*Operatoraspekt*) bestimmt man ebenfalls durch das Auszählen. Das Zählen hilft auch, die Ergebnisse beim *Rechnen* mit natürlichen Zahlen zu gewinnen, nämlich beispielsweise das *Weiterzählen* bei der Addition und das *Weiter-* oder *Rückwärtszählen* bei der Subtraktion. Das Zählen stellt also eine *Verbindung* zwischen den verschiedenen Zahlaspekten her, allerdings werden durch das Zählen nur *einige Nuancen* der jeweiligen Zahlaspekte erfaßt.

Die verschiedenen Zahlaspekte erfahren die Kinder *konkret* in speziellen Situationen. Auf diese Art lernen sie *allmählich* die verschiedenen Zahlbedeutungen zunächst *getrennt* kennen. Erst im Verlauf der Schulzeit erkennen die Kinder die *Beziehungen* zwischen den *verschiedenen* Zahlaspekten. So gelangen sie allmählich zu einem *umfassenden* Zahlbegriff, der die verschiedenen Aspekte *integriert*. Parallelen zu den „subjektiven Erfahrungsbereichen" im

---

[1]Wir erwähnen den Codierungsaspekt an dieser Stelle, da er *üblicherweise* als ein Zahlaspekt aufgeführt wird. Bei den zur Codierung benutzten Ziffernfolgen handelt es sich allerdings offenkundig *nicht* um „Zahlen" — erst recht nicht um „natürliche Zahlen" —, da ihnen wesentliche Zahleigenschaften (Rechnen, Ordnen) *nicht* zukommen. Daher ist auch die übliche Ausgliederung des Codierungsaspektes als eines *Zahl*aspektes *fragwürdig*.

Sinne von Bauersfeld (1983) sind unmittelbar zu erkennen. Wie sich im einzelnen allerdings die Konstruktion und die Verzahnung der verschiedenen Zahlaspekte bei der Zahlbegriffsentwicklung bei Kindern vollzieht, dazu gibt es nach einer von S. Schmidt durchgeführten Analyse neuerer Forschungsarbeiten zu diesem Thema (Schmidt (1983)) wesentlich mehr *offene* Fragen als konkrete Ergebnisse.

2.2 Zählzahlen / Kenntnis der Zahlwortreihe

Für die — in diesem und in den folgenden Abschnitten erfolgende — Darstellung der *Vorkenntnisse der Schulanfänger* bildet die umfangreiche, gründliche Untersuchung von R. Schmidt (1982 a, 1982 b, 1982 c) [2] eine wichtige Grundlage. Ergänzend gehen wir an geeigneten Stellen auf *weitere* Untersuchungen ein. Allerdings werden durch die vorliegenden Befunde nur die Vorkenntnisse der Schulanfänger bezüglich des *Kardinalzahlaspektes detailliert* beschrieben, während entsprechend umfangreiche Untersuchungen bezüglich der *übrigen* Zahlaspekte noch weithin fehlen. Eine kleinere, gründliche Untersuchung von Schmidt/Weiser zum *Maßzahlaspekt* schildern wir in 2.5. Wir beginnen im folgenden mit der Darstellung der Vorkenntnisse deutscher *Schulanfänger* bezüglich der Zahlwortreihe (vgl. auch 1).

Schmidt und seine Mitarbeiter stellen den Schülern in ihrer Untersuchung in diesem Zusammenhang *einzeln* die Aufgabe: *Zähle, so weit du kannst.* Sobald die Schüler beim Zählen einen Fehler machen — und wenn sie auch nur aufgrund zu *hastigen* Zählens oder infolge *mangelnder* Konzentration eine Zahl auslassen und danach korrekt weiterzählen! — wird ein Zählvermögen bis zu der *unmittelbar vorhergenannten* Zahl konstatiert. Selbst bei dieser *äußerst vorsichtigen* Feststellung des Zählvermögens erbringt die Untersuchung *überraschend hohe* Leistungen der Schulanfänger im *verbalen Zählen*, wie Tabelle 1 zeigt (Schmidt (1982 b), S. 371 f).

Knapp die *Hälfte* der Schulanfänger kann also schon *mindestens* bis 29 zählen, *praktisch alle* Schüler beherrschen die Zahlwortreihe bis 10 (vgl. auch Schmidt/Weiser (1982) und Hendrickson (1979)). Zwischen ausländischen und deutschen Kindern gibt es allerdings in dieser Hinsicht erwartungsgemäß

---

[2]Stichprobenumfang: 1138 Schüler erster Klassen unmittelbar nach der Einschulung im Schuljahr 1981/82

Erreichte Zahl	Prozentsatz der Kinder	Kommentar
mindestens 5	99	*Praktisch alle* Kinder können bis
mindestens 10	97	10 zählen. Es erfolgen *kaum* Abbrüche in diesem Bereich
mindestens 15	84	In diesem Abschnitt erfolgt jeweils
mindestens 20	70	ein *steiler* Abfall. Es gibt hier
mindestens 30	45	*viele* Abbrüche beim Zählen.
mindestens 40	33	
mindestens 50	28	Wer beim Zählen *bis hierhin* gelangt, hat das *Prinzip* durchschaut.
mindestens 60	23	langt, hat das *Prinzip* durchschaut.
mindestens 70	20	Daher gibt es hier nur noch jeweils
mindestens 80	18	*wenige* Abbrüche.
mindestens 90	16	
mindestens 100	15	

Tabelle 1: Leistungen der Schüler im *verbalen Zählen*

Unterschiede (vgl. Schmidt (1982 c)). Ein Vergleich der *gegenwärtigen* Kenntnisse der Zahlwortreihe mit den Verhältnissen zu *Beginn unseres Jahrhunderts* (Räther (1909) nach Radatz/ Schipper (1983)) läßt *deutliche Fortschritte* erkennen, wohl u.a. bedingt durch das Fernsehen wie auch durch die Kindergärten.

Besonders schwierige Zahlen für die Schulanfänger, bei denen *besonders viele Abbrüche* beim Zählen erfolgen, sind:

- Die Zahlen 29 und 39. (Das Finden der nächsten *Zehnerzahl* bereitet hier Probleme.)
- Die Zahl 20. (Die Daten erwecken den Eindruck, als wenn viele Schüler die Zahlwortreihe bis 20 systematisch gelernt haben.)
- Die Zahl 30.

Folgende *typische Fehler* können beobachtet werden:

- Weiterzählen mit einer falschen Zehnerzahl (Beispiel: 38, 39, *20*, 21, 22, ...)
- Unkonventionelle — falsche — Zahlwortbildungen (Beispiel: achtundzwanzig, neunundzwanzig, *zehn*undzwanzig, *elf*undzwanzig, ...)

- Weiterzählen ab 20 nur noch mit Zehnern (18, 19, 20, 30, 40, 50, . . .)
- Verwechslung der Endsilben „zehn" und „zig" zwischen 10 und 20 (Beispiel: vierzehn, fünfzehn, sech*zig*, sieb*zig*, . . .)

2.3 Ziffernkenntnis

Die Schulanfänger beherrschen nicht nur weithin die Zahlwortreihe, sondern sie können auch schon *fast alle* die Ziffern 0 bis 9 *lesen* und sogar — wenn natürlich auch in *geringerem* Umfang — viele dieser Ziffern selbständig *schreiben* (Schmidt (1982 a), S. 166): So erbringt die Aufgabe: „Schreibe die Zahl 1 (3, 2, 4, 5, 6, 7, 9, 8, 0) auf!" folgendes Ergebnis:

Ziffer	richtig (%)	lesbar (%)	spiegelbildlich (%)	falsch/nicht bearbeitet (%)
0	87	4	0	9
1	67	3	26	5
2	50	12	13	25
3	56	5	23	16
4	55	8	15	22
5	48	6	15	31
6	48	6	18	27
7	40	10	18	33
8	62	14	0	24
9	34	9	20	38

Tabelle 2: Kenntnisse der Schulanfänger im *Ziffernschreiben*

Ein Schulanfänger kann *im Durchschnitt* 5 bis 6 Ziffern schreiben. In einer Klasse von 20 Schülern beherrschen — natürlich nur im statistischen Mittel! — rund 7 Schüler 8 oder mehr Ziffern, dagegen 5 Schüler nur maximal 3 Ziffern. 9 wird am häufigsten *falsch* geschrieben, insbesondere auch infolge von *Verwechslungen* mit der Ziffer 6. Ferner weicht die Schreib*richtung* der Ziffern teilweise vom vorgeschriebenen Schriftzug ab: So wird häufig *von unten nach oben* statt — wie vorgesehen — von oben nach unten geschrieben.

Die Leistungen der Schulanfänger sind beim Ziffern*lesen* erwartungsgemäß *höher* als beim (schwereren) Ziffern*schreiben*. So benennen die Schüler im

Durchschnitt 9 Ziffern richtig, mehr als *Dreiviertel* können sogar *alle 10 Ziffern* richtig lesen.

Die Daten zur Ziffernkenntnis zeigen, daß die Leistungen beim Ziffern*lesen* sehr hoch, daß jedoch die Vorkenntnisse beim Ziffern*schreiben* äußerst *unterschiedlich* sind. Das muß im Anfangsunterricht unbedingt *beachtet* werden.

2.4 Kardinalzahlen

2.4.1 Umfang der Kenntnisse

Den Umfang der Kenntnisse bezüglich des *Kardinalzahlaspektes* der natürlichen Zahlen untersuchen Schmidt und seine Mitarbeiter in *zweierlei* Richtung: Bei Vorgabe einer *Plättchenmenge* sollen die Kinder die *Anzahl* sowohl mit der entsprechenden *Ziffer* wie mit dem entsprechenden *Zahlwort* benennen, ferner sollen sie *umgekehrt* eine durch *Ziffer* oder *gesprochenes Zahlwort* benannte Anzahl konkret mit *Plättchen* legen. Diese Untersuchung erbringt folgende Ergebnisse (Schmidt (1982 a), S. 372 f):

(1) Bei *Vorgabe einer Plättchenmenge* ist die Anzahl durch *Ziffern* (die als Kärtchen gegeben sind) bzw. durch das *gesprochene* Zahlwort zu bestimmen:

a) *Zuordnen der Zifferndarstellung*

vorgegeben	richtige Ziffer zugeordnet (%)	richtige oder fast richtige Ziffer zugeordnet (%)
2 Plättchen	93	
6 Plättchen	79	87
15 Plättchen	43	60

b) *Zuordnen des gesprochenen Zahlwortes*

vorgegeben	richtiges Zahlwort zugeordnet (%)	richtiges oder fast richtiges Zahlwort zugeordnet (%)
5 Plättchen	91	98
9 Plättchen	64	88
14 Plättchen	45	67

Die Daten belegen, daß Kinder die Benennung einer Anzahl mittels *Ziffern* wie auch mit den *gesprochenen Zahlwörtern im wesentlichen gleich gut* beherrschen. Akzeptiert man die Annahme, daß „fast richtige" Lösungen[3] auch auf einige *Sicherheit* im *quantifizierenden Zählen* hindeuten — die Fehler ergeben sich bei *prinzipiell* richtigem Zählen nur dadurch, daß ein Plättchen vergessen oder doppelt gezählt wird —, so belegen diese Daten *erstaunlich gute* Vorkenntnisse der Schulanfänger. Besonders verblüffend ist die Leistung bei der Benennung der 15 Plättchen durch Ziffern: Selbst die *zweistellige* Zifferndarstellung ist bereits vielen Kindern *bekannt*.

(2) Bei *Vorgabe* einer Anzahl durch *eine Ziffer* (in Form eines Kärtchens) bzw. durch ein *gesprochenes Zahlwort* ist eine entsprechende *Plättchenmenge* zu legen:

a) *Vorgabe der Zifferndarstellung*

vorgegebene Ziffer	richtige Anzahl zugeordnet (%)	richtige oder fast richtige Anzahl zugeordnet (%)
5	92	
8	83	91
13	63	73

b) *Vorgabe des gesprochenen Zahlwortes*

vorgegebenes gesprochenes Zahlwort	richtige Anzahl zugeordnet (%)	richtige oder fast richtige Anzahl zugeordnet (%)
vier	96	
sieben	87	95
sechzehn	60	73

Bei dieser *umgekehrten* Fragestellung erhalten wir sogar *noch höhere* Erfolgsquoten als in (1). Dies kann man dadurch erklären, daß bei dem geforderten *Hinlegen* der Plättchen *weniger* Zählfehler etwa infolge *Flüchtigkeit* zu erwarten sind als beim *Abzählen* gegebener Plättchenmengen. Auch hier besteht zwischen der Zifferndarstellung und dem gesprochenen Zahlwort *kein* wesentlicher Unterschied. Besonders *verblüffend* ist die gute Kenntnis des *zweiziffrigen* Zahlzeichens 13 durch die Schulanfänger!

Die in diesem Abschnitt dargestellten Ergebnisse belegen eindeutig, daß die Schulanfänger schon *erhebliche* Kenntnisse im *Gebrauch der natürlichen Zah-*

---

[3]Lösungen, die um 1 nach oben oder nach unten von der richtigen Lösung abweichen, werden hier als „*fast richtige*" Lösungen gezählt.

len als *Kardinalzahlen* besitzen. Die umfangreichen Kenntnisse der Zahlwortreihe können daher *keineswegs* als ein bedeutungsloses Aufsagen bzw. Herunterplappern dieser Zahlwortreihe *abqualifiziert* werden.

2.4.2 Techniken bei der Anzahlbestimmung

Nach Beobachtungen von Hendrickson [4] (1979) bestimmen Schulanfänger die Anzahl konkret vorgegebener Mengen etwa von Plättchen oder Würfeln im wesentlichen durch *drei Techniken*, und zwar durch:

- Zählen mit den *Augen* (Die Kinder zählen die Würfel *nur* mit Hilfe der Augen).
- Zählen mit *Berührung* (Die Schulanfänger tippen die Würfel beim Zählen an).
- Zählen mit *Wegnehmen* (Die Kinder legen die Würfel beim Zählen an die Seite).

Die folgenden Befunde liegen in der Anzahl *richtiger* Lösungen bei 5 Würfeln auf der Höhe der von R. Schmidt gefundenen Ergebnisse, bei 12 und 18 Würfeln sogar noch *deutlich höher*. In Abhängigkeit von der *Anzahl* der Würfel ergibt sich folgende *Verteilung* auf die drei *Techniken* (die wir in der Tabelle kurz mit den Stichworten Augen, Berührung bzw. Wegnehmen bezeichnen):

		Augen	Berührung	Wegnehmen	Gesamt
5 Würfel					
richtig	(%)	84	11	0	95
falsch	(%)				5
12 Würfel					
richtig	(%)	23	37	14	74
falsch	(%)	16	11	0	26
18 Würfel					
richtig	(%)	11	25	28	63
falsch	(%)	32	5	0	37

Tabelle 3: Verteilung auf die Techniken in Abhängigkeit von der Anzahl

---

[4]Stichprobenumfang: 57 per Zufallswahl ausgewählte Schulanfänger von sämtlichen ersten Klassen aus 6 verschiedenen Grundschulen.

Die Daten belegen, daß bei *kleinen* Anzahlen das Zählen mit den *Augen* von den Schülern schon *sehr erfolgreich* eingesetzt wird. Eine Berührung der Würfel oder gar ein Weglegen ist für die meisten Schulanfänger *nicht mehr* erforderlich. Aber auch bei *größeren* Anzahlen (12 bzw. 18 Würfel) versuchen noch viele Schüler, nur mit den *Augen* die Würfelanzahl zu bestimmen. Allerdings *häufen* sich hier dann sehr drastisch die *Fehler*. Mehr und mehr Schüler gehen zu den wesentlich *weniger fehleranfälligen* Techniken des Berührens bzw. Wegnehmens über. Läßt man die Schüler, die *ursprünglich* Fehler gemacht haben, die Anzahl *nochmals* bestimmen, so verwenden sie *ebenfalls* die Techniken des Berührens oder des Wegnehmens und gelangen so vielfach zu dem *richtigen* Ergebnis. Es ist daher wichtig, daß man im Anfangsunterricht *bewußt* auf die von den Schülern benutzte Technik achtet und ggf. Hinweise auf das viel weniger fehleranfällige Zählen mit Berühren bzw. Wegnehmen gibt (vgl. auch: Herscovics et al. (1986)).

Nach der Untersuchung von Hendrickson steigt auch mit wachsender Größe der Zahl die Anzahl der Schüler, die *laut* zählen. *Lautes* Zählen dürfte insbesondere für *schwache* Schüler hilfreich sein.

2.4.3 Strategien bei der Anzahlbestimmung

Bei der Bestimmung von (kleineren) Anzahlen verfügen nach Untersuchungen von S. Schmidt/W. Weiser (1982)[5] viele Kinder schon am Ende der Kindergartenzeit über eine *recht elaborierte* Zählkompetenz. So bestimmen beispielsweise knapp *Zweidrittel* der untersuchten Kinder die Anzahl hingelegter Plättchen (z.B. 6) *nicht* durch *einfaches Abzählen*, sondern benutzen Strategien, die hierüber *deutlich* hinausgehen. So wird in *Zweierschritten*, in *Dreierschritten* sowie in der Form 2+1+2+1 die geforderte Anzahl von Plättchen (6) hingelegt bzw. abgezählt. Läßt man jedoch eine Anzahl von Plättchen, die im *oberen* Bereich der Zählkompetenz des Kindes liegt, hinlegen, so fühlen sich *viele* Kinder nach Beobachtungen von Schmidt/Weiser *unsicher* und greifen auf die *elementarere* Strategie des *einfachen Abzählens* zurück. Die gewählte Lösungsstrategie scheint also von der *Größe* der vorgegebenen Anzahl und damit von der *Vertrautheit* des Kindes mit dem angegebenen Zahlbereich abhängig zu sein.

---

[5]Untersuchung an 24 Kindern aus 2 Kindergärten in Form von Einzelinterviews am Ende der Kindergartenzeit

Daneben lassen Schmidt/Weiser in ihrer Untersuchung *zahlwortfreie* Aufgaben zum kardinalen Aspekt lösen wie etwa die folgende: „Lege in die leere Schachtel genausoviele weiße Plättchen, wie hier schwarze Plättchen sind." Dabei liegen vor dem Kind beispielsweise 7 schwarze Plättchen in zufälliger Anordnung, eine leere Schachtel und etwas entfernt 10 weiße Plättchen. Von den 18 *erfolgreichen* Kindern (von insgesamt 24) benutzen 14 ihre Zählkompetenz, also *Zählstrategien*, zur Anzahlbestimmung. Nur 2 Kinder benutzen die Idee der *paarweisen* Zuordnung im Sinne Piagets, und dies, obwohl diese Aufgabe bewußt *zahlwortfrei* formuliert ist, um nicht die Anwendung von Zählstrategien zu *provozieren*.

Aufgrund ihrer Beobachtungen bei dieser und bei weiteren zahlwortfreien Aufgaben zum kardinalen Aspekt sowie aufgrund *weiterer* Befunde ziehen Schmidt/Weiser abschließend folgenden Schluß: „*Schulanfänger verfügen* in der Regel *über den Anzahlbegriff auf der Basis ihrer Zählkompetenz*" (Schmidt/Weiser (1982), S. 247). Sie greifen also im Regelfall *nicht* (mehr) auf die *paarweise Zuordnung* im Sinne Piagets zurück.

2.4.4 Größenvergleich

Die Untersuchungen von R. Schmidt sowie von S. Schmidt/W. Weiser bestätigen den Schulanfängern einheitlich ein insgesamt *hohes Leistungsvermögen* beim Vergleich der Mächtigkeit von Mengen. Zwei Daten aus der breit angelegten Untersuchung von R. Schmidt (Schmidt (1982 c), S. 11):

– *Praktisch alle* Schüler (95%) können zwei Mengen mit 5 bzw. 6 Plättchen hinsichtlich ihrer Anzahl richtig vergleichen („Wo sind mehr Plättchen, hier oder dort?").

– Selbst zwei Mengen mit 14 bzw. 13 Plättchen werden von *fast 80 %* (!) der Schüler richtig verglichen.

Beim Vergleich setzen die Schulanfänger folgende *Strategien* ein:

– Am häufigsten *zählen* die Kinder beide Mengen aus (sofern die Anzahlen nicht schon simultan überschaubar sind) und entscheiden so, wo mehr bzw. weniger Plättchen liegen.

– Häufiger lassen sich die Schüler auch von ihrem *globalen Gesamteindruck* leiten. Dieser Weg führt allerdings nicht selten zu *falschen* Ergebnissen.

- Ein Vergleich mit Hilfe von *paarweisen Zuordnungen* erfolgt nur in *seltenen* Ausnahmefällen.

Kardinale Vergleichssituationen bewältigen Schulanfänger also *ebenfalls* am häufigsten durch *Zählen*. Sie verfügen schon über das Wissen, daß die *Anzahl* einer Menge umso *größer* ist, je *später* das Zahlwort in der Zahlwortreihe kommt. Ein Anfangsunterricht, der mit Hilfe von *paarweisen Zuordnungen* die Kleiner- bzw. Größerrelation behandelt, berücksichtigt daher *nicht* diesen Kenntnisstand der Schulanfänger und greift *nicht* ihr *Vorwissen* auf.

2.5 Maßzahlen

In einer Untersuchung an 24 Kindergartenkindern *unmittelbar vor Schuleintritt* gehen Schmidt/Weiser (1986) gründlich der Frage nach, in welcher Weise Kinder vor Schuleintritt — und damit *vor* einer unterrichtlichen Behandlung — Situationen mit *Maßzahlen* bewältigen, und zwar bei Längen, Gewichten, Geldwerten und Zeitspannen. In der Untersuchung werden den Kindern zu jeder Größenart folgende *Aufgaben* vogelegt:

- eine Aufgabe zum *Messen*,
- eine Aufgabe zur *Maßzahlrepräsentierung*,
- zwei Aufgaben zum *Ordnen*,
- eine Aufgabe zum *Addieren*.

Da bislang kaum vergleichbare Untersuchungen zum Maßzahlaspekt vorliegen, gehen wir im folgenden etwas genauer auf diese Arbeit ein, und zwar insbesondere auf die Fragestellungen zu den *Längen* und *Geldwerten.*

2.5.1 Messen und Maßzahlrepräsentierung

Als Repräsentanten für Längen bzw. Geldwerte werden hier und auch bei den folgenden Abschnitten *Cuisenaire-Stäbe* bzw. *Münzen* verwandt.

Die *Aufgabe zum Messen* lautet:

„Solch ein roter Stab ist bei den Schlümpfen ein Meter lang. Wie lang ist bei den Schlümpfen der dunkelgrüne (bzw. der braune) Stab?" bzw. „Wieviel

Geld ist das?", nachdem der Interviewer vorher vier Markstücke (bzw. ein 2-Mark-Stück und ein Markstück) hingelegt hat.

Die *Aufgabe zur Maßzahlrepräsentierung* lautet:

„Bei den Schlümpfen ist ein solcher roter Stab ein Meter lang. Gib mit einen Stab, der bei den Schlümpfen 2 Meter (bzw. 5 Meter) lang ist" bzw. „Gib mir 6 Mark" und anschließend „Kannst Du mir die 6 Mark auch anders geben?" (aus einer großen Anzahl von Mark-, 2-Mark- und 5-Mark-Stücken)

Bezüglich der *Längen* bzw. *Geldwerte* erhalten Schmidt/Weiser folgende *Ergebnisse* (für genauere Details hier und im folgenden vgl. die genannte Arbeit):

Bei etwa der *Hälfte* der untersuchten Kinder ist die *Idee der Längenmessung* vorhanden, *fast alle* Kinder sind bei der *Maßzahlrepräsentierung* von Längen erfolgreich (wobei einige Kinder die Maßidee erst im Zusammenhang mit der ersten Aufgabe gelernt haben).

Bei den *Geldwerten* löst etwa die *Hälfte* der Kinder die Aufgabe zum *Messen* im Sinne der Maßidee eigenständig. Dieselben Kinder bewältigen auch die Aufgabe zur *Maßzahlrepräsentierung*.

Nicht überraschend stellt sich die Situation bei den *Gewichten* und bei den *Zeitspannen anders* dar: Bei den Gewichten verfügen 3, bei den Zeitspannen keines der untersuchten 24 Kinder über die Maßidee. Entsprechendes gilt auch für die Frage der Maßzahlrepräsentierung.

2.5.2 Ordnen

Die beiden Aufgaben zum Ordnen bei *Längen* lauten, wobei entsprechende Cuisenairestäbe zur Verfügung stehen:

„Was ist länger — 5 Schlumpfenmeter oder 3 Schlumpfenmeter?"

„Der braune Stab ist 4 Schlumpfenmeter lang. Unter dem Tuch liegt ein noch längerer Stab. Was meinst Du, wie lang könnte er sein?" (Später: „Könnte der Stab unter dem Tuch auch 6 (bzw. 5) Schlumpfenmeter lang sein?" „Könnte der Stab auch 3 Schlumpfenmeter lang sein?")

Die beiden Aufgaben bei den *Geldwerten* lauten, wobei entsprechende Geldstücke auf dem Tisch liegen:

„Was ist mehr — 6 Mark oder 5 Mark?"

„Vor Dir liegen 3 Mark. Unter dem Tuch liegt mehr Geld. Was meinst Du,
wieviel Geld kann das sein?" (Später: "Könnte unter dem Tuch auch 2 Mark
liegen?")

Die beiden Aufgaben werden sowohl bei den *Längen* wie bei den *Geldwerten*
von *praktisch allen* Kindern *richtig gelöst*. Die Kinder können also offensichtlich bei beiden Größenarten „ohne weiteres einsichtsvoll oder naiv den Bezug zwischen der Ordnungsrelation bei kleinen Zahlen und der zwischen den
Repräsentanten von Längen [bzw. Geldwerten] im Sinne der Ordnungshomo-
morphie in beiden Richtungen herstellen". (Schmidt/Weiser (1986, S. 140).
Entsprechendes gilt bezüglich der Ordnungsrelation auch für *Gewichte* und
Zeitspannen.

2.5.3 Addition

Die Aufgabe zur Addition bei *Längen* bzw. *Geldwerten* lautet:

„Der dunkelgrüne Stab ist 3 Schlumpfenmeter lang, der dunkelrote Stab ist
2 Schlumpfenmeter lang. Wie lang sind die beiden Stäbe zusammen?" bzw.
„Du hast hier 4 Mark. Ich gebe Dir noch 2 Mark dazu. Wieviel Geld hast
Du jetzt?" (Variante: Ein 2–Mark–Stück wird dazugegeben) Durch Benutzen
eines Rechensatzes oder Zählen — also *ohne* Benutzung der vorhandenen
Repräsentanten — lösen 9 Kinder die Addition bei den Längen und 6 bei
den Geldwerten (Variante) richtig. „Bei all diesen Kindern darf man vermuten, daß sie zumindest ein Vorverständnis für die Additivitätseigenschaft der
Maßfunktion hatten. Sie erkannten die Operation zwischen den Repräsentanten aus der Aufgabensituation und dem Wort ‚zusammen' insoweit, als sie ihr
die Addition zwischen den Maßzahlen zuordneten." (Schmidt/Weiser (1986,
S. 149) Durch tatsächlichen oder vorstellungsmäßigen *Einsatz der Repräsentanten* lösen *weitere* 7 Kinder bei den Längen und 5 Kinder (von insgesamt
24 Kindern) bei den Geldwerten (Variante) die Aufgabe erfolgreich. Bei der
ursprünglichen Aufgabe zum Geldwert liegt die Zahl richtiger Lösungen sogar
noch deutlich höher.

Bei den Längen und Geldwerten, aber auch bei den Gewichten und Zeitspannen sind insgesamt *jeweils mehr als die Hälfte* der Kinder erfolgreich.
Beachtenswert ist, daß beim *Arbeiten mit Repräsentanten* bei den *Längen* 7
Kinder an der richtigen Interpretation des Wortes „zusammen" scheitern und
bei den *Geldwerten* (Variante) sogar 13 Kinder die Aufgabe falsch lösen, weil
sie die Wechselregel (Umtausch eines 2–Mark–Stückes in Markstücke) nicht
beherrschen.

2.5.4 Zusammenfassung

Die Untersuchung belegt, daß die Schulanfänger nicht nur beim Kardinal-
und Zählzahlaspekt, sondern auch beim *Maßzahlaspekt* über *beachtliche Vorkenntnisse* verfügen. „*Etwa die Hälfte* der Kinder konnte bei den Längen
und bei den Geldwerten *ohne weitere Anleitung messen*. Die *Ordnungshomo-
morphie* und die *Additivität der Maßfunktion* werden bei allen vier Größenarten von der *Mehrzahl der Kinder* beachtet oder erfaßt. Sie stützen sich
dabei wesentlich auf ihre *Zählkompetenz* und auf ihr damit erworbenes *Zahlverständnis*. Kinder, die gemäß Piaget bei *Invarianzaufgaben* — etwa zu den
Längen — *scheitern*, können also *durchaus* bereits *Verständnis für Größen
und Maßzahlen* entwickelt haben. Dem *Erreichen der Invarianzstufe* kann
also für das Verständnis von Maßsystemen *nicht* die zentrale Bedeutung beigemessen werden, wie dies *Piaget* tat." (Schmidt/Weiser (1986, S. 150 f),
Hervorhebungen durch den Verfasser)

Ein genauer *Vergleich* der *einzelnen Maßsysteme* zeigt, daß für die Schüler
die *Schwierigkeiten* für das Erfassen der Meßidee und des Meßsystems als
Ganzem an durchaus *unterschiedlichen Stellen* liegen. Für Details vergleiche
man die genannte Untersuchung von Schmidt/Weiser (1986).

2.6 Wissen über den Gebrauch von Zahlen

In den *bisherigen* Untersuchungsbefunden wird *explizit* fast ausschließlich der
Kardinalzahl– und der *Maßzahlaspekt* der natürlichen Zahlen angesprochen.
Daß die Schulanfänger aber auch bezüglich der *anderen* Zahlaspekte schon
umfangreiche Erfahrungen gesammelt haben, verdeutlichen die Schülerantworten auf die Frage (Schmidt/Weiser (1982), S. 240 f): „Wozu braucht man

Zahlen? Braucht man Zahlen auch beim Einkaufen, Spielen, Basteln oder
Bauen, Backen oder Kochen, Autofahren, Telefonieren? Fällt Dir sonst noch
etwas ein, wo man Zahlen braucht?" In den Einzelinterviews wird nach jeder
Teilfrage eine Pause gemacht, um die Reaktion des Kindes abzuwarten. Auf
folgende *Bereiche* gehen die Schüler in ihren Antworten ein:

Allgemeines:	Zählen, Rechnen, Schreiben, Geld, Autokennzeichen, Messen, Würfel, Hausnummer, Schreibmaschine, Sport
Einkaufen:	Geld, Preise, Kasse, Kassenzettel, Holz in Metern
Spielen:	Würfeln, „Mensch ärgere dich nicht", Domino, Tankstelle, Kaufladen, Zahlenmemory, Kinderuhr
Basteln oder Bauen:	Messen, Maßband, Lineal, Bauklötze zählen
Backen oder Kochen:	Herdknöpfe, Waage, Backofen, Waschmaschine, Geburtstagskuchen, Uhr, Thermometer, Kochbuch, Wecker, Messen von Mehl und Zucker
Autofahren:	Tachometer, Uhr, Kennzeichen, Parkscheibe, Gangschaltung, Benzinverbrauch, „Null" (an den Reifen)
Telefonieren:	Wählscheibe, Telefonnummer
Sonstiges:	TV-Fernbedienung, Buch, Brief, Geldverdienen, Inhalt von Dosen

In ihren Antworten sprechen die Schulanfänger schon *vielfältige* Zahlaspekte
an. So kommen die natürlichen Zahlen in den Schülerantworten außer in ihrer
Bedeutung als *Kardinal-* und *Maßzahlen* insbesondere auch als *Ordinal-* und
Rechenzahlen, ferner in ihrer Funktion als Marken auf *Skalen* sowie zum
Zwecke der *Codierung* vor.

3   Neue Mathematik — ein typischer Einführungsweg

„Es läßt sich wohl kaum ein Thema des schulischen Mathematikunterrichts
finden, zu dessen Behandlung im Unterricht mehr methodische Konzepte entwickelt worden wären als zum Aufbau des Zahlbegriffs im mathematischen

Anfangsunterricht" (Maier (1990), S. 111). So können wir in *diesem Jahrhundert* zumindestens die *folgenden Konzeptionen* als Vorläufer des *gegenwärtigen* Unterrichts unterscheiden, die sich jeweils noch differenzieren lassen: Rechenunterricht nach *Kühnel, ganzheitliches und ganzheitlich–operatives* Rechnen, *Neue Mathematik* (für genauere Erläuterungen vgl. z.B. Maier (1990, S. 111 ff). Diese Konzeptionen besitzen jeweils auch charakteristische Einführungswege zum Aufbau des Zahlbegriffs.

Wir gehen im folgenden auf den entsprechenden *Einführungsweg im Sinne der Neuen Mathematik* etwas genauer ein, und zwar einmal aus *Kontrastgründen* zum besseren Verständnis des *gegenwärtigen* Mathematikunterrichts wie aber auch wegen der *gewaltigen Veränderungen,* welche die Neue Mathematik in den rund 15 Jahren zwischen dem Anfang der siebziger Jahre und etwa der Mitte der achtziger Jahre im Mathematikunterricht bewirkt hat.

3.1 Skizze des Einführungsweges

Die Einführung der Neuen Mathematik in der Grundschule, die stark durch die „New Math" in den USA beeinflußt und die insbesondere durch die Arbeiten von Dienes in Deutschland vorangetrieben wurde (vgl. z.B. Dienes (1968)), erfolgte — aufgrund eines Beschlusses der Kultusministerkonferenz aus dem Jahre 1968 — mit Beginn des Schuljahres 1972/73. Die Neue Mathematik, in der breiten Öffentlichkeit auch vielfach unter dem einseitigen und daher falschen Schlagwort *„Mengenlehre"* bekannt, bewirkte bei vielen neu konzipierten Schulbüchern eine *weitgehend einheitliche* Vorgehensweise bei der *Einführung der ersten Zahlen.* Für Details vergleiche man die entsprechenden Schulbücher oder das Buch von Griesel über die Neue Mathematik (Griesel (1971)). Gleichzeitig läßt sich ein *krasser Bruch* in diesem Bereich zwischen diesen *neukonzipierten* Schulbüchern und ihren *Vorgängern* beobachten. Aufgrund von Unterrichtserfahrungen wird das Konzept in der zweiten Hälfte der siebziger Jahre *etwas modifiziert.*

Einen *ersten Eindruck* von diesem Einführungsweg vermittelt schon der folgende Ausschnitt aus dem *Inhaltsverzeichnis* eines weitverbreiteten Schulbuchwerkes (Oehl-Palzkill, 1, 1982):

24

Folgende *Themen* werden also im ersten *Drittel* (!) des Schulbuches angesprochen:

- Dinge und ihre Eigenschaften
- Mengenbildung
- Mächtigkeitsvergleich von Mengen
- Einführung der Kardinalzahlen
- Ordnen der Kardinalzahlen
- Ordinalzahlen

Der *Anfangsunterricht* im Fach Mathematik beginnt hier also mit einem sogenannten *pränumerischen Teil*. *Zahlen* kommen zum *ersten* Mal im vierten Kapitel vor. Während die beiden *ersten* Kapitel zur sogenannten „*Mengenlehre*" zählen, dienen die beiden folgenden Kapitel der Einführung der natürlichen Zahlen als *Kardinalzahlen* auf der Grundlage des *Mächtigkeitsvergleichs von Mengen*. Der *Ordinalzahlaspekt* der natürlichen Zahlen wird nur in *geringem* Umfang angesprochen, das *Zählen fast nie* thematisiert. Auf *weitere* Zahlaspekte wird im *Anfangsunterricht kaum oder gar nicht* eingegangen. *Sehr stark* im Vordergrund steht allein der *Kardinalzahlaspekt*. Dies ist charakteristisch für die entsprechenden Schulbuchwerke.

Im Themenbereich „*Dinge und ihre Eigenschaften*" wird teilweise auf Gegenstände aus dem *alltäglichen Erfahrungsbereich* der Schüler Bezug genommen, *überwiegend* aber mit *bunten Plättchen* von verschiedener *Farbe, Form* und *Größe* — also mit sogenanntem „*strukturierten Material*" — gearbeitet. Hauptaufgabentypen sind die *Beschreibung* der Eigenschaften gegebener bunter Plättchen durch *Symbole* für Farbe, Größe und Form, das *Ankreuzen* der entsprechenden Symbole in Tabellen, sowie das Feststellen von Unterschieden zwischen den Plättchen. So sollen *erste Erfahrungen* bezüglich der Fertigkeit des *Klassifizierens* gewonnen werden. Das strukturierte Material bietet im Gegensatz zu Gegenständen aus der Umwelt den *Vorteil*, daß die Eigenschaften *eindeutig* festliegen und das Material *jederzeit* verfügbar ist.

Im *folgenden* Themenbereich „*Mengenbildung*" sollen gegebene Elemente der Umwelt (z.B. verschiedenfarbige Blumen) oder — meistens! — bunte Plättchen in *Mengenkreise* („*Venndiagramme*") richtig *eingeordnet* werden. bzw. *umgekehrt* zu einer gegebenen Plättchenmenge eine *gemeinsame* Eigenschaft *aller* Plättchen gefunden werden. Das Einordnen gegebener Plättchen in Fächer („*Karnaughdiagramme*") oder in *zwei* sich überschneidende Mengenkreise ist *anspruchsvoller*, da hier gleichzeitig *zwei* Merkmale beachtet werden müssen, wie die folgenden Beispiele zeigen:

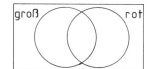

	rot	nicht rot
groß		
klein		

In engem Zusammenhang mit den bisherigen Aufgabentypen steht die Bildung von *Teilmengen* gegebener Mengen. So werden hier Teilmengen von Gegenständen gebildet, die ein gewisses Merkmal aufweisen (z.B. die Menge aller runden Plättchen), die ein gewisses Merkmal *nicht* besitzen (z.B. die Menge aller Plättchen, die *nicht* rot sind), die zwei Merkmale *zugleich* besitzen (z.B. rote *und* dreieckige Plättchen), die von *zwei* Merkmalen (z.B. rot, dreieckig) *genau eines* (z.B. rot, nicht dreieckig), *mindestens eines* (rot oder dreieckig) bzw. *keines* der beiden Merkmale (weder rot noch dreieckig) besitzen. Hierdurch soll insbesondere der Gebrauch der *logischen Junktoren* „und", „oder" und „nicht" als Vorbereitung für die Durchführung von Mengenoperationen — nämlich für die *Durchschnitts-, Vereinigungs-* und *Restmengenbildung* — eingeübt werden, sowie — so z.B. Griesel (1971) — das „logische Denken" geschult werden. Im Mittelpunkt dieses Abschnittes steht also der *Mengenbildungsprozeß*, und zwar auf der Basis eines konkreten Operierens mit strukturiertem Material.

Will man zwei gegebene Mengen bezüglich ihrer *Elementanzahl* vergleichen, so gibt es hierzu zwei unterschiedliche Wege:

- Wir *zählen* und bestimmen so die Anzahl der Elemente der beiden Mengen.
- Wir *ordnen* die Elemente einander *paarweise* zu.

Während wir bei der paarweisen Zuordnung *ohne* die Benutzung von *Zahlen* entscheiden können, ob es gleichviele Elemente sind, müssen wir beim Zählen auf Kentnisse des Zahlbegriffs zurückgreifen. Ferner ist das Verfahren der paarweisen Zuordnung in *dem* Sinne allgemeiner, daß es auch bei Mengen mit *unendlich vielen* Elementen realisiert werden kann, wo das Abzählen versagt. *Charakteristisch* für diesen Zugang ist der *Verzicht* auf das *Abzählen* und die Benutzung der *paarweisen Zuordnung* als Methode für den *Anzahlvergleich* zweier Mengen. Statt von der Anzahl spricht man hier i.a. von der Mächtigkeit, entsprechend benennt man diesen Abschnitt auch *Mächtigkeitsvergleich von Mengen*. Dieser Mächtigkeitsvergleich wird durch eine Zuordnung der Elemente der beiden Mengen konkret realisiert, *nicht* durch das explizite Erfassen der Eigenschaften der zugrundeliegenden *Abbildung* (vgl. I.3.2). Auf der zeichnerischen Ebene läßt man *Verbindungslinien* zeichnen oder die Elemente in einer übersichtlichen *Doppelreihe* direkt untereinander zeichnen. *Neben* dem Vergleich zweier Mengen bezüglich ihrer Mächtigkeit läßt man hier auch zu einer *gegebenen* Menge eine bzw. mehrere Mengen mit gleicher Elementanzahl („gleichmächtige Mengen") *herstellen*.

Der Mächtigkeitsvergleich von Mengen dient bei diesen Lehrgängen als *Grundlage* für die *Einführung der natürlichen Zahlen als Kardinalzahlen*. Die Kardinalzahlen werden als *Klassen* gleichmächtiger Mengen eingeführt. Das Schulbuchbeispiel auf der folgenden Seite (Griesel-Sprockhoff (1978), 1) zeigt am Beispiel der Zahl 6 eine mögliche *unterrichtliche Realisierung*.

Anschließend werden gegebenen Mengen *Zahlen* zugeordnet und *umgekehrt* zu gegebenen Zahlen *Mengen*, die diese Zahlen repräsentieren, bestimmt. Durch die *Zerlegung* von Mengen (mit 3, 4 oder 5 Elementen beispielsweise) in jeweils zwei *Teilmengen* werden die entsprechenden *Zahlzerlegungen* erarbeitet und so *Beziehungen* zwischen diesen Zahlen verdeutlicht.

Im Themenbereich „*Ordnen der Kardinalzahlen*" wird vor allem die Kleiner- und Größerbeziehung, aber auch die Nachfolger- und Vorgängerbeziehung zwischen natürlichen Zahlen thematisiert. Die Kleiner- bzw. Größerbeziehung wird hierbei teilweise mit Hilfe der *Inklusion* (Teilmengenbeziehung)

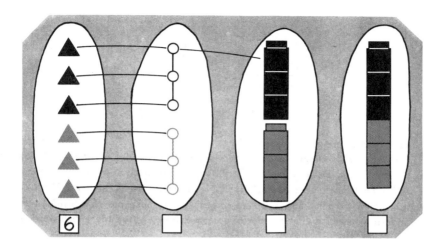

von Mengen begründet (Beispiel: 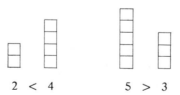 , also gilt 2 < 5).

Verbreiteter ist jedoch ein Rückgriff beispielsweise auf die *Höhe* von Steckwürfeltürmen und die Relation „ist kleiner (kürzer) als" bzw. „ist größer (höher) als", wie es das folgende Beispiel verdeutlicht:

$$2 \ < \ 4 \qquad\qquad 5 \ > \ 3$$

Dieser Ansatz hilft, das Kleiner- wie das Größer*symbol* leichter zu behalten und so die *Verwechslungsgefahr* zu reduzieren:

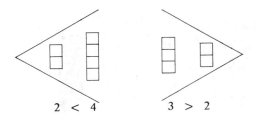

$$2 < 4 \qquad 3 > 2$$

Der Themenbereich „*Ordinalzahlen*" wird bei diesem Konzept schließlich meist nur *recht knapp* angesprochen. So baut man vielfach die *Zahlreihe* (zunächst beispielsweise bis 5) über *Mengen* mit stets um eins zunehmender Elementanzahl oder über „*Treppen*" von Steckwürfeltürmen auf. Die *Ordinalzahlen* werden über Beispiele eingeübt, bei denen die *Reihenfolge* von Kindern, von bunten Perlen oder beispielsweise von Autos angegeben werden soll.

Bei der *Abfolge der ersten Zahlen* lassen sich im wesentlichen nur *zwei* — geringfügig verschiedene — *Vorgehensweisen* beobachten: *Meistens* werden in einem ersten Anlauf die Zahlen bis 5 und anschließend die Zahlen von 6 bis 10 behandelt. Hier erfolgt offensichtlich eine Orientierung an der Zahl *zehn* als Grundlage des *dezimalen* Stellenwertsystems. Mengen mit bis zu 5 Elementen sind ferner *simultan* überschaubar und ansonsten auch mit den Fingern *einer* Hand abzählbar.

Um den Aufbau einer künstlichen *Schwelle* bei der Zahl 10 zu vermeiden, behandeln *einige* Schulbuchautoren in einem ersten Anlauf die Zahlen bis 6 und anschließend die Zahlen von 7 bis 12.

Bei der Zahl *eins* können durch den Gebrauch von „ein" und „eins" *Probleme* auftreten. *Mehr* Schwierigkeiten — auch noch in *höheren* Klassen — bereitet jedoch die Zahl *Null*, die auch beim Rechnen zu typischen *Fehlern* Anlaß gibt (Beispiele: $2+0=0$, $4-0=0$, $3 \cdot 0 = 3$). Eine Einführung der Zahl Null als Kardinalzahl der *leeren Menge* — eine im Sinne dieses Konzeptes folgerichtige Vorgehensweise — verursacht jedoch durch die *paradoxe* Situation, einer Menge ohne Elemente eine *Zahl* zuzuordnen, Verständnisprobleme für Schulanfänger. Daher erarbeitet man auch bei diesem Konzept häufiger die Zahl Null im Zusammenhang mit der *Subtraktion* (als Ergebnis von n−n für *konkrete* natürliche Zahlen n jeweils) oder im Zusammenhang mit *Tabellen*, wo in den *leeren* Feldern zur deutlicheren Kennzeichnung die Zahl *Null* verwendet wird. Hierdurch kann die Frage nach der *Anzahl* stets mit *Zahlen* beantwortet werden.

3.2 Zur mathematischen und entwicklungspsychologischen Begründung dieses Weges

Die vorstehend skizzierte Erarbeitung der ersten natürlichen Zahlen im Unterricht stellt weithin einen *vollständigen Bruch* zu der Art der Behandlung dieses Stoffgebietes *vor* Einführung der Neuen Mathematik dar. Dieser Bruch wurde seinerzeit mit Argumenten aus *zwei* Bereichen begründet:

— *Mathematisch orientierte Sachanalysen* legen diesen Weg nahe. Auf diese Art können die natürlichen Zahlen *mathematisch einwandfrei* fundiert werden. Ferner lassen sich so die Ordnung der natürlichen Zahlen und die Rechenoperationen mit natürlichen Zahlen *anwendungsnah* und dennoch „*sauber*" aus einem *einheitlichen* Ansatz heraus — also methodenrein — begründen.

— *Entwicklungspsychologische Befunde* zeigen ebenfalls, daß diese Form der Behandlung der ersten natürlichen Zahlen zumindestens naheliegend, wenn nicht sogar zwingend ist.

Bei den *Sachanalysen* wird die grundsätzliche Bedeutung einer *anwendungsnahen* Einführung der Rechenoperationen herausgestellt und hieraus die *Notwendigkeit* einer Erarbeitung der natürlichen Zahlen über den in 3.1 skizzierten Weg gefolgert, so etwa von Griesel (1971, S. 179):

„Es ist sinnvoll, die Zahlen und ihre Verknüpfungen aus der Wirklichkeit zu gewinnen, sie aus den Umweltbezügen herauszulösen, weil man dann die Gewähr hat, daß die Schüler die Zahlen und ihre Verknüpfungen auch wieder auf die Wirklichkeit anwenden können. Da nun bei fast allen elementaren Anwendungen der Addition natürlicher Zahlen in der Umwelt zwei disjunkte Mengen, ihre Vereinigungsmenge und die Kardinalzahlen der beiden disjunkten Mengen gegeben sind und die Kardinalzahl der Vereinigungsmenge gesucht ist, *sind wir gezwungen*, bei Befolgung des oben formulierten didaktischen Grundsatzes *die Zahlen als Kardinalzahlen endlicher Mengen einzuführen* und die Addition auf die Vereinigung disjunkter Mengen zu gründen.

Entsprechende Argumente gewinnt man aus der Betrachtung der elementaren Anwendungen der Subtraktion." (Hervorhebung durch den Verf.)

Ergänzend wird zur Begründung für den Weg über Mengen ausgeführt, daß sich so auch viele *Eigenschaften* der Verknüpfungen — insbesondere bei der Addition und Subtraktion — *leicht und anschaulich* gewinnen lassen und daß so auch die *Kleinerrelation anwendungsnah* eingeführt werden kann.

Befürwortet man eine Einführung der natürlichen Zahlen als *Kardinalzahlen* endlicher Mengen, so ist unter *mathematischen* Gesichtspunkten folgender curricularer Aufbau *naheliegend*:

- Begriff der Menge,
- Gleichmächtigkeit von Mengen,
- Kardinalzahlen als Klassen gleichmächtiger Mengen,
- Ordnung der Kardinalzahlen bezüglich der Kleinerrelation,
- Einführung der Rechenoperationen mittels Mengenoperationen.

Hierbei ist für die Einführung der natürlichen Zahlen neben dem Begriff der Menge der Begriff der *Gleichmächtigkeit* grundlegend. Im Fall *endlicher* Mengen — andere Mengen spielen im Anfangsunterricht *keine* Rolle — bedeutet die Gleichmächtigkeit, daß die betrachteten Mengen *dieselbe* Elementanzahl besitzen.

Zwei Mengen A und B heißen bekanntlich *gleichmächtig*, wenn es eine bijektive Abbildung f von A nach B gibt. Hierbei heißt eine Zuordnung der Elemente der Menge A zu den Elementen der Menge B genau dann eine *bijektive Abbildung* von A nach B, wenn folgende beiden Bedingungen gleichzeitig erfüllt sind:

1. *Jedem* Element von A ist *genau ein* Element von B zugeordnet.
2. *Jedes* Element von B kommt *genau einmal* als zugeordnetes Element vor.

Bei *endlichen* Mengen können wir bijektive Abbildungen auch dadurch *anschaulich* charakterisieren, daß von *jedem* Element von A *genau ein* Pfeil ausgeht und bei *jedem* Element von B *genau ein* Pfeil ankommt. Man kann zeigen, daß die Relation „gleichmächtig" eine *Äquivalenzrelation* ist. Wir erhalten daher bei Vorgabe eines Mengensystems eine Zerlegung dieses Systems in *Klassen*, d.h. in nichtleere, paarweise elementfremde Teilmengen, deren

Vereinigung die Ausgangsmenge ergibt. *Extensional* kann man jetzt definieren: Die Kardinalzahl der Menge A ist die *Klasse* der zu A gleichmächtigen Mengen. Möglicherweise ist jedoch eine *intensionale* Definition anschaulicher: Die Kardinalzahl der Menge A ist die *gemeinsame Eigenschaft* aller zu A gleichmächtigen Mengen. Mit Hilfe der Gleichmächtigkeit läßt sich die *Kleinerrelation* für endliche Kardinalzahlen *ohne* Rückgriff auf das Zählen definieren. Veranschaulichen (repräsentieren) wir die natürlichen Zahlen a und b durch die endlichen Mengen A und B, so gilt: a ist *kleiner* als b, wenn die Menge A einer *echten* Teilmenge von B *gleichmächtig* ist. Auch die vier *Grundrechenarten* werden mit *Mengenoperationen* eingeführt (vgl. III.1, 2, 3, 4).

Vergleicht man den vorstehend skizzierten *mathematischen* Weg mit dem in 3.1 beschriebenen *Anfangsunterricht*, so erkennt man eine sehr weitgehende *Entsprechung*. Statt von bijektiver Abbildung spricht man dort von paarweiser Zuordnung.

Im Zusammenhang mit der Behandlung der ersten natürlichen Zahlen im Sinne der Neuen Mathematik sind auch *psychologische Befunde* zur Rechtfertigung dieses Weges herangezogen worden. Allerdings wurden fast ausschließlich *entwicklungspsychologische* Forschungsarbeiten — und zwar im wesentlichen nur von *einer* Richtung, nämlich von der Genfer Schule um *Piaget* — ausgewählt, vermutlich weil diese die Ergebnisse der Sachanalyse gut abstützen und zu ergänzen schienen (vgl. jedoch 2.3!).

Aus der *Fülle* von Experimenten Piaget's zur Entwicklung des Zahlbegriffs (vgl. J. Piaget/A. Szeminska (1972)) wurden vor allem die Experimente zur sogenannten *kardinalen Invarianz* ausgesucht, von denen wir im folgenden *einen* typischen Versuch beschreiben wollen (für eine umfassende Darstellung vergleiche man z.B. Maier (1990), S. 58–80):

8 blaue und 8 rote Plättchen werden in 2 Reihen vor dem Kind hingelegt (die 1. Reihe legt der Versuchsleiter, die 2. Reihe legt das Kind selbst).

$$\circ \; \circ \; \circ \; \circ \; \circ \; \circ \; \circ \; \circ$$
$$\bullet \; \bullet \; \bullet \; \bullet \; \bullet \; \bullet \; \bullet \; \bullet$$

Anordnung 1: wie aufgezeichnet

Anordnung 2: Die 2. Reihe wird vor den Augen des Kindes *auseinandergezogen*.

Anordnung 3: Die 2. Reihe wird vor den Augen des Kindes *zusammengeschoben.*

Die *Frage* lautet jeweils: Sind in beiden Reihen gleichviele Plättchen oder nicht? Ist hier mehr oder dort oder gleichviel? ... Woher weißt du das? Beim *Verhalten des Kindes* unterscheidet Piaget *drei* Stadien:

Stadium 1(bis etwa 4/5 Jahre):
Die Kinder erkennen nicht, daß die Anzahl *unverändert* bleibt (*keine „kardinale Invarianz"*). Typische Reaktion: Es gibt *mehr* rote Plättchen, weil die Reihe *länger* ist.

Stadium 2(Übergangsstadium):
Manchmal Erkennen der kardinalen Invarianz, *manchmal* nicht. Die Beurteilung erfolgt zögernd.

Stadium 3(ab etwa 5 Jahren):
Erkennen der kardinalen Invarianz. Die Anzahl der Plättchen wird als *unabhängig* von der räumlichen Lage der Objekte erkannt.

Das Verhalten der Kinder kann in den *beiden ersten* Stadien folgendermaßen *gedeutet* werden:
Im *Stadium 1* benutzen die Kinder eine *unangemessene* Strategie. Sie beurteilen nämlich die *Anzahl* der Objekte ausschließlich aufgrund der *Länge* der Reihe.

Im *Stadium 2* haben die Kinder (mindestens) *zwei* Strategien zur Auswahl, nämlich die Beurteilung der Anzahl der Plättchen aufgrund der *Länge* der Reihe sowie aufgrund der *paarweisen Zuordnung* („1-1-Korrespondenz"). Die Auswahl der Strategie erfolgt *zufällig*, wenn dem Kind nicht durch seine Wahrnehmung *eine* Strategie *besonders* nahegelegt wird.

Zur Einführung und Behandlung der natürlichen Zahlen über den in 3.1 skizzierten Weg wird nun folgender *Zusammenhang* hergestellt: Zentral für diesen Zugang ist der Begriff der *Gleichmächtigkeit* von Mengen. Für die *Überprüfung* der Gleichmächtigkeit ist jedoch — so die weitere Argumentation — die kardinale Invarianz offenbar *erforderlich.* Hieraus wird dann für den *Unterricht* die *Konsequenz* gezogen: *Vor* der Behandlung der natürlichen Zahlen muß also *zuerst* die paarweise Zuordnung gründlich behandelt werden.

3.3   Kritische Anmerkungen

Die folgenden kritischen Anmerkungen zu der in 3.1 beschriebenen Erarbeitung der ersten Zahlen im Anfangsunterricht beziehen sich auf *drei Bereiche*:

- auf die *Sachanalysen* und die daraus gezogenen Folgerungen,
- auf die Piaget-Versuche zur *kardinalen Invarianz* sowie
- auf die *Folgerungen* aus diesen Versuchen für den *Anfangsunterricht.*

In den mathematisch orientierten *Sachanalysen* wird die Bedeutung einer *anwendungsnahen* Einführung der Rechenoperationen betont und hieraus die *Notwendigkeit* der Einführung der natürlichen Zahlen als *Kardinalzahlen* endlicher Mengen gefolgert.

Aus der Forderung der Herauslösung der Zahlen und ihrer Verknüpfungen aus *Umweltbezügen* kann jedoch *nicht* gefolgert werden, daß die *Zählkompetenz* der Kinder zu Beginn des Unterrichts *völlig unberücksichtigt* bleiben sollte, wie es in entsprechenden Lehrgängen üblich ist. *Ganz im Gegenteil* muß nach unserer Einschätzung bei Beachtung der genannten Forderung *gerade* die Zählkompetenz *gezielt* im Anfangsunterricht *berücksichtigt* werden. Nur so kann man direkt an das *Vorwissen* der Schulanfänger und an *ihre* Umwelterfahrungen anknüpfen.

Durch die vielfach *recht puristische* — eng an die fachliche Analyse angelehnte — Art der Behandlung der natürlichen Zahlen mit Hilfe von paarweisen Zuordnungen zwischen gegebenen Mengen gerät der arithmetische Anfangsunterricht ferner leicht „zu einem Kurs *über* Zahlen statt zu einem Unterricht, in dem *mit* Zahlen operiert wird" (Schipper (1981), S. 205). Man versucht also *faktisch*, zunächst den *Zahlbegriff* und erst danach die *Zahlen* im Anfangsunterricht zu lehren, *statt* zunächst Erfahrungen im *Umgang mit Zahlen* sammeln zu lassen und sich erst wesentlich *später* Gedanken über den *Zahlbegriff* zu machen, so wie es im weiteren Verlauf der Schulzeit etwa auch bei der Behandlung der Bruchzahlen üblich ist.

Aber auch gegen die im Zusammenhang mit den Sachanalysen geäußerte Auffassung, daß sich so die *Rechenoperationen* und insbesondere viele ihrer *Eigenschaften* leicht und anschaulich gewinnen lassen, muß man *Bedenken* anmelden. So verweist Wittmann schon 1972 auf mögliche Probleme, die eine

Auffassung natürlicher Zahlen als „gemeinsame Eigenschaft von gleichmächtigen Mengen" oder als „Klasse gleichmächtiger Mengen" bei den Rechenoperationen mit sich bringen kann. Man hat es in diesem Fall nämlich begrifflich gesehen mit *Verknüpfungen* von *„Eigenschaften"* oder *„Klassen"* zu tun. „Dies ist aber keine natürliche, sondern eine erst auf einer abstrakten Stufe verständliche Auffassung. Die Differenzierung zwischen Zahl und Repräsentant der Zahl führt auch zu einem vermehrten begrifflichen Aufwand" (Wittmann (1972), S. 109/10). Wittmann macht an dieser Stelle auch darauf aufmerksam, daß sich die mengentheoretische Arithmetik bei der Ausdehnung der Rechenoperationen auf die *Bruchzahlen* sogar als *Sackgasse* erweist.

Bezüglich der Piaget-Versuche zur *kardinalen Invarianz* hat S. Schmidt (Schmidt (1983)) einen Literaturüberblick über den gegenwärtigen Forschungsstand gegeben (vgl. auch Maier (1990), S. 81–100). So sind in diesem Zusammenhang neben *vielen weiteren* Punkten folgende Fragestellungen *kritisch* zu beleuchten:

- *Sprachliches* Verständnis der Invarianzfrage (Wieweit beeinflussen möglicherweise sprachliche *Mißverständnisse* die Ergebnisse?)
- *Auseinanderklaffen* (Dissoziation) des verbalen und des nichtverbalen Kontextes bei den Experimenten (Der *nichtverbale* Kontext bei den Versuchen läßt vermuten, daß sich die Frage des Versuchsleiters auf die *Länge* der Reihe bezieht, während er *verbal* fortfährt, von der *Anzahl* zu reden.)
- *Externe* Validität der Invarianz-Experimente (*Ändern* sich die Befunde, wenn *stärker motivierende* und etwas stärker an die *Lebenswirklichkeit* angenäherte Experimente benutzt werden anstelle der Standard-Version von Piaget?)

Selbst jedoch unter der Voraussetzung, daß man die Gültigkeit der Befunde von Piaget zur kardinalen Invarianz uneingeschränkt *akzeptiert*, muß man beachten, daß diese Versuche *keine* Lernexperimente sind. Sie zeigen vielmehr nur Stadien der *„natürlichen"* Entwicklung auf. Für Piaget ist das Beherrschen der paarweisen Zuordnung ein Zwischenschritt auf dem Weg zur Konstituierung des Zahlbegriffs. Schipper (1981, S. 207) macht jedoch zu Recht darauf aufmerksam, daß die Untersuchungen von Piaget an *keiner* Stelle *gezeigt* haben, daß das Üben der paarweisen Zuordnung den Erwerb des Zahlbegriffs *günstig* beeinflußt. Man *interpretiert* die Piagetschen Arbeiten allerdings gerne in diesem Sinne, da diese Deutung *gut* mit den *mathematisch* orientierten Sachanalysen korrespondiert. Für den *arithmetischen Anfangs-unterricht* ist jedoch *zunächst einmal* die Frage entscheidend, ob die üblichen Aufgaben zum paarweisen Zuordnen überhaupt noch *erforderlich* sind. In einer Untersuchung von Schipper (1982) an 417 Schulanfängern über das Zahlverständnis lösen nämlich jeweils meist *90 % oder mehr* der Schüler die Aufgaben zum Mächtigkeitsvergleich *richtig*, und zwar *vor* der Behandlung dieses Stoffgebietes im Unterricht. Nach Befunden von R. Schmidt (1982 c) und von Schmidt/Weiser (1982) ist zu vermuten, daß hierbei allerdings als Lösungsstrategie *weit überwiegend* die effizientere *Zählstrategie* und nur (noch?) in einer *geringen* Minderheit von Fällen die Stück-für-Stück-Zuordnung im Sinne Piagets benutzt wird.

Schipper zieht aus seiner Untersuchung den Schluß, daß die „Schulanfänger *im Durchschnitt* schon einen erheblichen Teil jener Aufgaben zum Zahlverständnis lösen können, zu deren Bewältigung im 1. Schuljahr noch Unterrichtsmaßnahmen für *alle* Kinder in nicht geringem Umfang durchgeführt werden" (Schipper (1982), S. 106). Nach diesen Befunden ist die Behandlung von *Mächtigkeitsvergleichen* — zumal in der viele Schüler *unterfordernden* Form des Zeichnens von Verbindungslinien, wie es in den entsprechenden Schulbuchkonzepten üblich ist — für einen Großteil der Schüler *überflüssig*.

Daneben kann man zu Recht die Frage stellen, ob es überhaupt von größerer *Bedeutung* für den *Arithmetikunterricht* ist, wenn Kinder den Piaget-Test zur kardinalen Invarianz *nicht* bestehen. Eine Fülle durch S. Schmidt (1983) und Schipper (1981, 1982) ausgewerteter Arbeiten zu dieser Fragestellung läßt insgesamt den Schluß zu, daß dies in vieler Hinsicht für den Arithmetikunterricht zu *verneinen* ist, denn: „Piaget prüft eben gerade nicht die Fähigkeit, mit Zahlen umgehen zu können, sondern die, über Zahlen und deren Eigenschaften argumentieren zu können. Diese erheblich anspruchsvollere Fähigkeit ist aber keine notwendige Voraussetzung für die sinnvolle Handhabung von Zahlen." (Schipper (1982), S. 114) Es ist sogar im Gegenteil *nicht* ausgeschlossen, daß der in 3.1 skizzierte Weg *negative* Auswirkungen auf die *Rechenleistungen* im Arithmetikunterricht hat, wie eine empirische Untersuchung von Schipper (1981 b) belegt. Die Schüler werden nämlich durch diese Art von Arithmetikunterricht, der *nicht* an ihren Vorerfahrungen (Zählstrategien) anknüpft, in ihren *selbstentwickelten* Rechenstrategien *verunsichert* und erbringen so — zumindest zunächst — *schlechtere* Leistungen. „Die

Hoffnung, mit einer Verbesserung des Zahlverständnisses zugleich auch eine tiefere Fundierung und spätere Verbesserung der Rechenfertigkeit zu erreichen, scheint demnach für diese Art von Unterricht trügerisch zu sein. Zumindest legen die Befunde nahe (...) auch zu diskutieren, ob die Reihenfolge — zuerst Fundierung des Zahlverständnisses, dann Übungen zum Rechnen — die richtige ist. Nicht auszuschließen ist es, daß erst mit einer Verbesserung der Rechenfertigkeit ein allmählich tieferes Verständnis des Zahlbegriffs erreicht wird. Gegenüber dem bisherigen Lernen des Zahlbegriffs „auf Vorrat" hätte dieser Weg den Vorteil der besseren Anbindung der mathematischen Sachverhalte an konkrete Fragestellungen in das durch vielfältige vorschulische Erfahrungen aufgebaute kognitive Repertoire der Kinder." (Schipper (1982), S. 112).

Schließlich darf bei einer Beurteilung des in 3.1 dargestellten Weges auch die *Erwartungshaltung* der Schulanfänger nicht außer Betracht bleiben. Diese ist im Mathematikunterricht auf *Zahlen* und *Rechenoperationen mit Zahlen* gerichtet. Stolz werden von Schulanfängern ihre Zahlenkenntnisse und Rechenfertigkeiten präsentiert. Daher macht sich bei einer *längeren* Beschäftigung mit strukturiertem Material *ohne* Benutzung von Zahlen leicht *Enttäuschung* breit. Dies führt, ebenso wie die *Unterforderung* vieler Schüler zumindest in Teilen dieses pränumerischen Kursabschnittes, leicht zu einem *Abfall in der Motivation* gegenüber dem Mathematikunterricht.

4 Der gegenwärtige Anfangsunterricht

Die seit etwa Mitte der achtziger Jahre in allen Bundesländern *neu formulierten und stark revidierten Lehrpläne* für die Grundschule haben bewirkt, daß sich die *heutigen Schulbücher* generell — und insbesondere auch im Bereich des Einstiegs in den Mathematikunterricht und der Erarbeitung der ersten Zahlen — *stark* von ihren *Vorgängern* aus der Zeit der Neuen Mathematik *unterscheiden.* Deutliche Anlehnungen an Schulbuchkonzeptionen, wie sie bis Anfang der siebziger Jahre — also *vor* Einführung der Neuen Mathematik — üblich waren, sind durchaus häufiger zu erkennen.

Einen ersten Eindruck von den *starken Veränderungen* vermittelt schon ein *vergleichender Blick* auf das Inhaltsverzeichnis (Ausschnitt) der *gegenwärti-*

gen Ausgabe desselben Schulbuchwerkes, auf das wir entsprechend schon im vorigen Abschnitt im Zusammenhang mit der *Neuen Mathematik* eingegangen sind (Palzkill–Rinkens–Hönisch, 1, 1992):

- Die Zahlen bis 5   S. 4–15
  Zählen
  Eins, zwei, drei
  Vier, fünf
  Null
  Zerlegen
- Addieren   S. 16–19

- Die Zahlen bis 10   S. 20–33
  Sechs
  Sieben
  Addieren bis 7
  Acht
  Neun
  Zehn
  Addieren bis 10
  Zahlenreihe
  Numerieren

Es fällt unmittelbar auf, daß der *Pränumerische Teil* mit den Themen: Dinge und ihre Eigenschaften, Mengenbildung, Mächtigkeitsvergleich von Mengen sowie die hierauf basierende Einführung der Kardinalzahlen *ersatzlos gestrichen* worden ist. Stattdessen stehen *Zahlen und die Arbeit mit ihnen* von Anbeginn an im Mittelpunkt des Unterrichts.

4.1 Ursachen für die starken Veränderungen

Im vorigen Abschnitt haben wir schon einige kritische Anmerkungen zur *Erarbeitung der ersten Zahlen* im Anfangsunterricht im Sinne der Neuen Mathematik formuliert, und damit erste *Ursachen* für die *starken Veränderungen* angesprochen. Hiernach sind *diejenigen* Teile des *pränumerischen Kurses* (vgl. 3.2), die mehr oder weniger ausschließlich der *Fundierung des Zahlbegriffs* unter einseitiger Ausrichtung auf den *Kardinalzahlaspekt* dienen, we-

gen des umfangreichen *Vorwissens* der Schulanfänger (vgl. 2) wie aber auch
wegen der *Fragwürdigkeit* der Bedeutung der *kardinalen Invarianz* für den
Arithmetikunterricht weitgehend *überflüssig*. Hinzu kommt, daß *Teile* dieses
Kurses Schulanfänger *deutlich unterfordern*, etwa wenn man bei ihnen beim
Anzahlvergleich ausschließlich eine — für die Schüler weniger effiziente —
Strategie, nämlich das paarweise Zuordnen, erwartet und das Zählen, das
fast alle Schüler aufgrund ihres Wissenstandes *spontan* einsetzen würden,
verpönt.

Neben der Fundierung des Zahlbegriffes beabsichtigte man in der Neuen Mathematik mit dem pränumerischen Kurs aber insbesondere auch eine *breit
angelegte kognitive Förderung* der Schüler. Diese als *zentral erachtete Ab-
sicht mißriet* jedoch *weitgehend* bei ihrer *praktischen Verwirklichung*, wie
Maier (1990, S. 133) zu Recht feststellt: „Was als Schüleraktivität zur Steigerung der Fähigkeiten im Klassifizieren und Ordnen, im funktionalen und
schlußfolgernden Denken, im Abstrahieren und Generalisieren, im Schlußfol-
gern, Argumentieren und Beweisen, im Gebrauch von Symbolen usw. gedacht
war, gerann zu einem Unterrichtsstoff, der nach traditionellen methodischen
Mustern „durchgenommen" wurde. [...] Eine Flut von Bezeichnungen, Symbolen und Sprechweisen brach schon über die Schulanfänger herein, die sie
„lernen" sollten und die nicht nur den Eltern fremd waren, sondern selbst
manchen Lehrerinnen noch Schwierigkeiten bereiteten. Den Sinn von der-
gestalt entarteten Neuerungen zu vermitteln, war nicht nur schwierig, sondern
unmöglich; denn sie sind in der oftmals verwirklichten Form schlechterdings
nicht begründbar."

Aus der Behandlung eines umfangreichen pränumerischen Kurses *zu Beginn
der Schulzeit* als *geschlossener Block* ergaben sich weitere *Probleme*, und
zwar u.a.

- wegen der *fehlenden Anknüpfung* an das große und aspektreiche *Vorwissen* der Schüler,
- wegen der *Motivationsprobleme*, die aus der *Diskrepanz* zwischen der
  Realität des Mathematikunterrichts zu Schulbeginn und den *Erwartungen* der Schulanfänger resultierten,
- wegen des *massiven Abweichens von den Vorstellungen vieler* — in ihrer Erwartungshaltung von langen Lehrplantraditionen stark geprägter

— *pädagogischer Entscheidungsträger* wie Lehrer, Schulverwaltungsbeamte, Eltern und Politiker (vgl. auch Maier (1990), S. 132).

Die Kritik an *Unzulänglichkeiten in der praktischen Verwirklichung* der Neuen Mathematik wie auch an unstrittig vorhandenen „*Übertreibungen und Fehlentwicklungen*" steigerte sich daher rasch zu einem *lautstarken öffentlichen Protest.* Durch eine „stark übertreibende" Darstellung dieser Mängel wurde „eine leicht zu verunsichernde Öffentlichkeit polemisch aufgeheizt, alles was „anders" war oder anders schien als in den Schultagen der Eltern wurde der Einfachheit halber gleich auch mit dem Etikett Mengenlehre versehen und mitverteufelt. Schließlich wurden Elternverbände, Politiker, Fachwissenschaftler, Ärzte, kaum jedoch Fachdidaktiker gewonnen, die in den Chor einstimmten, die als Finale furioso die krankmachende Überforderung von Kindern möglichst gesetzlich verbieten wollte. Kein Rettungsversuch der doch unstreitig vorhandenen positiven Aspekte fruchtete. [...] Die Hexenjagd nahm teilweise groteske Züge an. Ministerial eingesetzte Streichkommandos durchforsteten Lehrplanentwürfe auf verbotene Worte. Das Wort „Menge" mußte weg, um eine Änderung der Inhalte ging es weniger." (Sorger (1991), S. 34 f). Sorger charakterisiert in diesem Zusammenhang sogar die „*Vertreibung der Mengenlehre aus der Grundschule*" als ein „*Lehrstück einer erfolgreichen Verteufelungskampagne*". Durch diese öffentlichen Proteste wurde „rasch eine neue Welle der *Lehrplanrevision* politisch in Szene gesetzt, die unter Schlagworten wie „*Abschaffung der Mengenlehre*" oder „*back to basics*" firmierte. Daß dabei mancherorts mit den Entartungen auch die *richtigen und notwendigen Reformansätze* zerstört wurden, [...] muß [...] *bedauert* werden. Denn bis zu ihrer endlichen Verwirklichung kann nunmehr noch *viel kostbare Zeit verstreichen*" (Maier (1990), S. 133, Hervorhebungen durch den Verfasser).

4.2 Zum gegenwärtigen Anfangsunterricht

Ein charakteristisches Kennzeichen des gegenwärtigen Anfangsunterrichts ist also der *Verzicht auf einen geschlossenen pränumerischen Kurs zu Beginn der Schulzeit.* Von Anfang an stehen *Zahlen und die Arbeit mit ihnen* im *Zentrum* des Mathematikunterrichts. Während jedoch nach unserer Einschätzung auf *diejenigen* Teile des pränumerischen Kurses, die der *Fundierung des Zahlbegriffs im Sinne des Kardinalzahlaspektes* dienen, *zu Recht* verzichtet wird, ist ein häufig festzustellender Verzicht *auch* auf *diejenigen* Teile des pränumerischen Kurses, die eine *breite kognitive Förderung* der Schüler zum Ziel haben, *nicht* gerechtfertigt; denn diese Zielsetzung bleibt *unverändert* für den Mathematikunterricht *äußerst wichtig*. Ihre Realisierung stellt jedoch eine Aufgabe für die *gesamte* Grundschulzeit (und darüber hinaus) dar und kann selbstverständlich *nicht* in einem geschlossenen Kurs zu *Schulanfang* geleistet werden. Auch ist zu überlegen, ob diese Lernziele — abweichend von den Verhältnissen zu Zeiten der Neuen Mathematik — nicht stärker an *arithmetischen* Inhalten eingeübt werden können.

Kennzeichnend für den gegenwärtigen Anfangsunterricht ist *ebenfalls*, daß das *Zählen* wieder *bewußt gefördert* und *nicht* — wie zu Zeiten der Neuen Mathematik — *ausgegrenzt* und *diskreditiert* wird. Die Schulanfänger sammeln nämlich schon *vor* Beginn der Schulzeit *umfangreiche* Erfahrungen mit dem *Zählen* und beobachten hierbei, daß das Zählen im Zusammenhang mit dem Gebrauch von Zahlen *sehr vielfältig* eingesetzt werden kann.

Die verschiedenen *Niveaus* beim ständig effizienteren Einsatz der Zahlwortreihe im Sinne Fusons (Fuson et al (1982)) geben gute Hinweise auf unterschiedlich komplexe *Übungsmöglichkeiten beim Zählen*. Hierbei ist jedoch *nicht* an einen isolierten Zählkurs — gar an Stelle des pränumerischen Kurses — gedacht. Die folgenden Übungen können vielmehr in den Arithmetikunterricht an geeigneten Stellen jeweils *integriert* werden (vgl. auch Kühnel (1959)):

- Vorwärtszählen von 1 aus
- Vorwärtszählen von einer festen Zahl (> 1) aus
- Vorwärtszählen von z.B. 3 bis 8
- Weiterzählen von beispielsweise 7 um 3 Zahlen
- Um wieviel muß man z.B. von 7 bis 13 weiterzählen?
- Angabe aller Zahlen etwa zwischen 7 und 13
- Rückwärtszählen von einer festen Zahl aus
- Rückwärtszählen von beispielsweise 13 bis 7
- Rückwärtszählen von z.B. 12 um 4 Zahlen
- Um wieviel muß man beispielsweise von 12 bis 8 zurückzählen?
- Einsatz des Zählens beim Größenvergleich
- Einsatz des Zählens bei der Addition und Subtraktion (vgl. III.1, 2)

Weiterhin kann das Zählen in Zweier-, Dreierschritten usw. gezielt eingeübt werden durch Aufgaben wie:

- Weiterzählen von 1 aus in *Zweier*schritten (*Dreier*schritten usw.)
- Weiterzählen von z.B. 6 aus in *Zweier*schritten (*Dreier*schritten usw.)
- Rückwärtszählen von einer gegebene Zahl aus in *Zweier*schritten (*Dreier*-schritten usw.)

Beim Einsatz der Zählreihe insbesondere zur Anzahlbestimmung, aber auch zur Bestimmung der Rangfolge beobachtet man häufiger folgende *typische Zählfehler*:

- *Ein* Element wird *mehrfach* gezählt.
- Ein oder mehrere Elemente werden beim Zählvorgang *ausgelassen*.
- Zwei Elemente erhalten bei *zweistelligen* Zahlwörtern nur *einen* Zahlennamen (Beispiel: drei–zehn).

Diese Zählfehler treten *besonders* leicht auf, wenn die Kinder die Elemente nur mit den *Augen* zählen. Daher muß zur Fehlervermeidung, insbesondere bei *größeren* Anzahlen (bezogen auf die *jeweilige* Zählkompetenz der Kinder), das Auszählen durch *Zeigen*, *Berühren* und *Wegnehmen* eingeübt werden. Auch ist *lautes Zählen* für schwächere Schüler hilfreich. Ferner sollten die zu zählenden Elemente in *verschiedenen Anordnungen* (z.B. geordnet, un-geordnet, in Kreisform) vorgegeben werden. *Rhythmisches* Zählen und das Zählen von *Klopfgeräuschen* oder *Klatschen* hilft schließlich ebenfalls bei der Verbesserung der Zählkompetenz.

Nach den im zweiten Abschnitt dargestellten empirischen Untersuchungen können die Schulanfänger nicht nur überraschend weit fehlerfrei zählen, son-dern sie können auch *nahezu alle Ziffern* richtig *lesen*. Deutlich *geringer* ist hingegen die Kenntnis der *Schreibweise* der Ziffern entwickelt. So können die Schulanfänger im Durchschnitt nur etwa 5 der 10 Ziffern korrekt notie-ren. Daher wird heute dem *Schreiben der Ziffern* im Anfangsunterricht wie-der *mehr* Aufmerksamkeit gewidmet wie etwa das folgende Schulbuchbeispiel (Nußknacker, 1, 1991) belegt:

Einerseits müssen bereits erworbene *fehlerhafte* Schreibweisen *berichtigt* wie andererseits auch eine Reihe der *Ziffern* für viele Schüler erst *neu eingeführt* werden. Die *Gestalt* und die *Schreibrichtung* beim Notieren der Ziffern müssen genau vorgeführt und *sorgfältig* eingeübt werden, wie die empirischen Befunde von R. Schmidt (1982) belegen. Der Beitrag von Regelein (1987) zeigt gute Möglichkeiten auf, das Schreiben der Ziffern mit *Versen* zu lernen, um so den vorgeschriebenen Bewegungsablauf kindgemäß festzuhalten und sein Behalten zu erleichtern.

Dem Zählen kommt zwar — wie in I.2.1 ausgeführt — eine *besondere Bedeutung* zu, da es die *Verbindung* zwischen vielen Zahlaspekten herstellt und wohl auch der *wichtigste Zugangsweg* für die Kinder zu diesen Zahlaspekten ist, aber andererseits werden durch das Zählen nur *einige Nuancen* dieser Zahlaspekte erfaßt. Daher darf der Anfangsunterricht auch nicht nur *einseitig* auf dem *Zählen* basieren, so wie es etwa von den *Zählmethodikern* schon vor rund hundert Jahren praktiziert wurde, denn zu Recht stellt Floer (1985, S. 24; Hervorhebungen durch den Verfasser) fest: „Auch wenn man dem *Zählen* in den *ersten Begegnungen von Kindern mit Zahlen* eine *Schlüsselstellung* zugesteht, muß man sehen, daß insgesamt eine *breitere Basis* notwendig ist. Eine *Überbetonung des Zählens* kann an vielen Stellen das *Nachdenken mit und über Zahlen* außerordentlich *behindern*. Dies gilt insbesondere

– bei der Erfassung *verschiedener Zahlaspekte*,

– bei der *Begründung der Rechenoperationen*,
– bei der *Einsicht in Gesetzmäßigkeiten*,
– bei der *Erweiterung des Zahlenraumes*,
– bei der Ausbildung *flexibler Strategien* im Umgang mit Zahlen.

Es wäre *verhängnisvoll*, wenn aus der Einsicht, daß *Zählen ein natürlicher Zugang zu den Zahlen* ist, nun der Schluß gezogen würde, daß es eine *hinreichende Voraussetzung für bewegliches Denken mit Zahlen* ist".

Vielmehr besitzen die Schulanfänger schon ein *aspektreiches Wissen* über die Einsatzmöglichkeiten der natürlichen Zahlen (vgl. 2.6), das durch *Anwendung* gesichert, vertieft und ausgebaut werden sollte. Die *einseitige* Betonung des Kardinalzahlaspektes bei dem im 3. Abschnitt skizzierten Einführungsweg muß daher durch einen *aspektreichen* Zugang zu dem Zahlbegriff abgelöst werden. Schulbuchseiten wie die auf S. 44 abgebildete (Keller–Pfaff, 1, 1991) bieten eine gute Möglichkeit, dieses aspektreiche Vorwissen genauer zu ergründen und zu vertiefen.

Ideal bei ihrer Realisierung, jedoch sicher leichter zu formulieren als in der Schulwirklichkeit zu realisieren, ist in diesem Zusammenhang die schon 1977 von Müller/Wittmann erhobene Forderung (Müller/Wittmann (1977), S. 173): *„Die Aspekte des Zahlbegriffs sollen von Anfang an parallel zueinander entwickelt und miteinander integriert werden.* Insbesondere sollen die natürlichen Zahlen von Anfang an in der Form von *Zählzahlen* als *Objekte sui generis* auftreten und gleichzeitig als *Anzahlen, Ordnungszahlen, Operatoren, Maßzahlen, Rechenzahlen* verwendet werden."

Aspektreich kann allerdings nicht bedeuten, daß *alle* erwähnten Zahlaspekte von Anfang an *gleichgewichtig* behandelt werden. Unverändert kommt den natürlichen Zahlen in ihrer Funktion als *Kardinalzahlen* eine *große Bedeutung* zu, jedoch in *engem Zusammenhang* mit ihrem Gebrauch als *Zählzahlen* und nicht unter weitgehender bis völligen *Ausblendung* dieses Aspekts. Der *vielseitige Zugang zum Kardinalzahlaspekt* in den gegenwärtigen Schulbuchkonzepten (vgl. Nußknacker, 1, 1991; Abb. S. 45) unterscheidet sich deutlich von der *viel einseitigeren* Sichtweise zu Zeiten der Neuen Mathematik. Gleichzeitig wird bei vorstehendem Beispiel aber auch schon der *Zahlenstrahl* auf natürliche Art und Weise einbezogen, wobei sich hier offensichtlich *verschiedene* Aspekte des Zahlbegriffs überlagern, nämlich der Maßzahl–, Ordnungszahl–, Kardinalzahl–, Zählzahl– und Skalenaspekt.

Zahlen, Zahlen, Zahlen

Der *Zahl Null* wird bei den heutigen Konzepten zu Recht wegen der vielen
— in diesem Zusammenhang später auftretenden — Fehlermöglichkeiten eine
besondere Aufmerksamkeit geschenkt, wie das auf S. 46 abgebildete Beispiel
(Keller–Pfaff, 1, 1991) belegt.

Der Gebrauch der natürlichen Zahlen als *Maßzahlen* wird heute wegen seiner
großen praktischen Bedeutung wieder frühzeitig thematisiert, insbesondere
durch das Arbeiten mit Rechengeld, mit Cuisenairestäben oder Steckwürfeln
sowie mit dem Zahlenstrahl.

Die Benutzung der natürlichen Zahlen als *Ordinalzahlen* wird frühzeitig an
geeigneten, alltäglichen Situationen weiter eingeübt und vertieft, bei denen
es — wie etwa bei Wettkämpfen — *ganz natürlich* eine Rangfolge gibt. Es ist

Die Zahl 8

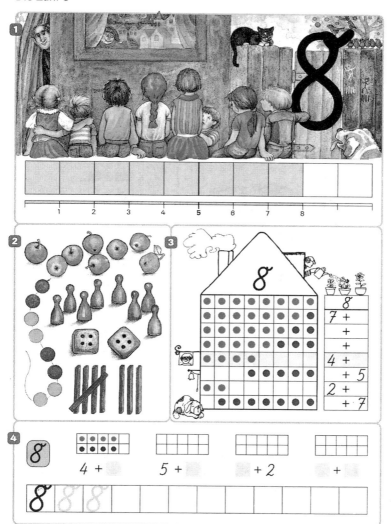

4 +

5 +

 + 2

 +

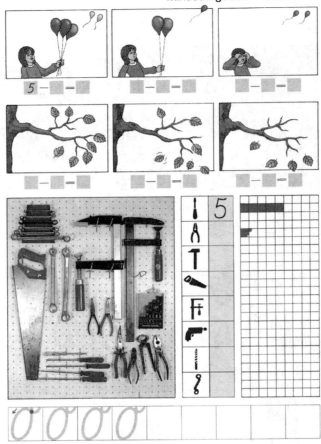

allerdings zu beachten, daß die Schulanfänger die Zahlwortreihe i.a. deutlich *besser* kennen als die *Ordnungszahlwörter*. Die Übungen beschränken sich *nicht* auf Situationen mit einer linearen *Standardanordnung* (von links nach rechts), sondern es werden bewußt auch Sachverhalte mit einer Anordnung z.B. von rechts nach links, von unten nach oben oder einer spiralförmigen Anordnung einbezogen, wie das Schulbuchbeispiel auf S. 47 (Griesel–Sprockhoff, 1, 1987) aufzeigt.

Numerieren – Ordnungszahlwörter

1 2 Strichverbindungen von Kindern zu numerierten Plätzen zeichnen. Ordnungszahlwörter eintragen.
3 In der richtigen Reihenfolge numerieren.

Bei der Behandlung der Zusammenhänge zwischen den ersten natürlichen Zahlen über das Verdoppeln und Halbieren sowie insbesondere auch beim mündlichen Rechnen (vgl. III.1, 2, 3, 4) kommt auch der *Operatoraspekt* der natürlichen Zahlen zum Tragen.

Der *Größenvergleich von natürlichen Zahlen* wird *nicht* über die *Inklusion* von Mengen, sondern z.B. über den naheliegenden Ansatz des *Höhenvergleichs entsprechender Steckwürfeltürme* oder den *Längenvergleich entspre-*

3 Padberg

chender Steckwürfelstäbe durchgeführt, wie in dem folgenden Schulbuchbeispiel (Griesel–Sprockhoff, 1, 1987):

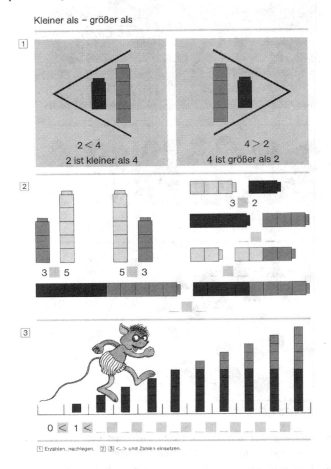

Kleiner als – größer als

Bei der *Abfolge der ersten Zahlen* besteht *kein* Unterschied zur Vorgehensweise zur Zeit der Neuen Mathematik (vgl. 3.1). Von dieser, durch den *Zählprozeß* vorgegebenen Ordnung sind bislang auch nur *sehr wenige* Lehrgänge abgewichen, nämlich vor allem die *ganzheitlichen* und *ganzheitlich–operativen* Lehrgänge, die wegen der Sonderstellung der *eins* und wegen der Möglichkeit einer frühzeitigen Einbeziehung *multiplikativer* Beziehungen zum Aufbau des Zahlbegriffs z.B. folgende Abfolge wählen: zwei–vier–acht, drei–sechs, eins, fünf–zehn, sieben, neun (vgl. Maier (1990), S. 190).

Bezüglich der *gegenwärtigen Schulbuchkonzepte* bedauert allerdings Sorger (1991) insgesamt zu Recht eine *sehr weitgehende Einheitlichkeit* der Schulbuchlandschaft. „Alle derzeit auf dem Markt befindlichen genehmigten Schulbuchkurse sind *mehr oder weniger austauschbar.* Eine [fruchtbare] Polarisierung kann nicht mehr stattfinden. Über didaktische *Nuancen* fallen mehr oder weniger gelangweilte Entscheidungen für den einen oder anderen Weg" (Sorger (1991), S. 36, Hervorhebungen durch den Verfasser). Die Einschätzung von Maier (1990, S. 133) gerade auch bezüglich der hier besonders interessierenden Lehrgangsteile zum Aufbau des Zahlbegriffs: „Die neueren Schulbuchwerke scheinen etwas ratlos hin- und herzuschwanken zwischen dem *Rückgriff auf diverse ältere Muster und verschämtem Beibehalten einiger Reststücke aus der „Neuen Mathematik".* Es fehlt an *konzeptioneller Geschlossenheit* und *theoretischer Fundierung"* (Hervorhebungen durch den Verfasser) ist zwar etwas pointiert formuliert, jedoch zumindest für eine Reihe von Schulbuchwerken zutreffend.

II   Das dezimale Stellenwert-
system

Im Verlauf der Grundschulzeit wird der behandelte Zahlenraum *schrittweise* erweitert. So ist es in Deutschland üblich, im *ersten* Schuljahr die Zahlen bis 20 — also den Zahlenraum, der dem Kleinen 1 + 1 entspricht — gründlich zu behandeln (mit ersten Ausblicken auf die Zahlen bis 100), im *zweiten* Schuljahr den Zahlenraum bis 100, — der für das Kleine 1 × 1 erforderlich ist —, im *dritten* Schuljahr den Zahlenraum bis 1.000 und im *vierten* Schuljahr schließlich bis zu einer Million und darüber hinaus.

Dieses schrittweise Vorgehen hat den Sinn, den Schülern *fundierte* Zahl- und Größenvorstellungen zu vermitteln; denn eine gründliche Kenntnis des Zahlenraumes bis 100 hilft, den Zahlenraum zwischen 100 und 200, zwischen 200 und 300 und schließlich bis 1.000 *genauer* zu verstehen. Entsprechendes gilt dann für den Schritt von 1.000 nach 10.000 und für die *weitere* schrittweise Erschließung des verfügbaren Zahlenraumes.

Wir beginnen dieses zweite Kapitel mit einer stärker *fachlich* ausgerichteten Darstellung unserer heutigen Zahlschrift, nämlich des *dezimalen Stellenwertsystems*, und gehen in diesem Zusammenhang auch auf *nicht*dezimale Stellenwertsysteme sowie auf die *römische Zahlschrift* als Kontrastbeispiel ein. Im zweiten Abschnitt stellen wir exemplarisch den Ausbau des Zahlenraumes bis 100 *ausführlich* dar. Der weitere Ausbau — dargestellt im dritten Abschnitt — weist weithin Entsprechungen auf, daher können wir uns dort *knapper* fassen.

1   Stellenwertsysteme

Schon in der *Grundschule* kann heute nahezu jeder Schüler die Summe, die Differenz, das Produkt sowie den Quotienten selbst relativ großer Zahlen *leicht und schnell* bilden. Dies hängt damit zusammen, daß unsere heutige Zahlschrift als Endstufe einer sehr langen, jahrtausendealten Entwicklung (vgl. Menninger (1979)) äußerst *effizient* ist. Erst seit dem 16. Jahrhundert hat sich diese Zahlschrift bei uns durchgesetzt, während bis dahin auch hier die *wesentlich weniger* leistungsfähige römische Zahlschrift gebräuchlich war. Wir beschreiben im folgenden kurz diese römische Zahlschrift, damit man so die Vorteile und Charakteristika der anschließend genauer erläuterten dezimalen Stellenwertschreibweise um so klarer erkennen kann.

In der römischen Zahlschrift verwendet man bekanntlich für eins, fünf, zehn, fünfzig, hundert, fünfhundert, tausend usw. jeweils *eigene* Zeichen, nämlich I, V, X, L, C, D und M. Man führt für 5 Einer das Zeichen V, für 2 Fünfer das Zeichen X, für 5 Zehner das Zeichen L, für 2 Fünfziger das Zeichen C, für 5 Hunderter das Zeichen D und für 2 Fünfhunderter das Zeichen M ein. So faßt man *abwechselnd* („alternierend") 2 bzw. 5 Elemente zu einer nächsthöheren Einheit zusammen, man „bündelt" sie jeweils. Man spricht daher in diesem Zusammenhang auch von einer *alternierenden Fünfer-Zweier-Bündelung.* Offensichtlich sind für *größere* Zahlen (fünftausend, zehntausend, fünfzigtausend usw.) prinzipiell jeweils *weitere, eigene Zeichen* erforderlich .

Zahlen, für die direkt kein Zahlzeichen zur Verfügung steht, z.B. 23, beschreibt man *additiv* mittels der vorhandenen „kleineren" Zahlzeichen, also 23=XXIII. Man reiht also zunächst die „größeren" (X), dann die „kleineren" Zahlzeichen (I) hintereinander („*Reihung*").

Exakt kann man die *heutige, international vereinbarte* Schreibweise der römischen Zahlschrift durch folgende *vier Regeln* beschreiben (vgl. Schönwald (1987), S. 325):

Regel 1: Zuerst werden die Tausender notiert, falls sie vorkommen, *dann* ggf. die Hunderter, *dann* ggf. die Zehner und *zuletzt* ggf. die Einer.

Regel 2: Falls zu D Hunderter bzw. zu L Zehner bzw. zu V Einer hinzugezählt werden sollen, stehen diese *rechts* von D bzw. L bzw. V.

Regel 3: Ein Zeichen I, X oder C darf von dem jeweils *Fünf- oder Zehnfachen* abgezogen werden; man notiert das abzuziehende Zeichen dann *unmittelbar links* vor dem zu vermindernden.

Regel 4: Unter Beachtung der ersten drei Regeln müssen *möglichst wenige Zeichen* geschrieben werden.

Dagegen läßt sich die in der (späteren) *Römerzeit bis zum Mittelalter* benutzte Schreibweise durch folgende *drei Regeln* beschreiben (vgl. Schönwald (1987), S. 324 f):

Regel 1: siehe oben!

Regel 2: Kein Zeichen darf *so oft* vorkommen, daß die *untereinander gleichen* Zeichen in ein *höherwertiges* Zeichen umgetauscht werden könnten.

Regel 3: Abweichend von Regel 1 darf *unmittelbar links* vor dem ersten Zeichen der selben Sorte (höchstens) *ein wenigerwertiges* Zeichen stehen; der kleinere Wert ist dann von dem größeren *abzuziehen*.

Während das *heutige* Regelsystem die Zahlzeichen jeweils *eindeutig* festlegt, trifft dies für das *andere* Regelsystem (Römerzeit/Mittelalter) *nicht* zu, wie das folgende *Beispiel* belegt:

99 = XCIX (heutige Schreibweise), dagegen 99 = LXXXXVIIII = IC = XCIX = ... (Römerzeit/Mittelalter).

Die Gewinnung der Zahlwörter durch *Reihung* von Zahlzeichen mit jeweils *festen* Werten — die wenigen Ausnahmen beschreibt Regel 3 jeweils — hat zur Folge, daß *Nullen* in der römischen Zahlschrift *nicht* erforderlich sind. Allerdings werden die Zahlwörter oft *recht lang und dadurch unübersichtlich*.

Ein *gravierender* Nachteil der römischen Zahlschrift gegenüber dem dezimalen Stellenwertsystem wird sichtbar, wenn man versucht, die *vier Grundrechenarten* in römischer Schreibweise durchzuführen. Während die Addition und Subtraktion — wenn auch nicht sonderlich elegant und schnell — noch relativ problemlos sind, stößt man bei der Multiplikation und Division auf *große* Schwierigkeiten.

Im Vergleich zur *römischen* Zahlschrift bedeutet unsere heutige Zahlschrift einen gewaltigen Sprung *vorwärts*. Wir gebrauchen zur Darstellung *sämtlicher* Zahlen insgesamt *nur* zehn Zahlzeichen, nämlich die Ziffern 0, 1, 2, 3, 4, 5, 6, 7, 8 und 9. Die Darstellung *größerer* oder *kleinerer* Zahlen erfordert *nicht* jeweils eine Verabredung *neuer* Zahlzeichen. Dies wird insbesondere dadurch erreicht, daß den Zahlzeichen nicht ständig ein *fester* Zahlenwert zugeordnet wird, sondern daß der Wert der Ziffern *je nach Stellung im Zahlwort* unterschiedlich ist. So besteht 111 *ausschließlich* aus Einsen, die jedoch je nach

Stellung einen *verschiedenen* Wert („*Stellenwert*") besitzen. Bei Stellenwert-systemen übermittelt also jede Ziffer *zwei* Informationen, ihren *Zahlen*wert und zusätzlich — aufgrund ihrer Position im Zahlwort — ihren *Stellen*wert. Daher müssen bei der Ziffernschreibweise *nicht* besetzte Stellen durch *Nullen* kenntlich gemacht werden. Durch die Berücksichtigung der *Stellung* der Ziffer im Zahlwort können wir auf die explizite Angabe von *Bündelungseinheiten* verzichten. Kürzen wir Einer mit E, Zehner mit Z und Hunderter beispielsweise mit H ab, so brauchen wir daher *nicht* umständlich 7H 4Z 3E zu schreiben, sondern es genügt die übliche Kurzschreibweise 743. Die Berücksichtigung des *Stellenwertes* ist ein entscheidendes Charakteristikum unserer heutigen Zahlschrift. Allerdings müssen wir an dieser Stelle unterscheiden zwischen der *Wort*form (Beispiel: zweitausenddreihundertvierzig) und dem mit *Ziffern* notierten Zahlwort (2340): Bei der Wortform wird jeweils die zugehörige Bündelungseinheit genannt, im obigen Beispiel zwei-*tausend*, drei-*hundert*, vier-*zig*. Auf *sprachlicher* Ebene arbeiten wir also *nicht* mit einem Stellenwertsystem, sondern mit einem *reinen Bündelungssystem*. Erst auf der Ebene des mit *Ziffern* geschriebenen Zahlwortes spielt der Stellenwert eine entscheidende Rolle, können wir also von einem *Stellenwert*system sprechen.

Ein *weiteres* typisches Kennzeichen der heutigen Zahlschrift ist die reine *Zehnerbündelung*, daher auch die Bezeichnung *dezimales* Stellenwertsystem. Die *Kombination* von Stellenwert und (Zehner-)bündelung bewirkt, daß auch *große* Zahlen leicht lesbare, relativ *kurze* Zahlwörter besitzen. Sie hat weiterhin zur Folge, daß die *schriftlichen Rechenverfahren* rasch, elegant und weitgehend unkompliziert durchgeführt werden können. Die Kenntnis des Kleinen 1 + 1 und des Kleinen 1 × 1 reicht zur Berechnung von Aufgaben mit *beliebig großen* Zahlen aus (vgl. IV.3, 4, 5, 6).

Die folgende, *zusammenfassende Gegenüberstellung* der römischen Zahlschrift und des dezimalen Stellenwertsystems läßt die *Charakteristika* der beiden Zahlschriften deutlich hervortreten:

Römische Zahlschrift	Dezimales Stellenwertsystem
Alternierende Fünfer-Zweier-Bündelung	Reine Zehnerbündelung
Jede Ziffer gibt uns zugleich auch die jeweilige Bündelungseinheit an.	Nur die Stellung der Ziffer informiert über die jeweilige Bündelungseinheit.
Jede Ziffer hat einen festen Wert (geringfügige Ausnahme: Regel 3), unabhängig von ihrer Stellung im Zahlwort.	Der Wert einer Ziffer hängt von ihrer Stellung innerhalb des Zahlwortes ab (Stellenwert) und ist entsprechend jeweils unterschiedlich.
Jede Ziffer übermittelt nur eine Information, nämlich ihren Zahlenwert.	Jede Ziffer übermittelt zwei Informationen, nämlich ihren Zahlen- und ihren Stellenwert.
Den jeweiligen Zahlenwert eines mehrstelligen Zahlwortes erhält man im wesentlichen durch Addition, daher ist eine Ziffer 0 in diesem Zusammenhang nicht erforderlich.	Den jeweiligen Zahlenwert eines mehrstelligen Zahlwortes erhalten wir durch eine Kombination aus Multiplikation und Addition. Nicht besetzte Stellen innerhalb eines Zahlwortes müssen deshalb kenntlich gemacht werden. Daher ist die Ziffer 0 unbedingt erforderlich.
Für größere (und kleinere) Zahlen werden ständig weitere Zeichen benötigt.	Für beliebig große (und kleine) Zahlen kommt man mit zehn Ziffern aus.
Die Zahlwörter sind vielfach relativ lang und kompliziert zu lesen.	Die Zahlwörter sind relativ kurz und einfach zu lesen.
Die schriftlichen Rechenverfahren (insbesondere die Multiplikation und die Division) sind äußerst kompliziert und langwierig.	Die schriftlichen Rechenverfahren können rasch, elegant und weitgehend unkompliziert durchgeführt werden.

Für unser *dezimales* Stellenwertsystem sind zwei Begriffe grundlegend, die Begriffe *Bündelung* und *Stellenwert*. Schon die *römische* Zahlschrift zeigt jedoch, daß auch andere Bündelungen als jeweils ausschließlich zu *zehn* Elementen vorkommen. Bündeln wir beispielsweise jeweils zu *fünf* und verwenden wir zusätzlich eine Stellenwertschreibweise, so erhalten wir eine Zahlschrift, die der römischen Zahlschrift *weit* überlegen ist und sich von unserem dezimalen Stellenwertsystem *nur* in Äußerlichkeiten unterscheidet. Verwendet man ein Stellenwertsystem mit reiner Fünferbündelung, so nennt man dies auch ein *Stellenwertsystem* mit der *Basis fünf*. In diesem Stellenwertsystem verwenden wir Einer, Fünfer, Fünfundzwanziger (5^2), Hundertfünfundzwanziger (5^3) als Bündelungseinheiten *völlig entsprechend* zu den Bündelungseinheiten der Einer, Zehner, Hunderter (10^2), Tausender (10^3) usw. im *dezimalen* Stellenwertsystem, das wir offenkundig auch als ein Stellenwertsystem mit der *Basis zehn* kennzeichnen können. Zerlegen wir 69 nach Fünferpotenzen, so erhalten wir $69 = 2 \cdot 5^2 + 3 \cdot 5 + 4 \cdot 1$. Notiert man Zahlwörter in der Basis fünf, so läßt man genau so wie in der Basis zehn die Bündelungseinheiten (5^2, 5, 1) fort. Kennzeichnen wir hier Zahlwörter zur Unterscheidung von der Basis zehn durch einen Index 5 , so gilt also:

$$69 = 234_5 \qquad \text{(gelesen: zwei-drei-vier)}$$

Entsprechend können wir *jede* Zahl in der Basis fünf darstellen, und zwar eindeutig. Während wir in der Basis zehn 10 Ziffern benötigen, kommen wir hier schon mit den fünf Ziffern 0, 1, 2, 3 und 4 aus. Fünf oder mehr Bündel einer gegebenen Bündelungseinheit werden jeweils in die nächsthöhere Bündelungseinheit „umgebündelt". Statt der Basis fünf können wir aber auch *jede andere* natürliche Zahl (größer als eins) als Basis wählen, etwa die Zahlen 2, 3 oder 4 (vgl. Padberg (1991)). Die Anzahl der notwendigen Ziffern ist je nach Basis *unterschiedlich*. Je *kleiner* die Basis, um so *weniger* Ziffern muß man sich merken, während mit *wachsender* Größe der Basis die Anzahl der Ziffern anwächst. Den Vorteil *geringer* Ziffernanzahl erkauft man allerdings dadurch, daß die Zahlwörter immer *länger* und damit *unhandlicher* werden. Unter diesem Gesichtspunkt bildet die Basis zehn einen *Kompromiß*. Die Darstellung *einer* Zahl in *verschiedenen* Basen macht klar, daß zwischen dem *Namen* für eine Zahl und der *Zahl* selbst ein Unterschied besteht. So hat etwa 69 die folgenden Namen: 1000101_2, 2120_3, 1011_4 und 234_5. Dieser Sachverhalt wird bei *ausschließlicher* Arbeit im dezimalen Stellenwertsystem oft nicht recht sichtbar.

Die *syntaktischen* Gesetzmäßigkeiten, nach denen wir die *Zahlwortreihe* in Ziffernschreibweise bilden, werden ebenfalls bei einer Notation von Zahlen in *verschiedenen* Basen gut sichtbar. Notieren wir beispielsweise die Zahlen von eins bis zehn in den Basen 2, 3, 4, 5 und 10, so erhalten wir jeweils folgende Zahlwortreihen. (Die Indizes lassen wir an dieser Stelle fort, um das Schriftbild zu entlasten. Mißverständnisse sind nicht zu befürchten.)

Basis zehn:	1	2	3	4	5	6	7	8	9	10
Basis fünf:	1	2	3	4	10	11	12	13	14	20
Basis vier:	1	2	3	10	11	12	13	20	21	22
Basis drei:	1	2	10	11	12	20	21	22	100	101
Basis zwei:	1	10	11	100	101	110	111	1000	1001	1010

Aber auch die Bestimmung des (unmittelbaren) *Vorgängers* und *Nachfolgers* zu einer gegebenen Zahl ist für eine *fundierte* Abklärung der *Gesetzmäßigkeiten* bei der Zahlwortbildung wichtig. Erst die Kenntnis dieser Gesetzmäßigkeiten ermöglicht einen *Größenvergleich* zwischen verschiedenen Zahlen (in Ziffernschreibweise).

Gehen wir den weiter vorne durchgeführten *Vergleich* zwischen der *römischen* Zahlschrift und dem *dezimalen* Stellenwertsystem durch, so erkennen wir, daß die dort aufgeführten *Charakteristika* und *Vorteile* des *dezimalen* Stellenwertsystems *entsprechend* auch für *alle* Stellenwertsysteme mit *nicht*dezimalen Basen gelten. Die Auswahl der Zahl *zehn* als Basis im Laufe der Entwicklung war also *keineswegs* zwingend notwendig, sondern hing eng mit der Anzahl der *Finger* beim Menschen zusammen. Ein sehr wichtiger *Vorteil* des dezimalen Stellenwertsystems gegenüber der römischen Zahlschrift und allen Nicht-Stellenwertsystemen ist die *Leichtigkeit und Eleganz* der schriftlichen Rechenverfahren. Diese Vorteile treffen genauso auch für *nicht*dezimale Stellenwertsysteme zu. Wir verdeutlichen dies an je einem Beispiel zur Addition und zur Multiplikation in der Basis fünf:

Addition

$$234_5$$
$$+ \ 432_5$$

Schreiben wir die Aufgabe mit Hilfe einer *Stellentafel* um — wir benutzen zur Abkürzung für die Einer E, Fünfer F, Fünfundzwanziger F^2 und Hundertfünfundzwanziger F^3 — so erhalten wir wegen der Gültigkeit des Assoziativ- und Kommutativgesetzes der Addition sowie des Distributivgesetzes der Multiplikation natürlicher Zahlen (vgl. IV.3.1) durch *spaltenweise* Addition *schrittweise* das Ergebnis:

F^3	F^2	F	E
	2	3	4
	4	3	2
	11	11	11
	11	12	1
	12	2	1
1	2	2	1

Sobald in einer Stellenwertspalte die Zahl 4 *überschritten* wird, wird jeweils *umgebündelt*. Schreiben wir die Rechnung *ohne* Stellentafel auf und notieren wir bei den Umbündelungen die „*Überträge*" — wie im dezimalen Stellenwertsystem üblich — durch *kleine* Ziffern in der *folgenden* Spalte, so wird die *völlige* Entsprechung der Addition in der Basis fünf (als Beispiel für ein nichtdezimales Stellenwertsystem) und in der Basis zehn offensichtlich:

$$234_5$$
$$+ \ 432_5$$
$$\overline{1221_5}$$

Multiplikation:
Durch Rückgriff auf das Distributivgesetz und das Kleine 1 × 1 in der Basis fünf erhalten wir:

$$\frac{234_5 \cdot 432_5}{}$$
$$2101_5$$
$$1312_5$$
$$\underline{1023_5}$$
$$224243_5$$

Die Beispiele verdeutlichen, daß zur Addition und Multiplikation beliebig großer Zahlen in der Basis fünf (und entsprechend auch in anderen nichtdezimalen Basen) schon das Kleine 1 + 1 und 1 × 1 bezüglich dieser Basis *völlig* ausreicht.

2   Ausbau des Zahlenraumes bis 100

Wir haben im ersten Abschnitt festgestellt, daß *Bündelung* und *Stellenwert* die *grundlegenden* Begriffe des dezimalen Stellenwertsystems sind. Für ein gründliches Verständnis unserer Zahlschrift ist daher eine *sorgfältige* Behandlung dieser beiden Begriffe im Unterricht *besonders* wichtig.

Eine Analyse von Schulbüchern zeigt, daß der Gesichtspunkt der *Bündelung* im Unterricht des ersten und zweiten Schuljahres z.T. ausschließlich mit *Zehnerbündelungen*, z.T. aber auch zunächst mit Bündelungen zu *kleineren* Basen (insbesondere mit Dreier- und Viererbündelungen) eingeführt wird, bevor man anschließend in diesem zweiten Fall zu *Zehner*bündelungen übergeht. Diesen zweiten Weg beschreitet das folgende Schulbuch (Oehl-Palzkill, 1):

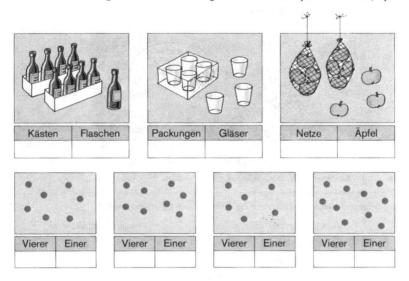

Kästen	Flaschen		Packungen	Gläser		Netze	Äpfel

Vierer	Einer		Vierer	Einer		Vierer	Einer		Vierer	Einer

Ausgehend von Viererbündelungen, wie sie im täglichen Leben vorkommen (können), sollen anschließend Punktmengen nach Vierern gebündelt und die Anzahl der Vierer und Einer festgehalten werden. An den Vorgang des *Bündelns* schließt sich der umgekehrte Vorgang des *Entbündelns* an.

Dieser Weg — zunächst Bündelungen zu kleinen *nicht*dezimalen Basen, insbesondere zu den Basen 3, 4 oder 5 und erst später Bündelungen zur Basis zehn — bietet den *Vorteil*, daß wegen der *simultanen Erfaßbarkeit* und der *guten Überschaubarkeit* dieser kleinen Anzahlen besser an den Begriff der Bündelung enaktiv oder ikonisch herangeführt werden kann als in der relativ großen Basis zehn. Dies gilt ganz besonders für Bündelungseinheiten

60

höherer Ordnung. Auf diese Art kann die später folgende, mehrfache *Erweiterung* des Zahlenraumes (Übergang zu dreiziffrigen, zu vier- und mehrziffrigen Zahlwörtern) gut vorbereitet werden. Ferner können erste Vorerfahrungen zur Unterscheidung von *Zahl* und *Zahlzeichen* vermittelt werden. Durch die Arbeit mit nichtdezimalen Basen können aber auch gute Vorarbeiten für den späteren *Größenvergleich* von Zahlen rein anhand der Zahlwörter geleistet werden, wie das folgende Schulbuchbeispiel verdeutlicht (Griesel-Sprockhoff, 2):

Vergleichen durch Bündeln

Peter und Helga haben Steckwürfel. Wer von den beiden hat mehr?

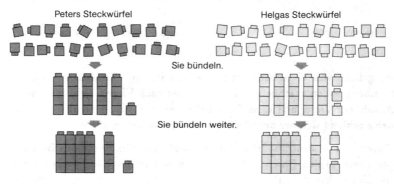

An die Behandlung der Bündelung in *nicht*dezimalen Basen schließt sich bei dieser Konzeption die *Zehner*bündelung an, die bei dem folgenden Schulbuch (Nußknacker, 2) an *alltäglichen*, den Schülern vertrauten Sachverhalten eingeführt wird.

Zehner und Einer

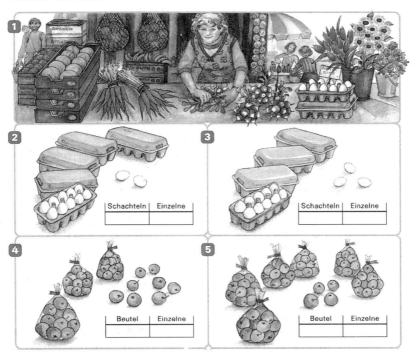

Das Schulbuchbeispiel gibt schon Hinweise für mögliche *Veranschaulichungsmittel* im Zahlenraum bis 100. Im folgenden nennen wir einige *weitere* Veranschaulichungshilfen, die gerade auch bei der Betonung des *Bündelungsaspektes* unserer Zahlschrift hilfreich sind:

– **Hunderterfeld**

```
o o o o o|o o o o o
o o o o o|o o o o o
o o o o o|o o o o o
o o o o o|o o o o o
o o o o o|o o o o o
o o o o o|o o o o o
o o o o o|o o o o o
o o o o o|o o o o o
o o o o o|o o o o o
o o o o o|o o o o o
```

Mit Hilfe des Hunderterfeldes kann man alle Zahlen bis 100 gut durch Punktmengen veranschaulichen. Hierbei wird die Bündelungseinheit zehn durch die zeilen- und spaltenweise Anordnung von jeweils zehn Elementen deutlich sichtbar.

– **Steckwürfel**
Bei kleineren Basen können Steckwürfel benutzt werden. Bei der Basis zehn wird man sich i.a. mit *gezeichneten* Steckwürfeln — einzeln bzw. zu zehnt zusammengesteckt — begnügen.

– **Cuisenairestäbe**
Bei den sogenannten Cuisenairestäben handelt es sich um verschieden eingefärbte Stäbe der Länge 1 bis 10 (Längeneinheiten). In diesem Zusammenhang wird man sich auf die Benutzung von Zehnerstangen und Einerwürfeln beschränken.

– **Spielgeld**
Als Einheiten verwendet man im Zahlenraum bis 100 Groschen und Pfennige oder 10-DM-Scheine und 1-DM-Stücke.

– **Balken-Punkt-Darstellung**
Die zeichnerische Darstellung der Zehner durch Balken (**|**) und der Einer durch Punkte (•) ist eine häufig benutzte Veranschaulichungsform.

Bei der Arbeit mit den bisher beschriebenen Veranschaulichungsmitteln spielt der *Stellenwertaspekt* unserer Zahlschrift noch *keine* Rolle. Solange wir die Bündelungsergebnisse durch Vorzeigen der erhaltenen Konfigurationen von Steckwürfeln, Cuisenairestäben oder Spielgeld oder unter Nennung der Bündelungseinheiten (Beispiel: 4 Groschen, 3 Pfennige oder 6 Zehnerstangen, 4 Einerwürfel oder 4 Zehner, 3 Einer) beschreiben, ist die Reihenfolge bei der Notation *unerheblich.* Erst bei der Beschreibung der Elementanzahl vorgegebener Mengen *ausschließlich* durch Ziffern (*ohne* Nennung von Bündelungseinheiten), also bei der *reinen* Ziffernschreibweise von Zahlen, kommt der Stellenwertaspekt des dezimalen Stellenwertsystems ins Spiel. Als Zwischenstufe beim Übergang zur reinen Stellenwertschreibweise benutzt man im Unterricht *Stellenwerttafeln*, bei denen die entsprechenden Stellenwerteinheiten im Kopf der Tafel genannt werden.

Beispiel:

Z	E
4	7

Um die dezimale Stellenwertschreibweise zu *verstehen*, muß ein Schüler zu einer vorgegebenen Menge etwa von Kringeln, Steckwürfeln, Pfennigen oder Perlen das zugehörige Zahlwort in

- Ziffernschreibweise unter Angabe der *Bündelungseinheiten* (Beispiel: 3Z 2E bzw. durch Notation in der Stellenwerttafel),
- in *reiner* Ziffernschreibweise (Beispiel: 32) und
- in der *Wortform* (Beispiel: zweiunddreißig)

nennen können. Er muß ferner *umgekehrt* zu einem — in einer dieser drei Schreibweisen — vorgegebenen Zahlwort eine passende Menge angeben können sowie die *Zusammenhänge* zwischen diesen Schreibweisen beherrschen. Ein besonderes Problem bildet die sogenannte *Inversion*. Darunter versteht man den Sachverhalt, daß unsere zweistelligen Zahlwörter in *Wortform* (Beispiel: zweiunddreißig) und in *Ziffern*form (Beispiel: 32) in der Reihenfolge *nicht* übereinstimmen. Diese Inversion kann man bei *allen* zweiziffrigen Zahlwörtern — ausgenommen nur die reinen Zehnerzahlen, elf und zwölf — beobachten.[1] Dieser *Unterschied* zwischen Sprech- und Schreibweise bereitet vielen Schülern *Schwierigkeiten* und gibt Anlaß zu *Fehlern*. Ganz besonders trifft dies nach Beobachtungen von Gottbrath (1984) für *Gastarbeiterkinder* zu: Einmal wegen sprachlicher Defizite, dann aber auch, da in ihrer Heimatsprache (z.B. im Türkischen, Italienischen und Spanischen) diese Abweichungen in der Reihenfolge von Sprech- und Schreibweise *nicht* existieren. Zur Vermeidung von Fehlern muß daher den Schülern der *Unterschied* zwischen den Sprech- und Schreibweisen *bewußt* gemacht werden. Eine *häufige*

---

[1] In diesem Zusammenhang ist interessant, daß die Araber — also die „Väter" unserer Zahlschrift — auch heute noch die Zahlwörter in Ziffernschreibweise von *rechts nach links* schreiben, also beim Aufschreiben mit den *Einern* beginnen und *nicht* wie wir mit dem höchsten Stellenwert.

Ausweichreaktion von Schülern ist eine *Inversion der Schreibrichtung*. So notieren diese Schüler in Umkehrung der üblichen Schreibrichtung beispielsweise bei 73 (dreiundsiebzig) *zunächst* die 3 und *anschließend* weiter *links* die 7. Hierdurch *können Probleme* auftreten beim Schreiben *höherstelliger Zahlen* (man muß beim Schreiben zunächst eine — oder auch mehrere — *Lücken* lassen) sowie auch anfangs — jedoch nur kurzfristig — bei der Benutzung von *numerischen Tastaturen* wie z.B. beim Taschenrechner oder Tastentelefon (vgl. Klöckner (1990)). Da sich *ohne* äußere Einflußnahme ein *erheblicher Teil* der Schüler die Schreibrichtungsinversion aneignet, sollte hierauf im Unterricht *bewußt Einfluß* genommen werden, zumal da sie — sofern es rechtzeitig geschieht — *leicht* zu bekämpfen ist (für Details vergleiche Klöckner (1990)).

Bei den Veranschaulichungsmitteln für die Zahlen bis 100 haben wir bislang nur den Kardinal- und den Maßzahlaspekt berücksichtigt. Für eine Behandlung des wichtigen *Ordinalzahlaspektes* bietet sich insbesondere der *Zahlenstrahl* an, daneben aber auch noch das Hunderterfeld sowie *Pfeildiagramme*.

Im Zusammenhang mit dem *Zahlenstrahl* sind folgende Aufgabentypen zur *Orientierung* im Zahlenraum bis 100 hilfreich:

- Zeige auf dem Zahlenstrahl und zähle

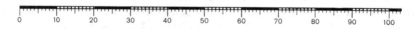

    a) 10, 20, 30, ... , 100
    b) 100, 90, 80, ... , 10
    c) 30, 31, 32, ... , 40
    d) 50, 49, 48, ... , 40
    e) 5, 10, 15, ... , 50
    f) 65, 60, 55, ... , 5

- Welche Zahlen sind es?

– Schreibe zu jeder Zahl die benachbarten Zahlen auf.

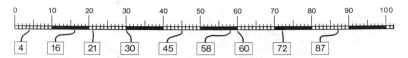

– Schreibe zu jeder Zahl die benachbarten Zehnerzahlen auf.
– Ordne die Zahlen der Größe nach.

   a) Beginne mit der größten Zahl:
     24, 78, 35, 49, 91, 31, 86, 73.

   b) Beginne mit der kleinsten Zahl:
     64, 48, 91, 58, 66, 84, 22, 46.

– Setze um 5 Zahlen fort.

   a) 56, 58, 60

   b) 59, 56, 53

– Schreibe jeweils 3 Zahlen auf

   a) Zahlen größer als 69

   b) Zahlen kleiner als 51

   c) Zahlen zwischen 69 und 75

Während die Zahlen beim Zahlenstrahl *linear* angeordnet sind, erfolgt beim *Hunderterfeld* die Anordnung in Form eines *Quadrates*. Diese Form betont wesentlich stärker als der Zahlenstrahl die *Zehnerbündelung* und läßt die damit verbundenen Charakteristika unserer Zahlschrift gut *sichtbar* werden (vgl. das Schulbuchbeispiel auf der folgenden Seite: Griesel-Sprockhoff, 2).

Allerdings sollten im Unterricht auch die *alltäglichen Verwendungen* von Ordinalzahlen und die damit verbundenen *Probleme* thematisiert werden, wozu sich Beispiele der folgenden Art gut eignen (vgl. Spiegel (1989), Matros (1988)):

– Eine Klasse hat 28 Schüler. Die Zirkuskarten tragen die Nummern 14 bis 41. Reichen sie?

66

Hunderterfeld

1 Welche Plätze gibt es **a)** in der 3. Reihe, **b)** in der 6. Reihe, **c)** in der 8. Reihe?

2 Welche Reihen sind noch frei?

3 Platz 19 ist in der 2. Reihe. In welcher Reihe ist der Platz 88?

4 Welche Plätze sind **a)** in der 4. Reihe noch frei, **b)** in der 7. Reihe noch frei?

5 Welche Plätze liegen **a)** genau hinter Platz 7, **b)** genau hinter Platz 23?

6 Welche Plätze liegen **a)** genau vor Platz 94, **b)** genau vor Platz 66?

7 Welcher Platz ist **a)** links neben Platz 43, **b)** links neben Platz 19?

8 Welcher Platz ist **a)** rechts neben Platz 69, **b)** rechts neben Platz 41?

9 Stelle selbst Fragen wie in den Aufgaben 1 bis 8.

10 Bei einer Vorstellung blieben 2 Plätze frei.

11 Bei einer anderen Vorstellung wurden 92 Besucher gezählt.

- Der 3.4. ist der letzte Schultag. Die Schule beginnt wieder am 27.4. Wieviel Tage haben wir frei?
- Lest im Buch von Seite 83 bis Seite 91. Wieviel Seiten sind das?

Hierbei bereitet in diesen Beispielen die Verknüpfung von *Kardinal- und Ordinalzahlaspekt* vielfach Schwierigkeiten. Meist wird einfach spontan mit den vorhandenen Zahlen gerechnet, statt sich zunächst den *Zusamenhang zwischen Numerierung und Anzahl* klar zu machen. (Erstes Beispiel: Bis zur Nr. 41 einschließlich gibt es 41 Karten, die ersten 13 Karten bis zur Nr. 13 sind nicht da, also reichen die Karten (41 − 13 = 28)).

Für einen *Größenvergleich mehrerer* Zahlen sind auch *Pfeildiagramme* gut einzusetzen. *Zwei* Aufgabentypen sind an dieser Stelle naheliegend:

- Zeichnung eines *Pfeildiagramms* zu vorgegebenen Zahlen (Beispiel 1)
- Angabe von geeigneten Zahlen zu einem vorgegebenen Pfeildiagramm (Beispiel 2)

Beispiel 1:

Trage die fehlenden *Pfeile* ein

Beispiel 2:

Setze passende *Zahlen* ein

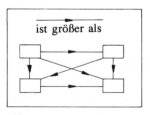

Der zweite Aufgabentyp ist wesentlich *schwieriger* als der erste Aufgabentyp. Die Lösung beim ersten Beispiel ist nämlich *eindeutig*, dagegen gibt es im zweiten Beispiel *unendlich viele* Lösungen.

Interessante Einblicke in die *Strategien von Schülern beim Größenvergleich* von zwei Zahlen sowie ihre *Modifikationen* im Zeitablauf ermöglicht das folgende — von Comiti/Bessot (1987, S. 40) beschriebene — „Spiel": Zwei Schüler spielen gegeneinander. Sie bekommen jeweils eine Karte mit einer Zahl, ohne daß sie wechselseitig ihre Zahlen kennen. Das Ziel ist, durch *schriftlich fixierte* Fragen in *möglichst kurzer Zeit* herauszubekommen, *wer von beiden die größere Zahl hat*, wobei *nur* die Frage „welche Zahl hast du?" *ausgeschlossen* ist. Wegen genauerer Hinweise auf *gefundene Strategien* und ihre Modifikation im Zeitablauf sowie über charakteristische *Fehlvorstellungen* über Zahlen in diesem Zusammenhang verweisen wir auf die entsprechende Studie von Comiti/Bessot (1987).

Zum Abschluß dieses Abschnittes wollen wir noch kurz auf die Frage nach der *Abfolge* bei der Erweiterung des Zahlbereiches bis 100 eingehen. *Eine* Möglichkeit ist es, zunächst die Zahlen bis 20, dann die Zahlen bis 30, danach die Zahlen bis 40 usw. und schließlich die Zahlen bis 100 zu erarbeiten. *Günstiger* für die Gewinnung eines ersten Überblicks ist es jedoch (vgl. auch Oehl (1966) und Sieber (1977)), zunächst den Zahlbereich bis 100 in *Zehner*schritten zu durchschreiten, also zuerst die reinen Zehnerzahlen zu erarbeiten und erst *danach* die Zwischenräume auszubauen, beginnend mit dem zweiten Zehner. Diesen zweiten Zehner können sich die Schüler nämlich noch wesentlich besser *anschaulich* vorstellen als die folgenden Zehner. Bei dem Ausbau der *folgenden* Zehner ergeben sich viele *Analogien* zu diesem Bereich, die dann *ausgenutzt* werden können.

Für eine *gründliche* Erarbeitung des Zahlenraumes bis 100 ist — *neben* den bisher angesprochenen Fragestellungen — auch eine *rechnerische Durchdringung* dieses Zahlenbereiches wichtig. Hierauf gehen wir im folgenden III. Kapitel näher ein.

3   Weiterer Ausbau des Zahlenraumes

Im dritten Schuljahr wird der *Tausenderraum* behandelt. Eine gute *Vorarbeit* für den hier erfolgenden Übergang von zwei- zu dreiziffrigen Zahlwörtern kann mit Hilfe von *nicht*dezimalen Stellenwertsystemen mit kleiner Basis, beispielsweise der Basis 3, geleistet werden. So besitzen die gut überschaubaren Zahlen von 9 bis 26 in dieser Basis schon *dreiziffrige* Zahlwörter — nämlich 100_3 bis 222_3 –, während die Zahlen von 27 bis 80 sogar schon *vierziffrig* sind. Der Zahlenraum bis 1.000 wird zunächst in *Hunderter*schritten erschlossen, erst danach erfolgt der *weitere* Ausbau. Eine sorgfältige Erarbeitung der Zahlen des Hunderterraumes zahlt sich jetzt aus; denn die einzelnen Hunderter bis 1.000 können jeweils weitgehend *analog* wie der *erste* Hunderter ausgebaut werden. An *Veranschaulichungsmitteln* benutzt man vor allem den *Tausenderstreifen*. Hierbei handelt es sich um 10 nebeneinandergereihte Hunderterfelder. Diese Form der Anordnung läßt die *Analogien* zwischen dem Hunderter- und dem Tausenderraum bezüglich des Rechnens und der Zahlschreibweise *besonders* gut erkennen. Auch *Spielgeld* in Form von 100-DM- und 10-DM-Scheinen sowie 1-DM-Stücken ist in dieser Hinsicht nützlich, ebenso wie eine *zeichnerische Darstellung* von Zahlen mit Hilfe von Quadraten (für die Hunderter), Balken (für die Zehner) sowie Punkten (für die Einer). Mit dem Tausenderstreifen und dem Spielgeld kann der Kardinalzahl- und der Maßzahlaspekt der natürlichen Zahlen angesprochen werden. Für eine *Orientierung* im Zahlenraum bis 1.000 und zur Erarbeitung des *Ordnungszahl*aspektes können völlig analoge Aufgabentypen wie im Zahlenraum bis 100 verwandt werden. Den *Zahlenstrahl* wird man i.a. allerdings nur noch in Form „vergrößerter" Ausschnitte einsetzen können.

Für ein *fundiertes* Verständnis der Zahlschrift müssen wiederum sorgfältig *Verbindungen* zwischen den verschiedenen Notationsformen hergestellt werden, nämlich zwischen

- der Wortform (Beispiel: zweihundertdreiundsiebzig),
- der reinen Ziffernschreibweise (Beispiel: 273) und
- den Schreibweisen mit Ziffern unter Angabe der Bündelungseinheiten (Beispiel: 2H7Z3E, 200+70+3, Darstellung in der Stellenwerttafel).

Hierbei bereiten die *relativ langen* Zahlwörter in Wortform — teilweise schon hier, besonders aber in den *noch größeren* Zahlenräumen — beim Lesen und Schreiben *Schwierigkeiten.*

Für eine fundierte Erarbeitung der Zahlen bis 1.000 ebenso wie für die anschließenden Erweiterungen ist eine ausführliche *rechnerische Durcharbeitung* dieses Zahlenraumes unbedingt erforderlich. Wir gehen hierauf im folgenden III. Kapitel genauer ein.

Der Zahlenraum bis zu 1 Million (und darüber hinaus) wird zweckmäßigerweise *schrittweise* erarbeitet, und zwar zunächst bis 10.000 in *Tausender-*, dann bis 100.000 in *Zehntausender-* und danach bis zu 1 Million in *Hunderttausender*schritten. Anschließend erfolgt dann jeweils der *genauere* Ausbau der so erschlossenen Räume. Die Vorgehensweise ist jeweils im Prinzip analog wie im Zahlenraum bis 1.000. Ein besonderes Problem stellt allerdings die Vermittlung von *Größenvorstellungen* für diese Zahlen dar. Eine wichtige Hilfsfunktion kommt hierbei dem *Runden* zu. Dieses wird im Unterricht unter Zuhilfenahme des Zahlenstrahles über das Bestimmen des *nächst*gelegenen Nachbarzehners (-hunderters, -tausenders usw.) eingeführt. Diese Vorgehensweise führt offenbar stets zu eindeutigen Ergebnissen außer bei den Endstellen 5, 50, 500 usw.. In diesen Fällen ist der Abstand in beiden Richtungen *gleich* groß. Man vereinbart, *auf*zurunden. Beim Runden muß zusätzlich beachtet werden, daß nur *einmal* gerundet wird. Bei *mehrmaligem* Runden können wir nämlich leicht zu *fehlerhaften* Ergebnissen gelangen. Beispiel: $3445 \approx 3450 \approx 3500 \approx 4000$ statt $3445 \approx 3000$.

Die im Zahlenraum bis 1.000 eingesetzten Veranschaulichungsmittel versagen bei *größeren* Zahlen weitgehend. Zur Veranschaulichung bis 10.000 kann man ggf. noch auf *Millimeterpapier* zurückgreifen, bei Veranschaulichungen bis zu 1 Million ist evtl. die *folgende Darstellung* hilfreich (vgl. Picker, 4):

Man versucht daher, durch *Graphiken* eine Veranschaulichung für *größere* Zahlen zu erreichen, beispielsweise durch *Strichmännchen, Streifen* oder auch *Säulenbilder* (vgl. Oehl-Palzkill, 4):

72

Runde die Einwohnerzahlen, dann zeichne (für 100 000 Einwohner ein Strichmännchen).

Koblenz   112 200   Hannover 527 500   Duisburg 541 800   München   1 284 300
Darmstadt   137 800   Bremen   551 000   Münster   273 500   Hamburg   1 617 800

Statt Strichmännchen können wir auch Streifen zeichnen. Lies die Einwohnerzahlen ab.
Sind das wohl die genauen Einwohnerzahlen? Vergleiche mit Aufgabe 1.

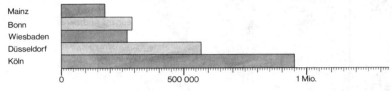

Die Säulenbilder zeigen die Zahl der Übernachtungen in zwei Urlaubsorten. Vergleiche.
Welche Urlaubsmöglichkeiten vermutest du?

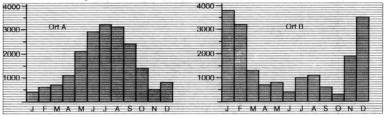

Die Übernachtungszahlen kannst du nur auf Hunderter gerundet ablesen. Lege eine
Tabelle an und trage ein.

Voraussetzung für einen sinnvollen Einsatz von Graphiken ist eine vorherige
Behandlung des *Rundens*.

Daneben versucht man, Größenvorstellungen über einen *multiplikativen Vergleich* zu vermitteln.

Beispiele:

– Die Stadt Ahaus hat ungefähr 10.000 Einwohner, Koblenz 100.000 und
  Köln etwa 1.000.000. Koblenz hat also rund 10mal soviel Einwohner wie
  Ahaus, Köln rund 100mal soviel Einwohner wie Ahaus.

– Ein 1-Pf-Stück ist etwa 1 mm dick. Wieviel Meter hoch wäre ein Turm
  von 1 Million Pfennigstücken?

Die meisten vorstehend genannten „*Veranschaulichungen*" *großer Zahlen* sind jedoch insoweit *problematisch*, da sie Vorstellungen zu Hilfe nehmen, die für Kinder *ebenso wenig* anschaulich und überschaubar sind. Folgende — von Floer (1985, S. 103) vorgestellten — Beispiele sind tragfähiger, da sie von den Kindern zumindestens ein Stück weit nachvollzogen werden können:

1 Million Punkte	1000 auf einer Seite: alle 20 Kinder der Klasse müssen 50 Seiten füllen.
1 Million Schritte	2000 Schritte zur Schule, 4000 am Tag, 20000 in der Woche. Dies 50 Wochen lang.
1 Million Herzschläge	60 pro Minute, 3600 pro Stunde, ungefähr 86000 am Tag, also fast 12 Tage.
Zahlenstrahl bis 1 Million	Jeder Schritt 1 cm: bis 1000 sind es 10 m, bis 100000 1 km, bis 1 Million 10 km.

Neben den bisher vorgestellten Möglichkeiten zur *Veranschaulichung* von großen Zahlen ist außerdem ein Verständnis des *Aufbaus* des dezimalen Stellenwertsystems sowie des *Zusammenhangs* der einzelnen Stellenwerte bei der Benutzung größerer Zahlen erforderlich.

III Nichtschriftliche Rechenverfahren

Aus darstellungstechnischen Gründen stellen wir die Addition, Subtraktion, Multiplikation und Division in diesem Kapitel jeweils in eigenen Abschnitten *getrennt* dar. Dagegen wird man im *Unterricht* sowohl die Addition und Subtraktion wie auch die Multiplikation und Division wegen ihres engen *Zusammenhangs* und im Sinne des *operativen Prinzips* zumindest in Teilbereichen *parallel und gleichzeitig* behandeln. Während die mündliche *Addition* und *Subtraktion* schon im *ersten* Schuljahr eingeführt wird, sind für eine angemessene Behandlung der *Multiplikation* und *Division* „größere" Zahlen erforderlich. Die systematische Behandlung erfolgt daher erst im *zweiten* Schuljahr.

1 Addition

1.1 Vorkenntnisse von Schulanfängern

Die Schulanfänger besitzen *nicht nur* überraschend große Vorkenntnisse beim *Zählen* (vgl. I.2), sie können diese Kenntnisse sogar schon geschickt bei einfachen *Additionsaufgaben* einsetzen. Den *hohen* Leistungsstand (amerikanischer) Schulanfänger kann man einer Untersuchung von Hendrickson (1979) entnehmen. Diese Untersuchung[1] umfaßt im Bereich der Addition folgende – den Schülern jeweils *einzeln* gestellte – Aufgaben:

Aufgabe 1:
Lege zwei von deinen Klötzen vor dich hin. Wenn ich dir sieben von meinen Klötzen gebe, wieviele hast du dann insgesamt?

---

[1]Stichprobenumfang: 57 per Zufallsauswahl aus 12 Klassen an 6 Schulen ausgewählte Schüler des 1. Schuljahres unmittelbar nach Schulbeginn

Aufgabe 2:

Lege acht von deinen Klötzen vor dich hin. Wenn ich dir dreizehn von meinen Klötzen gebe, wieviel hast du dann insgesamt?

Die Untersuchung liefert folgende Ergebnisse:

	Sofort richtig (%)		Antwort ursprünglich zögernd oder falsch. Nach dem Hinweis: „Benutze die Klötze." Antwort (%)		Insgesamt richtig (%)
	mit Material-benutzung	ohne Material-benutzung	richtig	falsch	
Aufgabe 1 (2 + 7)	11	40	39	11	89
Aufgabe 2 (8 +13)	11	9	28	53	47

Tabelle 1: Vorkenntnisse von Schulanfängern zur Addition

Fast 90 % der Schüler lösen die Aufgabe 1, bei der die Summe *kleiner* als 10 ist, richtig. Der Anteil der Schüler, die hierbei bereits *kein* Material mehr benutzen, ist überraschend *hoch.* Aber selbst die *anspruchsvolle* Aufgabe 2, bei der die Summe über 20 liegt, beherrscht knapp die Hälfte der Schüler, allerdings *fast ausschließlich* durch Rückgriff auf die bereitgestellten Klötzchen.

Diese hohen Vorkenntnisse der Schüler sollte man im Anfangsunterricht beachten und sie nicht ignorieren.

1.2 Additionsstrategien und häufige Fehler

Wie lösen eigentlich *Schulanfänger* diese Additionsaufgaben (vgl. Tab.1)? Auf welche *Strategien* greifen sie hierbei zurück? Nach Untersuchungen von Carpenter, Moser und Romberg (vgl. z.B. Carpenter/Moser/Romberg (1982) sowie Carpenter/Moser (1984)) lassen sich hierbei folgende Strategien unterscheiden:

(1) Vollständiges Auszählen
    Diese *einfachste* Strategie wird *vor allem* bei Benutzung von *Material*

(wie z.B. Klötzchen oder Plättchen) eingesetzt. Beispiel:

$$3 + 4$$

○ ○ ○ ● ● ● ●
1 2 3 4 5 6 7

Hierbei werden *zunächst* 3 Plättchen und danach 4 Plättchen *hingelegt* und die Summe durch *vollständiges* Auszählen (1, 2, 3, 4, 5, 6, 7) der Gesamtmenge bestimmt. Bei „*größeren*" Anzahlen verlieren die Schüler häufiger den *Überblick* und lassen ein Plättchen aus oder zählen es doppelt (vgl. Müllmann/Wille (1981)). Daher weicht die gefundene Lösung insbesondere bei „größeren" Zahlen häufiger um 1 nach *unten* bzw. *oben* vom *richtigen* Ergebnis ab.

(2) Weiterzählen vom ersten Summanden aus

Diese Strategie bildet eine *Weiterentwicklung* von (1) (vgl. auch Secada/Fuson/Hall (1983)). Im Beispiel 3+4 wird *nicht mehr* von 1 bis 7, sondern nur noch 4, 5, 6, 7 gezählt. Die Schüler müssen in diesem Stadium neben der *Kardinalzahl*bedeutung des ersten Summanden seine *Zählzahl*bedeutung für die Summenbildung *zumindest implizit* verstanden haben. Auch in diesem Fall weicht das gefundene Ergebnis häufig vom richtigen um 1 nach *unten* ab. Die Ursache ist ein *systematischer* Fehler beim *Zählen*, und zwar zählen die Schüler bei der Aufgabe 3+4 *fehlerhaft* 3, 4, 5, 6, zählen also irrtümlich die Kardinalzahl des ersten Summanden mit und erhalten so 3+4=6 (vgl. Müllmann/Wille (1981)). Zur *Vermeidung* dieses Fehlers sollte bei der Addition das Zählen bewußt *thematisiert* werden.

(3) Weiterzählen vom größeren Summanden aus

Ist der *zweite* Summand größer als der *erste* bedeutet diese Methode gegenüber (2) eine Vereinfachung und damit *Weiterentwicklung*. So muß man bei der Aufgabe 2+7 *nicht mehr* wie bei der Strategie (2) 3, 4, 5, 6, 7, 8, 9, sondern *nur noch* 8, 9 zählen, um das Ergebnis zu erhalten. Grundlage für den Einsatz dieser Zählstrategie ist das *Kommutativgesetz* der Addition. Ein um 1 zu *kleines* Ergebnis wird hier - ebenso wie bei (2) und aus denselben Gründen - häufiger als typischer *Fehler* erhalten.

(4) Weiterzählen vom größeren Summanden in größeren Schritten

Statt eine Aufgabe wie 9+8 durch *achtmaliges* Weiterzählen um *jeweils 1* zu lösen, kann man sie auch mittels *Zweier*schritten ((9), 11, 13, 15,

17) oder noch *rascher* mittels Viererschritten ((9), 13, 17) lösen. Diese Strategie ist von allen Zählstrategien offenbar die *effektivste.*

Den *Fortschritt* des einzelnen Schülers bezüglich der verschiedenen *Zählstrategien* darf man sich allerdings *nicht* als ein *lineares* Fortschreiten von der Strategie (1) bis zur Strategie (4) vorstellen. Auch bei Kenntnis *effektiverer* Zählverfahren greifen Schüler in *bestimmten* Situationen (z.B. bei der Vorgabe von Plättchen oder in Abhängigkeit von der Größe der Zahlen) gelegentlich auf *einfachere* Zählstrategien zurück (vgl. Carpenter/Moser (1984)).

Die Lösung von Additionsaufgaben bleibt allerdings *während der Grundschulzeit nicht* auf dem Niveau des Einsatzes von *Zähl*strategien stehen. So verfügen die Schüler im Laufe der Zeit über mehr und mehr Additionssätze des Kleinen 1 + 1 (*Grundaufgaben*) *auswendig*, die sie aufgrund häufiger *Benutzung* oder gezielten *Auswendiglernens* beherrschen. Daneben setzen die Schüler zunehmend *heuristische Strategien* ein, um *neue* Aufgaben auf *bekannte, leichtere* Aufgaben zurückzuführen.

Die Lösungsverfahren, welche Schüler schon *gegen Ende des ersten Schuljahres* einsetzen, sind *selbst bei schwierigeren* Aufgaben des Kleinen 1 + 1 schon *häufiger keine Zählstrategien mehr*, sondern *heuristische Strategien*, wie eine kleinere eigene Untersuchung[2] an 31 Schülern genauer belegt. Aus der wesentlich umfangreicheren Erhebung greifen wir hier nur zwei Aufgaben heraus, nämlich die Aufgaben 7 + 9 (*innerhalb* des vertrauten Zahlenraumes) und 19 + 8 (etwas *außerhalb* des vertrauten Zahlenraumes). In unserer Untersuchung benutzten die Schüler *inhaltlich* jeweils *folgende Lösungswege*, wobei die *große Spannweite* zwischen den Vorgehensweisen der einzelnen Schüler beachtlich ist:

(1) 7 + 9 =
$$- \quad 7 + 3 + 6 = 10 + 6 = 16 \qquad\qquad \text{10 Schüler}$$
(Zehnerergänzung/gegensinniges Verändern)

---

[2] Stichprobenumfang: 31 Schüler aus 8 Klassen von 3 verschiedenen Grundschulen (jeweils 1 leistungsstarker, 2 leistungsdurchschnittliche und 1 leistungsschwacher Schüler je Klasse nach Einschätzung des Klassenlehrers; 1 Abweichung bei 1 Klasse), Erhebung in Form von Einzelinterviews 6 bis 8 Wochen vor dem Schuljahresende, Plättchenbenutzung für die Schüler möglich. Benutzte Schulbücher: 6 Klassen „Die Welt der Zahl", 2 Klassen „Denken und Rechnen". Zwei Klassen (Aussiedler- und Ausländeranteil dort bei 50 %) hatten Aufgaben mit Zehnerüberschreitung noch nicht behandelt.

- $9 + 7 = 9 + 1 + 6 = 10 + 6 = 16$ 5 Schüler
  (Tauschaufgabe/Zehnerergänzung/gegensinniges Verändern)
- $9 + 7 = 10 + 7 - 1 = 17 - 1 = 16$ 1 Schüler
  (Tauschaufgabe/Nachbaraufgabe)
- $5 + 5 + 2 + 4 = 10 + 6 = 16$ 1 Schüler
  (Zerlegung mittels 5)
- Weiterzählen von 7 aus
  - mit Fingern   4 Schüler
  - ohne Finger   4 Schüler
- vollständiges Auszählen mit Materialbenutzung   6 Schüler

(2) $19 + 8 =$

- $19 + 1 + 7 = 20 + 7 = 27$ 14 Schüler
  (Zehnerergänzung/gegensinniges Verändern)
- $19 + 10 - 2 = 29 - 2 = 27$ 1 Schüler
  (Addition von 10)
- Weiterzählen von 19 aus
  - mit Fingern   6 Schüler
  - ohne Finger   4 Schüler
- vollständiges Auszählen mit Materialbenutzung   6 Schüler

Auf die hier schon knapp angesprochenen *heuristischen Strategien* gehen wir im folgenden Abschnitt systematisch ein. Allerdings schaffen nach Lorenz (1985) z.B. wegen „Schwächen des visuellen Operierens" längst *nicht alle* Schüler diesen Übergang von den *Zähl*strategien zu *weiterführenden* Strategien. Dies fällt im Bereich des Kleinen 1 + 1 bei den Leistungen *keineswegs* negativ auf, führt jedoch bei *größeren Zahlen* spätestens ab Ende der 2. Klasse zu *starken Leistungsabfällen*. Daher muß mit diesen Schülern der *Übergang* vom Konkreten zur Anschauung über verschiedene *Zwischenstufen* geübt werden (vgl. Lorenz (1989, S. 9)).

1.3   Zur Behandlung des Kleinen 1 + 1 im Unterricht

Ähnlich wie die Einführung der Zahlen sollte auch die Einführung und systematische Behandlung der Addition möglichst *aspektreich* sein. Eine Beschränkung auf nur *einen* Zahlaspekt - etwa den Kardinalzahlaspekt - wird dem *breiten Spektrum* von Additionssituationen im *täglichen Leben* nämlich keineswegs gerecht. Unter Rückgriff auf die verschiedenen Zahlaspekte werden im folgenden verschiedene *Modelle* zur Behandlung der Addition dargestellt.

Einen breiten Raum bei der Einführung der Addition nehmen *die* Modelle und Darstellungsformen ein, bei denen die Summanden als *Kardinalzahlen* aufgefaßt werden. Allerdings hat sich hier in den letzten Jahren ein deutlicher *Wandel* vollzogen: Einerseits stehen diese Modelle *nicht* mehr so völlig *einseitig* im Vordergrund, andererseits hat sich die Art der *Darstellung* grundlegend *geändert*. Während die Addition in den siebziger Jahren explizit über die *Vereinigung disjunkter Mengen* - unter Benutzung der entsprechenden mathematischen Symbolik - eingeführt wurde, benutzt man heute die Vereinigungsmengenbildung nur noch *implizit ohne* jegliche Symbolik, wie die folgenden Beispiele zeigen:

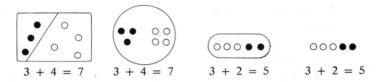

Neben Bildern von *homogenem* Material (wie z.B. Plättchen) werden in diesem Zusammenhang vielfach auch Bilder aus der *Erfahrungswelt der Kinder* (Tiere, Pflanzen, Kinder) benutzt. Daneben ist auch das *Zwanzigerfeld* (dies entspricht den beiden ersten Reihen des Hunderterfeldes in 1.6) oder die *Zwanzigerreihe* zur Erarbeitung des Kleinen 1 + 1 sehr gut geeignet (für eine Fülle konkreter Hinweise zum Einsatz beider Mittel vergleiche man Wittmann/Müller (1990)). Hierbei betont das Zwanzigerfeld stärker den *kardinalen*, die Zwanzigerreihe den *ordinalen* Zahlaspekt. Aus beispielsweise abwechselnd je 5 blauen und roten Holzperlen, die man auf eine Gardinenschnur zieht, kann man nach Vorschlägen von Radatz (1990) eine *Rechenkette* (bis z.B. 20) herstellen. *Enaktiv* kann *so* das Erkennen von Beziehungen und das *nicht*zählende Lösen von Rechenaufgaben erleichtert werden.

Das folgende – in verschiedener Hinsicht *problematische* – Beispiel eines typischen Einführungsweges der Addition aus der Zeit *Anfang der siebziger Jahre* macht die *Veränderungen* seither deutlich sichtbar:

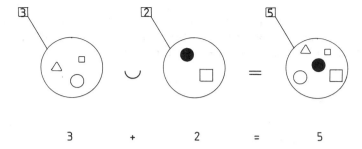

$$3 \quad + \quad 2 \quad = \quad 5$$

Neben dem Kardinalzahlaspekt sollte auch der *Maßzahlaspekt* bei der Behandlung der Addition eine wichtige Rolle spielen. Vor allem *Längen*, daneben *Geldwerte*, sind im Anfangsunterricht fast ausschließlich angesprochene Größenbereiche. Je nach Länge verschieden gefärbte Rechenstäbe (Cuisenairestäbe), Steckwürfel und Geldstücke sind entsprechende *Materialien*. Man beachte jedoch in diesem Zusammenhang die von Schmidt/Weiser (1986) aufgezeigten Schülerschwierigkeiten beim Arbeiten mit diesen Repräsentanten (vgl. I.2.5.3).

Beispiele:

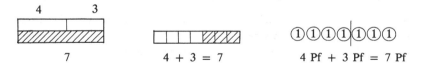

Hierbei nehmen die *Steckwürfel* eine vermittelnde Position zwischen den Kardinalzahl- und den Maßzahlmodellen ein.

Eine Gleichung wie 4+3=7 kann man auch deuten als: Zu 4 (Ausgangszustand) gib 3 hinzu. Hierbei bewirkt die Vorschrift „gib 3 hinzu" eine Zuordnung, die im obigen Beispiel der Zahl 4 die Zahl 7 zuordnet. Offensichtlich ordnet diese Vorschrift aber auch *jeder* natürlichen Zahl *genau eine* natürliche Zahl zu. In diesem Sinne wird also durch „gib 3 hinzu" oder auch kurz durch „+3" eine *Funktion* im Bereich der natürlichen Zahlen definiert. Statt

Funktion ist auch die Bezeichnung *Operator* – bzw. in diesem Fall genauer *Additionsoperator* – üblich. Additionsoperatoren werden im Unterricht durch *Maschinen*, mit Hilfe von *Pfeilen*, in Form von *Tabellen* oder durch *Sprünge am Zahlenstrahl* konkretisiert, wie die folgenden *Beispiele* zeigen:

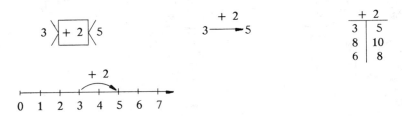

Drei Aufgabentypen liegen bei der Arbeit mit Additionsoperatoren nahe. Die beiden letzten Typen (Eingabe gesucht bzw. Operator gesucht) stellen zugleich eine gute *Vorübung* für die *Subtraktion* dar:

+ 4		+ 4		+ ?	
3		7		3	7
7		11		7	11
11		15		11	15

Im Vergleich zu den mehr *statischen* Kardinalzahl- und Maßzahlmodellen betonen die Operatormodelle stärker den *dynamischen* Aspekt der Addition.

Neben den genannten Aspekten sollte – entsprechend den Vorkenntnissen der Schüler – der *Zählzahlaspekt* gründlich angesprochen werden. Wir sind hierauf schon im vorigen Abschnitt 1.2 näher eingegangen.

Beim Einsatz der verschiedenen Modelle im Unterricht ist zu beachten, daß nicht *zu viele verschiedene* Veranschaulichungsmittel eingesetzt werden. Nach Schipper/Hülshoff (1984) sind nämlich Veranschaulichungen von *didaktischem Material* vielfach *nicht unmittelbar* einsichtig und hilfreich, sondern sie müssen von den Schülern *zusätzlich* gelernt werden. Im Gegensatz zu Bildern von vertrauten alltäglichen Situationen sind sie nämlich meistens *nicht „selbstredend"*. Schipper/Hülshoff empfehlen daher bei der Addition – neben dem Einsatz von Bildern aus der Erfahrungswelt der Kinder – eine Beschränkung auf *zwei bis drei* für das Lehrwerk zentrale Veranschaulichungen, während weitere Veranschaulichungen nur zur *Differenzierung* eingesetzt werden sollten.

Die *Erarbeitung des Kleinen 1 + 1* erfolgt im Unterricht des 1. Schuljahres unter Benutzung der gerade erläuterten Modelle. Die 1 + 1-Sätze werden allerdings nicht stur der Reihe nach *einzeln* gelernt, die Benutzung gut durchdachter *Strategien* gestaltet vielmehr das Lernen wesentlich *effektiver*. Folgende *Strategien* — die wir zum Teil schon kurz in den beiden Beispielen von 1.2 angesprochen haben — spielen eine zentrale Rolle (vgl. auch Baroody (1985)):

– Weiterzählen um 1 bzw. 2. Alle vorstehend genannten Modelle können eingesetzt werden. Ein Weiterzählen um 3 bzw. 4 als ein Weiterzählen zunächst um 2 und dann um 1 bzw. als ein Weiterzählen zunächst um 2 und dann nochmal um 2 kann sich anschließen.

– Tauschaufgaben. Die Zahl der zu lernenden Aufgaben des Kleinen 1 + 1 wird hierdurch *halbiert*. Das zugrundeliegende *Kommutativgesetz* der Addition kann man folgendermaßen beispielgebunden *begründen*:

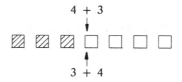

Je nach *Blickwinkel* (von unten bzw. von oben, von links bzw. von rechts) deutet man die Plättchen als 3+4 bzw. 4+3, also gilt 3+4=4+3. Die Aussage gilt offensichtlich nicht nur für die Zahlen 3 und 4, sie gilt für *alle* natürlichen Zahlen. Eine *weitere* Begründungsmöglichkeit für das Kommutativgesetz ergibt sich u.a. durch einen Rückgriff auf die Cuisenairestäbe.

– Verdoppeln. Die entsprechenden Aussagen, die durch Anwendung der verschiedenen Modelle – etwa mit Hilfe des Operatormodells – gewonnen werden, prägen sich den Schülern erfahrungsgemäß *besonders leicht* ein und bilden „*Stützpunkte*" zur Lösung weiterer Aufgaben.

– Fastverdoppeln. Beherrschen die Schüler das Verdoppeln, so können sie durch Rückgriff auf diese Aufgaben Aufgaben wie 4+3 oder 4+5 leicht lösen. Das Ergebnis muß nämlich um 1 *kleiner* bzw. um 1 *größer* als bei der zugehörigen Verdoppelungsaufgabe sein.

- Nachbaraufgaben. Das Fastverdoppeln bedeutet die Bildung *spezieller* Nachbaraufgaben, nämlich die Bildung von Nachbaraufgaben zu Verdoppelungsaufgaben. Man kann aber auch zu *jeder beliebigen* Aufgabe durch Vergrößerung bzw. Verkleinerung des Summanden um 1 *Nachbaraufgaben* bilden, die genauso wie die Fastverdoppelungsaufgaben gelöst werden.

- Analogieaufgaben. Ein Beispiel hierzu: Es gilt 2+7=9, also gilt *analog* auch 12+7=19. Zur Begründung für diese Strategie können u.a. Kardinalzahlmodelle herangezogen werden, bei denen dann 12 in 10+2 zerlegt wird (vgl. auch 1.6).

- Gegensinniges Verändern. Durch *Verkleinerung* des ersten Summanden und durch *gleichzeitige Vergrößerung* des zweiten Summanden um dieselbe Zahl bleibt eine Summe *unverändert*. Dies kann bei der Lösung von Additionsaufgaben ausgenutzt werden. Diese Aussage läßt sich folgendermaßen schülergemäß *begründen* (Griesel-Spockhoff, 1):

Gegensinniges Verändern bei Plus-Aufgaben

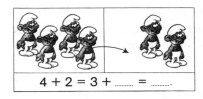

4 + 2 = 3 + ... = ...

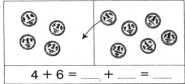

4 + 6 = ... + ... = ...

– Zerlegung einer Aufgabe in leichtere Teilaufgaben. Diese Strategie wird besonders beim sogenannten *Zehnerübergang* benutzt. So zerlegen wir etwa die Aufgabe 7+9 in die beiden *leichteren* Teilaufgaben 7+3=10 (Ergänzen zum vollen Zehner) und 10+6=16. *Operator*diagramme, aber auch der *Zahlenstrahl* sind hilfreich, wie die folgenden Beispiele belegen:

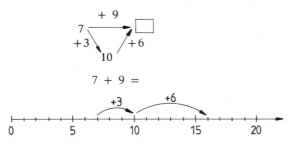

Beim Zehnerübergang wird die Gültigkeit des *Assoziativgesetzes* implizit vorausgesetzt, wie die folgende Schreibweise verdeutlicht:

$$7 + 9 = 7 + (3+6) = (7+3) + 6 = 10 + 6 = 16$$

Neben dem Einsatz geschickter *Strategien* ist für ein erfolgreiches Lernen des Kleinen 1 + 1 abwechslungsreiches und ansprechendes *Üben* zumindest ebenso wichtig. Auf Beispiele hierfür gehen wir im Kapitel V näher ein.

Gerade auch im Zusammenhang mit dem Üben ist die Frage interessant, *welche* 1 + 1-Aufgaben *besonders schwer* [3] sind. Eine kleinere Untersuchung von Usnick (1988) [4] bei Lehrerstudenten (besser wären allerdings praktizierende Lehrer gewesen!) und Schülern der Klassen 2 und 3 über ihre *Einschätzung des Schwierigkeitsgrades* der 1 + 1-Aufgaben — angestrichen werden sollten jeweils die *bis zu zehn schwierigsten* Aufgaben — ergibt bezüglich der hierbei insgesamt genannten 16 Aufgaben folgendes Bild:

---

[3] *Verschiedene* Maßstäbe — neben der Erfragung der eigenen Einschätzung — sind möglich und üblich, z.B. die Zeitdauer zum Erlernen, die Zeit für die Ergebnisfindung, die mathematische Struktur u.a. Man vergleiche auch Pellegrino/Goldman (1987).

[4] Stichprobe: 76 Schüler der Klassen 2 und 3 *einer* Grundschule, 117 Lehrerstudenten aus zwei Vorlesungen an *einer* Universität in den USA.

	Schüler (%)	Lehrerstudenten (%)
8 + 8	57	7
9 + 6	48	21
9 + 8	48	29
8 + 6	47	37
7 + 7	40	3
5 + 8	40	23
9 + 9	39	8
8 + 7	36	35
7 + 8	33	50
9 + 7	31	24
6 + 8	30	30
6 + 9	30	28
7 + 6	27	39
7 + 9	27	34
8 + 9	27	35
6 + 7	13	30

Tabelle 2: Häufigkeit der Nennung als eine der 10 schwersten Aufgaben (in %).

Die Abfolge bei der *zusätzlich* erfragten *Prognose der Lehrerstudenten* bezüglich des Schwierigkeitsgrades *für die Grundschüler* zeigt, daß weithin die *eigenen* Schwierigkeiten auch als Maßstab für die *Grundschüler* genommen werden nach dem Motto: Was für *mich* schwierig ist, ist auch für *meine Schüler* schwierig. Eine Analyse der gefundenen Daten ergibt jedoch: Die *individuellen Sichtweisen* der Schüler vom Schwierigkeitsgrad einer 1 + 1– Aufgabe sind schon *sehr unterschiedlich,* und sie *unterscheiden* sich zusätzlich noch *sehr deutlich* von der *Sichtweise der Lehrerstudenten.* Dies muß beim Unterricht unbedingt beachtet werden. Ein *besonders krasses Beispiel*: Die *Verdoppelungsaufgabe* 8 + 8 — und die Tendenz gilt auch für *weitere* Verdoppelungsaufgaben — wird von den Grundschülern als *sehr schwierig,* von den Lehrerstudenten hingegen — in Übereinstimmung mit der auch in Deutschland üblichen Einschätzung — als *besonders leicht* eingeschätzt.

Analysieren wir zum Abschluß dieses Abschnittes kurz die *gegenwärtige* Einführung der Addition im *Kontrast* zur Vorgehensweise zur Zeit der Neuen Mathematik, so ergeben sich folgende *Charakteristika*:

Ausgangspunkt der Behandlung der Addition sind *heute* die *vielfältigen* all-täglichen Additionssituationen, die sich auch in den *verschiedensten* sprachli-chen Formulierungen wie z.b. dazulegen, zusammenlegen, dazukommen, hin-zufügen, weiterzählen, gewinnen, anhängen, anlegen, erhalten, zusammen-setzen, wachsen usw. ausdrücken. An diese – in Bildform dargestellten – reichhaltigen Anwendungssituationen, die zugleich die *verschiedenen* Zahl-aspekte mitberücksichtigen, knüpft die Behandlung der Addition an. Die *viel zu enge* Ausrichtung auf die *mengentheoretische Definition* der Addition (einschließlich der Benutzung der entsprechenden Symbolik) und die damit verbundene *einseitige* Favorisierung der Kardinalzahlmodelle, hat man heute wieder überwunden. Zugleich wird das Zählen *nicht mehr* tabuisiert, sondern im Gegenteil bewußt angesprochen. Hierdurch wird ein *Bruch* zwischen dem Vorwissen der Schüler über die Addition und der Form der Behandlung im Unterricht *vermieden*, ein Bruch wie er für die Behandlung der Addition in den *siebziger Jahren* vielfach *typisch* war.

1.4 Klassifikation von Additionssituationen

Der *Schwierigkeitsgrad* von *Additionssituationen* hängt nicht nur von den zu-grundeliegenden 1 + 1–Aufgaben ab, sondern auch von ihrer Struktur. Mit Hilfe von Additionsaufgaben können wir nämlich *verschiedene Typen* alltägli-cher Situationen beschreiben und lösen. Zumindestens die *folgenden vier Ty-pen von Additionssituationen* lassen sich hierbei systematisch unterscheiden (vgl. Riley/Greeno/Heller (1983) in Pellegrino/Goldman (1987), S. 29), wie wir z. T. schon im vorigen Abschnitt — allerdings nicht so systematisch — herausgestellt haben:

(1) *Vereinigen* (statisch)

    (a) Anja hat 4 Bonbons, Babs 8 Bonbons. Wieviel Bonbons haben sie zusammen? (Vereinigungsmenge unbekannt)

    (b) Anja und Babs haben zusammen 12 Bonbons. Anja hat 4 Bonbons. Wieviel Bonbons hat Babs? (Eine Teilmenge unbekannt)

(2) *Hinzufügen* (Operator; dynamisch)

    (a) Anja hat 4 Bonbons. Babs gibt ihr jetzt 8 Bonbons dazu. Wieviel Bonbons hat Anja danach? (Ergebnis (Ausgabe) unbekannt)

    (b) Anja hat 4 Bonbons. Babs gibt ihr jetzt einige Bonbons dazu. Danach hat Anja 12 Bonbons. Wieviel Bonbons gibt ihr Babs? (Veränderung (Operator) unbekannt)

    (c) Anja hat einige Bonbons. Babs gibt ihr jetzt 8 Bonbons dazu. Danach hat Anja 12 Bonbons. Wieviel Bonbons hatte Anja ursprünglich? (Start (Eingabe) unbekannt)

(3) *Ausgleichen* (dynamisch)

Anja hat 4 Bonbons. Babs hat 8 Bonbons. Wieviel Bonbons muß Anja bekommen, um genau so viele Bonbons zu haben wie Babs?

(4) *Vergleichen* (statistisch)

    (a) Babs hat 8 Bonbons. Anja hat 4 Bonbons. Wieviel Bonbons hat Babs mehr als Anja? (Unterschied unbekannt)

    (b) Anja hat 4 Bonbons. Babs hat 4 Bonbons mehr als Anja. Wieviel Bonbons hat Babs? (Vergleichsgröße unbekannt)

    (c) Babs hat 8 Bonbons. Sie hat 4 Bonbons mehr als Anja. Wieviel Bonbons hat Anja? (andere Vergleichsgröße unbekannt)

Eine leichte Umformulierung der Aufgaben führt zu einer Typisierung von *Subtraktionssituationen* (vgl. auch 2.2). Nach Einschätzung von Pellegrino/ Goldman (1987) ist bei den Aufgaben vom Typ „*Hinzufügen*" eine deutliche Steigerung von (a) nach (c) im Schwierigkeitsgrad feststellbar, entsprechendes gilt auch für Aufgaben vom Typ „Vergleichen" sowie vom Typ „Vereinigen".

1.5 Bemerkungen zum Gebrauch des Gleichheitszeichens

Das Gleichheitszeichen wird im Unterricht der ersten Klasse i.a. im Zusammenhang mit der Addition eingeführt. Dabei deuten die Schüler das Gleichheitszeichen beispielsweise in 4+3=7 spontan im Sinne von „*ergibt*". Das Gleichheitszeichen trennt bei dieser Sicht die Aufgabe vom Ergebnis. Diese *Aufgabe-Ergebnis-Deutung* ist für *viele* Schüler – nicht nur der Grundschule – äußerst *naheliegend* und entsprechend *weit verbreitet* (vgl. Kieran (1981)). Allerdings führt eine *ausschließliche, derartige* Deutung des Gleichheitszeichens bald zu *Problemen*. Offenkundig ist schon bei den folgenden Beispielen die Aufgabe-Ergebnis-Deutung *nicht mehr ausreichend* bzw. zumindestens *problematisch*:

- $18 = 12 + 6$ (generell bei Zerlegungen)
- $8 + 7 = 8 + 2 + 5 = 10 + 5 = 15$
- $4 = 4$
- $2{,}80 \, \text{DM} = 280 \, \text{Pf}$
  $3{,}55 \, \text{m} = 355 \, \text{cm}$
- $8 + \square = 15$
  $17 = 9 + \square$ (generell bei der Benutzung von Variablen)

Nach Winter (1982) führt eine *reine* Aufgabe-Ergebnis-Sicht des Gleichheitszeichens ferner zu einer starken *Verarmung* beim *Sachrechnen* sowie zu Schwierigkeiten bei der Behandlung von *Ungleichungen*. Daher muß die Aufgabe-Ergebnis-Sicht des Gleichheitszeichens unbedingt um eine Deutung *erweitert* und *ergänzt* werden, die Winter als „*algebraische Gleichheitssicht*" bezeichnet. Hierbei wird das Gleichheitszeichen als Zeichen für *Gleichheit*, *Gleichwertigkeit* oder *wechselseitige Austauschbarkeit* benutzt. In der Sprache des Schülers kann dies folgendermaßen griffig formuliert werden: „Auf beiden Seiten von $=$ muß dasselbe herauskommen, wenn man ausrechnet (und in evtl. vorhandene Leerstellen vorher Zahlen einsetzt)." (Winter (1982), S. 194). Diese algebraische Sicht des Gleichheitszeichens ist *breiter* in der Anlage als das beispielsweise von Griesel (1971) vertretene „*Namenskonzept*", bei dem rechts und links vom Gleichheitszeichen *verschiedene* Namen für *dieselbe* Zahl stehen.

Die algebraische Gleichheitssicht ermöglicht ferner eine starke *Bereicherung* der Arithmetik schon in der Grundschule (für Details vgl. Winter (1982)). Allerdings gilt auch: „Die algebraische Gleichheitsauffassung [...] wird nicht geschenkt, und sie entwickelt sich nicht Kraft natürlicher Reifung. Wenn Schüler jahrelang alleine mit der Aufgabe-Ergebnis-Deutung gelebt haben, dann darf man nicht erwarten, daß eines Tages sich wie von allein eine mehr algebraische Sicht durchsetzt. Es ist sogar eher das Gegenteil zu erwarten." (Winter (1982), S. 199).

1.6 Addition „größerer" Zahlen

Im Abschnitt 1.3 sind wir auf das Kleine $1 + 1$ eingegangen. Hier wollen wir die Behandlung der *mündlichen* Addition *größerer* Zahlen – nämlich zunächst und überwiegend im Zahlenraum bis 100 und zum Schluß dieses Abschnittes im Zahlenraum bis 1000 – genauer darstellen.

Für die Addition bis 100 empfiehlt sich eine sorgfältig *gestufte Vorgehensweise*. Kürzen wir mit E einziffrig geschriebene Zahlen, mit Z reine Zehnerzahlen, also Vielfache von 10 (Beispiel: 40) sowie mit ZE gemischte Zehnerzahlen (Beispiel: 47) ab, so kann man folgende *Schwierigkeitsstufen* unterscheiden (vgl. auch Uhr (1982), Oehl (1962) oder Starke (1977)):

Typ:	Beispiel:
Z + Z	20 + 50 = 70
ZE + E ohne Zehnerüberschreitung	43 + 5 = 48
ZE + E mit Zehnerüberschreitung	46 + 9 = 55
ZE + Z bzw. Z + ZE	37 + 20 = 57 bzw. 30 + 56 = 86
ZE + ZE ohne Zehnerüberschreitung	32 + 45 = 77
ZE + ZE mit Zehnerüberschreitung	57 + 36 = 93

Allerdings muß an dieser Stelle – darauf macht Winter (1982) zu Recht aufmerksam – vor einem *allzu rigiden* Vorgehen nach den „Prinzipien der kleinen und kleinsten Schritte, der Isolierung der Schwierigkeiten und der sukzessiven Einübung der Lösung bestimmter Aufgabentypen" gewarnt werden, da dies die *Gefahr* beinhaltet, daß „das Rechnen zu einer reinen Symbolumstellerei entartet, d.h. inhaltliche Vorstellungen nicht bewirkt werden". (Winter (1982), S. 205). Als in dieser Hinsicht problematisch führt Winter folgende kleinschrittige Schwierigkeitsstufung bei der Addition bis 100 an:

1) 20 + 4, 2) 20 + 40, 3) 24 + 4, 4) 24 + 40, 5) 28 + 2,
6) 28 + 3, 7) 28 + 9, 8) 28 + 20, 9) 28 + 21, 10) 28 + 29.

Neben der Beachtung einer nicht zu *klein*schrittigen und nicht nur an *lokalen* Belangen orientierten *Schwierigkeitsstufung* ist die Benutzung *allgemeiner Strategien* für eine erfolgreiche Behandlung der Addition wichtig (vgl. auch Viet (1989)), wie z.B. der folgenden Strategien (vgl. auch 1.3):

– *Einsatz von Analogieaufgaben*
  Beispiele:

$$2 + 5 = 7 \qquad 5 + 2 = 7$$
$$20 + 50 = 70 \qquad 25 + 2 = 27$$

Die Analogien dürfen nicht *rein mechanisch* hergestellt werden, die Schüler müssen vielmehr die Berechtigung dieser Analogiebildung voll *verstehen*, etwa durch folgende *Hilfen*:

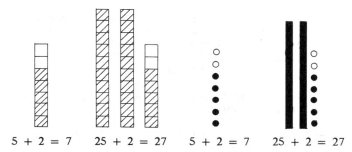

$$5 + 2 = 7 \qquad 25 + 2 = 27 \qquad 5 + 2 = 7 \qquad 25 + 2 = 27$$

– *Schrittweise Zerlegung einer Aufgabe*
  Beispiele:

38 + 26	38 + 26	38 + 26
38 + 20 = 58	38 + 6 = 44	38 + 2 = 40
58 + 6 = 64	44 + 20 = 64	40 + 20 = 60
38 + 26 = 64	38 + 26 = 64	60 + 4 = 64
		38 + 26 = 64

38 + 26	38 + 26	38 + 26
38 + 2 = 40	30 + 20 = 50	30 + 26 = 56
40 + 24 = 64	8 + 6 = 14	56 + 8 = 64
38 + 26 = 64	38 + 26 = 64	38 + 26 = 64

Die *flexible* Benutzung *verschiedenartiger* Zerlegungen ist hier sehr wichtig. Während es beim „*halbschriftlichen*" Addieren – also bei einer schriftlichen Notation der im *Kopf* durchzuführenden Rechnungen, wie wir es bei der vorstehenden Aufgabe 38+26=64 durchgeführt haben – *unerheblich* ist, ob wir den ersten oder den zweiten oder beide Summanden zerlegen, ist beim *reinen „Kopfrechnen"* die Zerlegung des *zweiten* Summanden besonders leicht und daher günstig.

– *Gegensinnige Veränderung beider Summanden*
  Beispiele:
  36 + 49 = 35 + 50 = 85

$33 + 24 = 30 + 27 = 57$

Eine *Begründung* für diese Strategie kann u.a. mittels Punktmengen geleistet werden (vgl. auch 1.3):

$$33 + 24 = 30 + 27 = 57$$

Bei der Behandlung der Addition *größerer* Zahlen sind folgende *Darstellungsformen und Schreibweisen* hilfreich:

- Die Darstellung von Zahlen mittels *Balken* und *Punkten* bzw. mit Hilfe von *Steckwürfeln* (vgl. die Darstellung bei den Analogieaufgaben).
- Die *halbschriftliche Notation* (vgl. die Schreibweisen bei der schrittweisen Zerlegung einer Aufgabe).
- Die Benutzung von *Operatordiagrammen.*
  Beispiele

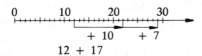

- Die Benutzung des *Zahlenstrahls*
  Beispiel:

– Der Einsatz des *Hunderterfeldes*

```
o o o o o ¦ o o o o o
o o o o o ¦ o o o o o
o o o o o ¦ o o o o o
o o o o o ¦ o o o o o
o o o o o ¦ o o o o o
o o o o o ¦ o o o o o
o o o o o ¦ o o o o o
o o o o o ¦ o o o o o
o o o o o ¦ o o o o o
o o o o o ¦ o o o o o
```

Die Benutzung eines eingeschnittenen Blattes ist hier hilfreich:

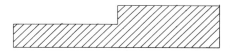

Durch *Verschieben* dieses Blattes können wir auf dem Hunderterfeld anschaulich Additionen durchführen. So bedeutet die Verschiebung um 1 Einheit nach *rechts* Addition von 1, die Verschiebung um 1 Einheit nach *unten* Addition von 10. Eine Aufgabe wie 36+23 können wir u.a. folgendermaßen mit dem Hunderterfeld lösen:

a) 36 + 20 + 3

b) 36 + 3 + 20

Die aufgeführten *Strategien* sowie *Darstellungsformen* bzw. *Schreibweisen* lassen sich weitgehend auch im *Zahlenraum bis 1000* einsetzen. Eine vernünftig gehandhabte Stufung der Aufgaben nach dem Schwierigkeitsgrad ist auch hier sinnvoll. Folgende *Schwierigkeitsstufen* kann man unterscheiden, wobei im folgenden H reine Hunderterzahlen und HZ reine Zehnerzahlen bedeuten (vgl. z.B. Uhr (1982) oder viel kleinschrittiger Oehl (1962)).

Typ	Beispiele
H + H	200 + 500
HZ + H, HZ + Z, HZ + E	320 + 200, 320 + 20, 320 + 7
HZE + E	647 + 5
HZ + ZE	650 + 36
HZE + ZE	683 + 39
HZE + HZ	478 + 290

Aufgaben des Typs HZE + HZE werden – wenn überhaupt – *höchstens vereinzelt mündlich* gerechnet.

2 Subtraktion

2.1 Vorkenntnisse von Schulanfängern

Als Beleg für die überraschend *umfangreichen Vorkenntnisse* von Schulanfängern verweisen wir auf die schon in 1.1 erwähnte Untersuchung von Hendrickson (1979). Diese Untersuchung[5] umfaßt im Bereich der *Subtraktion* folgende – den Schülern jeweils einzeln gestellte – *Aufgaben*:

Aufgabe 1:
Lege 8 von deinen Klötzchen vor dich hin. Wenn du mir 5 von deinen Klötzchen gibst, wieviele Klötzchen hast du dann noch?

Aufgabe 2:
Unmittelbar im Anschluß an Aufgabe 1 folgt die Frage: Wenn du mir 3 von deinen 8 Klötzchen gibst, wieviele Klötzchen hast du dann noch?

Aufgabe 3:
Entsprechend wie Aufgabe 1 mit 14 bzw. 6 Klötzchen (14–6).

Aufgabe 4:
Unmittelbar im Anschluß an Aufgabe 3 entsprechend wie Aufgabe 2 (14–8).

Die Untersuchung liefert folgende Ergebnisse:

---

[5]Stichprobenumfang wie bei der Addition

	Sofort richtig (%)		Antwort ursprünglich		Insgesamt
	mit Material-benutzung	ohne Material-benutzung	zögernd oder falsch. Nach dem Hinweis: „Benutze die Klötze." Antwort (%)		richtig (%)
			richtig	falsch	
Aufgabe 1 (8 - 5)	47	33	18	2	98
Aufgabe 2 (8 - 3)	49	42	5	4	96
Aufgabe 3 (14 - 6)	75	11	12	2	98
Aufgabe 4 (14 - 8)	77	21	0	2	98

Tabelle 3: Vorkenntnisse von Schulanfängern zur Subtraktion

Die Erfolgsquoten liegen sogar *noch höher* als bei der Addition, obwohl die Subtraktion allgemein als *schwieriger* gilt (vgl. auch Thornton (1990)). Dies bewirkt jedoch möglicherweise ein *besonders sorgfältiges* Arbeiten. Ferner ist zu beachten, daß die Minuenden jeweils *unter* den Summenwerten von 1.1 liegen. Sämtliche Aufgaben werden *weit überwiegend* mit Hilfe von Material gelöst. Die *nicht geringe* Quote von Schulanfängern, die hierauf schon *verzichten* kann, ist jedoch *beachtlich.*

2.2 Subtraktionsstrategien und häufige Fehler

Zur Lösung von Subtraktionsaufgaben setzen Schulanfänger – aber auch schon Kinder vor Schulbeginn – *Zählstrategien* ein. Je nach *Aufgabentyp,* aber auch je nach *Erfahrung* des Schülers sind diese Strategien *unterschiedlich.* Mit Hilfe von Subtraktionen kann man nämlich *nicht nur* einen einzigen Typ, sondern *verschiedene* Typen alltäglicher Situationen beschreiben und lösen. *Zumindest* die folgenden vier – durch Beispiele näher erläuterten – *Typen von Subtraktionsaufgaben* (vgl. auch 1.4) lassen sich deutlich *unterscheiden* (vgl. auch Carpenter/Moser (1984) oder Fuson (1984)):

- *Abziehen oder Wegnehmen*
  Anja hat 8 Bonbons. Sie gibt ihrer Freundin Delia 5 Bonbons. Wieviel Bonbons bleiben ihr noch?
- *Vergleichen*
  Anja hat 8 Bonbons. Ihre Freundin Delia hat 5 Bonbons. Wieviel Bonbons hat Anja mehr?
- *Ergänzen*
  Delia hat 5 Bonbons. Wieviel Bonbons muß Delia bekommen, um insgesamt 8 Bonbons zu haben?
- *Vereinigen*
  Anja hat 8 Bonbons. 5 sind Karamellbonbons, der Rest saure Bonbons. Wieviel saure Bonbons hat sie?

Die *beiden letzten* Aufgabentypen lassen sich durch die Gleichung $5+x=8$ bzw. $8=5+x$ beschreiben. In *beiden* Fällen muß also ein *fehlender Summand* ergänzt werden. Während beim Aufgabentyp „*Ergänzen*" das Addieren *dynamisch* ist, ist es beim *Vereinigen statisch*.

Die *informellen Strategien*, mit denen Schüler schon *vor* der systematischen Behandlung der Subtraktion im Unterricht – aber auch noch später! – Subtraktionsaufgaben lösen, sind u.a. abhängig vom jeweiligen Aufgabentyp. Wir gehen hierauf im folgenden noch genauer ein. Zunächst beschreiben wir jedoch *verschiedene Subtraktionsstrategien* und gehen auf charakteristische *Schülerfehler* in diesem Zusammenhang ein (vgl. Carpenter/Moser (1984), Fuson (1984), Baroody (1984 a) und (1984 b)).

Wir unterscheiden zwischen *Strategien mit Materialeinsatz* sowie *reinen Zählstrategien* und erläutern sie jeweils am Beispiel $8-5=x$ bzw. $5+x=8$.

a) *Strategien mit Materialeinsatz*
- Wegnehmen
  8 Elemente werden zunächst hingelegt. 5 Elemente werden weggenommen. Die restlichen Elemente liefern die Lösung.

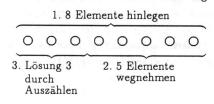

1. 8 Elemente hinlegen

3. Lösung 3   2. 5 Elemente
durch   wegnehmen
Auszählen

oder

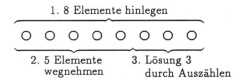

1. 8 Elemente hinlegen

2. 5 Elemente   3. Lösung 3
  wegnehmen   durch Auszählen

Statt der Benutzung von *homogenen* Plättchen können hier wie im folgenden auch z.B. die *Finger* als Elemente benutzt werden.

– <u>Ergänzen</u>
5 Elemente werden *zunächst* hingelegt. Es werden *weitere* Elemente ergänzt, bis dort *insgesamt* 8 Elemente liegen. Die Anzahl der hinzugefügten Elemente liefert die Lösung.

1. 5 Elemente   3. Lösung 3 durch Auszählen
  hinlegen   der Elemente

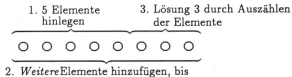

2. *Weitere* Elemente hinzufügen, bis dort *insgesamt* 8 Elemente liegen.

– <u>Zuordnen</u>
8 Elemente werden zunächst hingelegt, darunter werden 5 Elemente gelegt. Die Elemente beider Mengen werden einander solange eineindeutig zugeordnet, bis eine der Mengen *vollständig* ausgeschöpft ist. Die Lösung erhalten wir durch Auszählen der *übriggebliebenen* Elemente.

1. 8 Elemente hinlegen

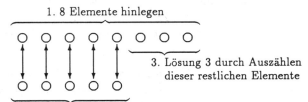

3. Lösung 3 durch Auszählen
dieser restlichen Elemente

2. 5 Elemente hinlegen und eineindeutig der anderen Menge zuordnen

b) *reine Zählstrategien*

- <u>Vorwärtszählen</u>

Die Lösung von $8-5=x$ bzw. $5+x=8$ gewinnen die Schüler bei dieser Strategie durch ein *Weiterzählen* von 5 nach 8, also durch das Zählen (5,) 6, 7, 8 bzw. *ausführlicher* durch das Zählen (5,) 6 (1 weiter), 7 (2 weiter), 8 (3 weiter), also ist 3 die Lösung. Statt diese Schritte *durchzunumerieren*, nehmen Schüler oft die *Finger* zu Hilfe. Bei Anwendung dieser Zählstrategie ist folgender *typischer Fehler* charakteristisch: Das gefundene Ergebnis weicht *um 1* nach *oben* oder nach *unten* von der richtigen Lösung ab, weil die Schüler *beide Eckzahlen* mitzählen und so $8-5=4$ erhalten, bzw. weil die Schüler *beide* Eckzahlen *nicht* mitzählen und so $8-5=2$ als Lösung gewinnen.

- <u>Rückwärtszählen</u>(um eine gegebene Zahl von Schritten)

Bei $8-5$ wird um 5 Schritte *rückwärtsgezählt*, also gezählt (8,) 7 (1 weniger), 6 (2 weniger), 5 (3 weniger), 4 (4 weniger), 3 (5 weniger), also $8-5=3$. Statt explizit „1 weniger" usw. zu zählen, nehmen die Schüler i.a. die *Finger* zu Hilfe. Problematisch und Anlaß für Fehler ist das hier erforderliche *simultane* Zählen in *entgegengesetzte* Richtungen, nämlich einerseits (8,) 7, 6, 5, 4, 3 – also *rückwärts* – sowie andererseits zugleich 1, 2, 3, 4, 5 – also *vorwärts*. Ähnlich wie beim Vorwärtszählen – nur vermutlich häufiger als dort wegen der hier erforderlichen *entgegengesetzten* Richtungen beim doppelten Zählen – treten Abweichungen um 1 nach *oben* bzw. *unten* vom richtigen Ergebnis als typische *Fehler* auf.

- <u>Rückwärtszählen</u>(bis zu einer gegebenen Zahl)

Im Beispiel $8-5$ wird rückwärts bis 5 gezählt, also (8,) 7, 6, 5 gezählt und so durch die *Zahl der Schritte* das Ergebnis erhalten. Auch hier ist ein *doppeltes* Zählen in *entgegengesetzte* Richtungen erforderlich. Es gilt auch entsprechendes über typische *Fehler* wie bei der vorstehenden Rückwärtszählstrategie.

Liegen die gegebenen Zahlen einer Differenz *dicht* beieinander (Beispiel $9-7$), so ist das *Vorwärtszählen* wesentlich *leichter* und *eleganter* (nur 2 Schritte vorwärts) als das *Rückwärtszählen* (7 Schritte und diese rückwärts gezählt). Bei *einfachen* Aufgaben, bei denen der Subtrahend *klein* ist (insbesondere 1 und 2), ist dagegen das Rückwärtszählen *vorteilhafter* (Beispiel: $9-1$, $8-2$). Allerdings dürften die Schüler diese einfachen Aufgaben wie $9-1$ oder $8-2$

relativ rasch *auswendig* beherrschen und sie daher schon bald *nicht mehr* durch Rückwärtszählen lösen. *Neben* diesem Gesichtspunkt spielt für die Auswahl der Rechenstrategie der *Aufgabentyp* eine Rolle. Carpenter und Moser (1984) haben in diesem Zusammenhang *folgende* Beziehungen festgestellt (für „größere" Zahlen):

- Aufgabentyp „*Wegnehmen*"
  Bei *Materialeinsatz* entspricht am besten diesem Aufgabentyp die Strategie „Wegnehmen". Die am stärksten entsprechende *Zählstrategie* ist das *Rückwärtszählen* (um eine gegebene Zahl von Schritten). Allerdings bestätigen die *empirischen* Befunde von Carpenter/Moser nur bei *Materialeinsatz* die *theoretischen* Erwartungen, während die Schüler bei den *Zähl*strategien die *Rückwärtszählstrategien scheuen* und *stärker* die *Vorwärts*zählstrategien benutzen.

- Aufgabentyp „*Ergänzen*"
  Bei *Materialeinsatz* benutzen die Schüler die Strategie des *Ergänzens*, beim reinen *Zählen* die Vorwärtszählstrategie.

- Aufgabentyp „*Vergleichen*"
  Bei *Materialeinsatz* benutzen die Schüler *zunächst* am häufigsten die Strategie des *Zuordnens*. Im *weiteren* Verlauf wird auch häufiger die Strategie des *Vorwärts*zählens eingesetzt, deutlich *seltener* die Strategie des *Rückwärts*zählens (um eine gegebene Zahl von Schritten).

- Aufgabentyp „*Vereinigen*"
  Die Strategien entsprechen weitgehend dem Aufgabentyp „Wegnehmen", allerdings wird die *Rückwärts*zählstrategie *seltener* eingesetzt.

Zusammenfassend läßt sich festhalten, daß nach den Befunden der gründlichen, drei Jahre umfassenden Längsschnittuntersuchung von Carpenter/Moser die *Vorwärtszählstrategie* auch beim Lösen von *Subtraktions*aufgaben in den USA die *entscheidende* Rolle spielt. Dies hängt eng mit dem *deutlich höheren* Komplexitätsgrad der *Rückwärts*zählstrategien zusammen (vgl. Baroody (1984 a) und (1984 b)). Ein Vergleich der Zählstrategien beim *Subtrahieren* mit den entsprechenden Strategien beim *Addieren* macht klar, warum die Schüler *deutlich mehr* Schwierigkeiten mit dem Subtrahieren als mit dem Addieren haben (vgl. Baroody (1984 b)).

Die Lösungsverfahren, welche Schüler in Deutschland schon gegen *Ende des ersten Schuljahres* selbst bei *„schwierigen" Subtraktionsaufgaben* einsetzen, sind allerdings bereits vielfach *keine Zähl*strategien mehr, sondern schon *heuristische* Strategien, wie eine eigene kleinere Untersuchung [6] an 31 Schülern genauer belegt. Aus der wesentlich *umfangreicheren* Untersuchung greifen wir hier *drei* Aufgaben heraus, nämlich die Aufgaben 25 − 7 (etwas *außerhalb* des vertrauten Zahlenraumes), 17 − 9 (*innerhalb* des vertrauten Zahlenraumes) sowie 7 + □ = 13 (additiv formuliert). Wie schon bei der Addition ist auch hier die *Spannweite* der *benutzten Lösungswege* beachtlich:

(1) 25 − 7 =

- − 25 − 5 − 2 = 20 − 2 = 18   12 Schüler
   (Zerlegung des Subtrahenden/Zehnerübergang)
- − Rückwärtszählen um 7 Schritte
   – mit Fingern   7 Schüler
   – ohne Finger   6 Schüler
- − Mit Materialbenutzung per Wegnehmen   6 Schüler

(2) 19 − 8 =

- − 9 − 8 = 1, also 19 − 8 = 11   12 Schüler
   (Analogieaufgabe)
- − 19 − 9 + 1 = 10 + 1 = 11   3 Schüler
   (Nachbaraufgabe)
- − 10 + 9 = 19, 11 + 8 = 19, also: 19 − 8 = 11   1 Schüler
   (Addition, gegensinniges Verändern)
- − Rückwärtszählen um 8 Schritte
   – mit Fingern   6 Schüler
   – ohne Finger   4 Schüler
- − Mit Materialbenutzung per Wegnehmen   5 Schüler

(3) 7 + □ = 13

- − 7 + 3 = 10, 10 + 3 = 13, also 7 + 6 = 13   9 Schüler
   (Zehnerergänzung/Zerlegung in 2 leichtere Teilaufgaben)
- − 13 − 3 = 10, 10 − 3 = 7, 3 + 3 = 6, also 7 + 6 = 13   2 Schüler
   (Zehnerübergang, Zerlegung in 2 leichtere Teilaufgaben)
- − 7 + 7 = 14, also 7 + 6 = 13   2 Schüler
   (Stützpunktaufgabe, Nachbaraufgabe)

---

[6] Für genauere Hinweise zu dieser Untersuchung vergleiche man 1.2.

- Vorwärtszählen bis 13
  - mit Fingern   8 Schüler
  - ohne Finger   5 Schüler
- Mit Materialbenutzung   3 Schüler
  Ergänzung von 7 auf 13
- Trotz Materialbenutzung erfolglos   2 Schüler

Auf die hier schon knapp erwähnten *heuristischen* Strategien gehen wir im folgenden Abschnitt *systematisch* ein. Die *Vorwärts*zählstrategie spielt bei unserer Untersuchung am Ende des *ersten* Schuljahres bei subtraktiv formulierten Aufgaben — im *Unterschied* zu den Befunden von Carpenter/Moser in den USA — *keine* Rolle, auch nicht bei einer *weiteren* — hier nicht genannten — Aufgabe, bei der die *Vorwärts*zählstrategie sehr naheliegend ist.

2.3   Zur Behandlung des Kleinen 1 − 1 im Unterricht

Zwischen der Behandlung des Kleinen 1 + 1 und des Kleinen 1 − 1 besteht ein *enger* Zusammenhang. Deshalb können wir uns hier *kürzer* fassen.

Auch bei der Subtraktion nehmen die Modelle und Darstellungsformen, bei denen die Zahlen als *Kardinalzahlen* benutzt werden, einen *breiten* Raum ein. *Ausgangspunkt* sind den Schülern vertraute, alltägliche Situationen, die durch Verben wie beispielsweise wegnehmen, aussteigen, wegfliegen, umwerfen, verkleinern oder wegfahren beschrieben werden können. Bilder von *homogenem* Material (wie z.B. Plättchen) schließen sich an. Bei der Darstellung und Behandlung wird *heute* die zugrundeliegende *Restmengenbildung nicht mehr* explizit sichtbar gemacht, wie man dem folgenden *typischen Beispiel* entnehmen kann:

$$5 - 3 = 2$$

Die *Veränderungen* gegenüber der Vorgehensweise in den *siebziger Jahren* sind *drastisch*, wie das folgende charakteristische (und auch problematische) Beispiel aus dieser Zeit belegt:

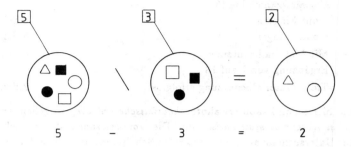

$$5 \quad - \quad 3 \quad = \quad 2$$

Daneben ist auch — entsprechend wie bei der Addition — der Einsatz des *Zwanzigerfeldes*, der *Zwanzigerreihe* und — zur enaktiven Erarbeitung — der *Rechenkette* (bis 20) äußerst hilfreich. Mit Cuisenairestäben, Steckwürfeln oder Geldstücken läßt sich der wichtige *Maßzahlaspekt* auch bei der Subtraktion gut verdeutlichen. Bei richtigem Einsatz ist ferner der *Zahlenstrahl* ein wichtiges Hilfsmittel. (Für Hinweise auf *Probleme* bei seinem Einsatz vgl. z.B. Fuson (1984)).

Beispiele:

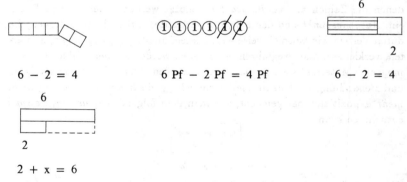

$6 - 2 = 4$ $\qquad$ $6 \text{ Pf} - 2 \text{ Pf} = 4 \text{ Pf}$ $\qquad$ $6 - 2 = 4$

$2 + x = 6$

Subtraktionsoperatoren konkretisieren im Unterricht den *Operatoraspekt*. Die Darstellung erfolgt durch Maschinen, mittels Pfeilen oder durch Sprünge am Zahlenstrahl:

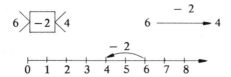

Die Behandlung im Unterricht sollte an den *Vorerfahrungen* der Schüler anknüpfen. Entsprechend wichtig ist auch die Berücksichtigung des *Zähl-zahlaspektes* bei der Subtraktion, auf den wir im *vorigen* Abschnitt schon eingegangen sind.

Das *Kleine 1 − 1* wird im Unterricht des ersten Schuljahres unter Rückgriff auf die gerade beschriebenen Modelle in engem Zusammenhang mit dem Kleinen 1 + 1 erarbeitet. Folgende *Strategien* spielen eine wichtige Rolle:

– Rückwärtszählen um 1 bzw. 2 sowie anschließend ein Rückwärtszählen um 3 bzw. 4 durch ein Rückwärtszählen *zunächst* um 2 und *dann nochmals* um 1 (bzw. 2).

– Weiterzählen um 1 bzw. 2 sowie anschließend ein Weiterzählen um 3 bzw. 4 als ein Weiterzählen *zunächst* um 2 und *dann* um 1 bzw. um 2.

– Nachbaraufgaben
Ausgehend beispielsweise von 10−2 kann man *schrittweise* die Aufgaben 11−2, 12−2, 13−2 ... sowie 10−3, 10−4, 10−5 ... gewinnen.

– Analogieaufgaben
Es gilt 7−3=4, also analog auch 17−3=14. Eine *Begründung* für die Gültigkeit entsprechender Analogiebildungen kann etwa beispielgebunden mit Plättchen oder – später – am Hunderterfeld geleistet werden:

$$7 - 3 \qquad\qquad 17 - 3$$

o o o o ⌀ ⌀ ⌀   o o o o o o o o o o
                   o o o o ⌀ ⌀ ⌀

– Zerlegung des Subtrahenden.
Diese Strategie wird besonders beim *Zehnerübergang* benutzt. Eine Aufgabe wie 14−6 wird zerlegt in die beiden *leichten* Teilaufgaben 14−4=10 (zurück zum vollen Zehner) sowie 10−2=8 (Abziehen vom vollen Zehner), entsprechend die Aufgabe 6+x=14 in die beiden Teilschritte 6+4=10 und 10+4=14, also 6+8=14. *Operatordiagramme* sind in beiden Fällen hilfreich:

Gleiches gilt auch für den *Zahlenstrahl*:

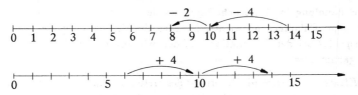

- Zusammenhang von Addition und Subtraktion

Diese Strategie ist für eine effektive Lösung von Subtraktionsaufgaben *äußerst wichtig*. Ihre Anwendung *erspart*, daß die Schüler neben dem Kleinen 1 + 1 auch das Kleine 1 - 1 *komplett auswendig* beherrschen müssen. So finden die Schüler die Lösung beispielsweise von 17−9 durch Rückgriff auf die Aufgabe 8+9=17 des Kleinen 1 + 1 und erhalten so direkt *ohne neuerliche Rechnung* 17−9=8. Hierbei erfolgt die Lösung *nicht immer* so knapp und elegant durch *direkten* Rückgriff auf die zugehörige Additionsaufgabe, wie die folgende von Carpenter/Moser (1984, S. 196) beschriebene Schülerlösung der Aufgabe 14−8=? zeigt: Es gilt 7 plus 7 ist 14; 8 ist 1 mehr als 7; also ist das Ergebnis 6.

Zur *besseren* Festigung der Subtraktion empfiehlt es sich, Additions- und zugehörige Subtraktionsaufgaben *nicht isoliert*, sondern in Form von *Aufgabennetzen* zu behandeln. So stehen beispielsweise mit der Aufgabe 9−4=5 folgende Aufgaben in *engem* Zusammenhang: 5+4=9, 9−5=4 und 4+5=9. Das folgende Diagramm verdeutlicht die *Beziehung* zwischen diesen Aufgaben:

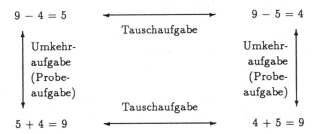

Subtraktionsaufgaben mit *zwei* Subtrahenden (Beispiel: 11−4−3) werden *schrittweise* durch Zerlegung in die beiden Teilaufgaben 11−4=7 und 7−3=4 gelöst.

Bei der Behandlung der mündlichen und schriftlichen Subtraktion unterscheidet man *im Unterricht* meist nur global *zwei* Verfahren zur Differenzbildung, nämlich das *Abzieh-* sowie das *Ergänzungsverfahren*. Gehen wir die in 2.2 erwähnten vier Typen von Subtraktionsaufgaben durch, so können wir ihnen jeweils eine Gleichung in *Minus-* (Beispiel: 8−5=3) oder in *Plus*sprechweise (z.B. 5+x=8) zuordnen. Bei der Lösung von 8−5=3 im Sinne des Wegnehmens bzw. des Rückwärtszählens spricht man vom *Abzieh*verfahren, bei der Lösung von 5+x=8 im Sinne des Ergänzens bzw. des Vorwärtszählens vom *Ergänzungs*verfahren. Nach verschiedenen Befunden in 2.2 ist die Vorwärtszählstrategie für die Schüler *leichter* als die Rückwärtszählstrategien (vgl. auch Thornton (1990)). Ferner ist in Deutschland für die *schriftliche* Subtraktion das *Ergänzungsverfahren vorgeschrieben* (vgl. IV.4). Daher sollte man schon bei der Behandlung der Subtraktion in Klasse 1 durch die *Auswahl* entsprechender Aufgabentypen bzw. durch die Benutzung einer *entsprechenden Schreibweise* bei reinen Rechenaufgaben verstärkt Subtraktionsaufgaben im Sinne des *Ergänzungsverfahrens* lösen lassen.

Ein *Vergleich* der *gegenwärtigen* Einführung der Subtraktion mit der Vorgehensweise in den *siebziger* Jahren ergibt *völlig analoge* Befunde wie in 1.3 (letzter Abschnitt). Wir können daher auf eine Darstellung *verzichten*.

2.4   Subtraktion „größerer" Zahlen

Im *vorigen* Abschnitt sind wir auf die Behandlung des Kleinen 1 − 1 eingegangen, also auf Subtraktionsaufgaben im Zahlenraum bis 20. Diese Subtraktionsaufgaben werden im *ersten* Schuljahr behandelt. In diesem Abschnitt gehen wir überwiegend auf Subtraktionsaufgaben im *Zahlenraum bis 100* ein,
wie sie für das *zweite* Schuljahr typisch sind und nur *knapp* auf Subtraktionsaufgaben mit größeren Zahlen, wie sie im *dritten* Schuljahr behandelt
werden.

Bei der Behandlung der Subtraktionsaufgaben im Zahlenraum bis 100 ist
eine *schrittweise* Vorgehensweise entsprechend dem wachsenden *Schwierig-*
keitsgrad üblich und sinnvoll. Verwenden wir dieselben Bezeichnungen wie
bei der Addition, so liegt *folgende Stufung* nahe (vgl. auch Oehl (1962) und
Lauter (1979)):

Typ:	Beispiel:
Z − Z	$50 − 20 = 30$
ZE − E ohne Zehnerüberschreitung	$48 − 5 = 43$
ZE − E mit Zehnerüberschreitung	$45 − 8 = 37$
Z − ZE und ZE − Z	$50 − 16 = 34$ und $47 − 30 = 17$
ZE − ZE ohne Zehnerüberschreitung	$67 − 43 = 24$
ZE − ZE mit Zehnerüberschreitung	$53 − 37 = 16$

Im Rahmen dieser *stufenweisen* Behandlung sollten die Subtraktionsaufgaben
nicht nur *einseitig* in der Minusschreibweise $46 − 3 = \Box$ vorgegeben werden,
sondern gerade auch in der Ergänzungsschreibweise $38 + \Box = 46$ sowie in
den Formen $\Box − 8 = 38$ und $46 − \Box = 38$. Die *beiden letzten* Schreibweisen
bereiten den Schülern erfahrungsgemäß *größere* Schwierigkeiten.

Die stufenweise Behandlung sollte *nicht zu kleinschrittig* erfolgen (vgl. auch
1.6). Die Herausstellung und Benutzung *breiter einsetzbarer Rechenstrategien*
ist vielmehr wichtig (vgl. auch 2.3):

— *Analogiebildungen*
Beispiele:

$$7 - 3 = 4 \qquad\qquad 7 - 3 = 4$$
$$67 - 3 = 64 \qquad\qquad 70 - 30 = 40$$

— *Schrittweise Zerlegung einer Aufgabe*
Beispiele:
a) *Halbschriftlich* notiert:

56 − 38	56 − 38	56 − 38
56 − 30 = 26	56 − 6 = 50	56 − 40 = 16
26 − 8 = 18	50 − 30 = 20	16 + 2 = 18
56 − 38 = 18	20 − 2 = 18	56 − 38 = 18
	56 − 38 = 18	

b) Mit Hilfe von *Pfeildiagrammen* notiert:

$$56 \xrightarrow{\;-30\;} 26 \xrightarrow{\;-8\;} 18$$
$$56 \xrightarrow{\;-6\;} 50 \xrightarrow{\;-30\;} 20 \xrightarrow{\;-2\;} 18$$
$$56 \xrightarrow{\;-40\;} 16 \xrightarrow{\;+2\;} 18$$

— *Gleichsinniges Verändern der Glieder einer Differenz*
Eine Differenz bleibt unverändert, wenn wir Minuend und Subtrahend um *denselben* Betrag vergrößern oder verkleinern (für eine schülergemäße Begründung vgl. IV.4.5). Daher können wir auf dieser Grundlage *geeignete* Aufgaben in *leichtere* Aufgaben überführen, wie die beiden folgenden *Beispiele* belegen:

$$\overset{+\ 2}{\frown}$$
$$67 - 38 = 69 - 40 = 29$$
$$\underset{+\ 2}{\smile}$$

$$\overset{-\ 3}{\frown}$$
$$73 - 58 = 70 - 55 = 15$$
$$\underset{-\ 3}{\smile}$$

Diese Strategie wird bei einer Behandlung der *schriftlichen* Subtraktion im Sinne der Erweiterungstechnik (vgl. IV.4.1) wieder aufgegriffen.

– *Zusammenhang von Addition und Subtraktion*
  Diese Strategie ist äußerst wichtig und zentral für eine effektive Behandlung der Subtraktion. Daher sollte bei der Subtraktion das Ergänzen durch entsprechende Aufgabenstellungen *möglichst häufig* angewandt und eingeübt werden.

Zur *Verdeutlichung* bzw. *Veranschaulichung* der Subtraktion kann auf die schon bei der *Addition* erwähnten *Darstellungsformen und Schreibweisen* wie u.a. Hunderterfeld, Zahlenstrahl und Operatordiagramme zurückgegriffen werden.

Die Behandlung der Subtraktion im *Zahlenraum bis 1000* (und darüber hinaus) kann weitgehend analog erfolgen. Die Voraussetzung für eine erfolgreiche Behandlung bilden sichere Subtraktionskenntnisse im Zahlenraum bis 100.

Wir *beenden* diesen Abschnitt mit einer knappen Beschreibung von *Schwierigkeitsstufen* bei der Subtraktion im Zahlenraum bis 1000. Stufen wir in Anlehnung an Oehl (1962) und Lauter (1979) den Unterrichtsablauf nach der *Größe* und *Schwierigkeit* des *Subtrahenden*, so erhalten wir – nach einer eventuell vorgeschalteten Behandlung des leichten Sonderfalles „Hunderterzahl minus Hunderterzahl" – *folgende Stufen*:

– Der Subtrahend ist einziffrig.
  Fall 1: Die Hunderter werden *nicht* unterschritten.
  Fall 2: Die Hunderter werden unterschritten.
– Der Subtrahend ist eine reine Zehnerzahl.
  Unterfälle 1 und 2 wie vorstehend.
– Der Subtrahend ist eine gemischte Zehnerzahl.
  Unterfälle 1 und 2 wie vorstehend.
– Der Subtrahend ist eine gemischte Hunderterzahl.
  Unterfälle 1 und 2 wie vorstehend.

Spätestens mit der *letzten* Stufe werden die *Grenzen* des *mündlichen* Subtrahierens erreicht. Viele Aufgaben im Tausenderraum wird man ohnehin *halbschriftlich* notieren, um das Gedächtnis nicht zu überfordern.

3 Multiplikation

3.1 Zur Entwicklung des Verständnisses der Multiplikation

Einige Hinweise zur *Entwicklung des Verständnisses der Multiplikation* bei Kindern im Alter *zwischen 6 und 11 Jahren* — und zwar *sowohl* beeinflußt durch *alltägliche Erfahrungen wie auch* zusätzlich durch *Unterricht* (bei den Älteren) — liefert die sehr gründliche, in England durchgeführte Untersuchung [7] von Anghileri (1989), auf die wir in diesem Abschnitt kurz eingehen. Sämtlichen Schülern wurden hierbei jeweils dieselben 6 Aufgaben vorgelegt, die umgangssprachlich — also ohne formale Multiplikationssprechweise — formuliert sind und die verschiedene Aspekte der Multiplikation (z.B. Mengenvereinigung, Kartesisches Produkt, Operator; vgl. 3.2) beinhalten.

Bewußt werden nur *kleine* Produkte — das größte Produkt ist $5 \cdot 4$ — benutzt und bei der Formulierung der Aufgaben anschauliche, den Schülern *vertraute Materialien* eingesetzt. Drei *Aufgaben* als *Beispiele*:

(1) Zunächst werden anhand eines Bildes Sprünge der Länge 2 und der Länge 3 an einem anschaulich gestalteten „Zahlenstrahl" gezeigt.
Aufgabe: Bis wohin kommt man mit 5 Sprüngen der Länge 4? („4 auf einmal")

(2) Münzen – angeordnet in einem 6×3-Feld und befestigt auf einer Karte – werden gezeigt, und die Struktur des Feldes wird kurz erläutert. Anschließend wird die Karte umgedreht, so daß man die Münzen *nicht* mehr sehen kann.
Aufgabe: Wieviel Münzen sind insgesamt auf der Karte? (Falls die richtige Anzahl nicht genannt wird, werden den Schülern zusätzliche Münzen gegeben, mit denen sie das Feld selbst hinlegen können)

(3) Shorts (3 verschiedene Farben) und Hemden (4 verschiedene Farben), aus Pappkarton ausgeschnitten, werden den Schülern gegeben.

---

[7]Untersuchungsbasis: 234 Schüler zwischen knapp 7 Jahren und 11 Jahren aus 3 Schulen, je Klasse jeweils 6 Schüler, davon jeweils 2 nach Einschätzung der Klassenlehrer in ihren Mathematikleistungen überdurchschnittlich, durchschnittlich bzw. unterdurchschnittlich. Untersuchungsform: 3 Einzelinterviews je Schüler. (Die Tabelle I auf S. 379 bezieht sich sogar auf 528 Schüler dieser Altersgruppe)

Aufgabe: Wie oft kann man sich hiermit *verschieden* kleiden? (Hierbei werden die Schüler bewußt ermuntert, die Anzahl verschiedener Kombinationen zu *berechnen, bevor* Material eingesetzt wird, um die Lösung so zu finden.)

Bei der Lösung der Aufgaben beobachtet Anghileri folgende verschiedene Niveaus bei den *Lösungsstrategien*, wobei das *Zählen* in der einen oder anderen Form am *häufigsten* angewandt wird:

- *Direktes Modellieren* der Aufgabe mit Material,
- *vollständiges Auszählen* aller Elemente (Beispiel (1): 1,2,3,4,...,19,20),
- *rhythmisches Zählen* in Gruppen (Beispiel (1): 1,2,3,4,5,6,7,8,...,19,20, wobei die unterstrichenen Zahlen *betont* werden),
- Benutzung von *Zahlenfolgen* (Beispiel (1): 4,8,12,16,20),
- Benutzung der entsprechenden *1×1–Sätze* (Beispiel (1): 5·4 = 20).

Den Übergang vom *vollständigen* Auszählen zum *rhythmischen* Zählen bei den *Multiplikationsaufgaben* vergleicht Anghileri mit dem Übergang vom *vollständigen* Auszählen zum *Weiterzählen vom ersten Summanden aus* bei den *Addition*saufgaben; denn auch hier muß der Schüler erkennen, daß das letzte Zahlwort der ersten Gruppe die Anzahl der Elemente dieser Gruppe angibt (d.h. der Übergang von der Zählzahlbedeutung zur Kardinalzahlbedeutung muß hier geleistet werden), und entsprechendes gilt — bei zusätzlicher Benutzung einer internen Zählweise jeweils — auch für die weiteren Gruppen (für Details vgl. Anghileri (1989), S. 375). Den Übergang zum Zählen in Form von *Zahlenfolgen* schaffen die Schüler durch ein Flüstern der Zwischenzahlen, durch ausschließlich entsprechende Mundbewegungen, durch „stilles" Zählen und schließlich durch den Rückgriff auf entsprechende — auswendig beherrschte — Additionsaufgaben. Der Übergang von den Zahlenfolgen zu den *auswendig beherrschten 1×1–Sätzen* muß noch genauer erforscht werden.

Die *weitaus meisten* Schüler, die *alle sechs* Aufgaben *richtig* lösen, benutzen *mindestens drei verschiedene* Lösungsstrategien. Nur die *über*durchschnittlichen Schüler setzen zunehmend *1×1–Sätze* bei der Lösung ein, die *durchschnittlichen* Schüler weit überwiegend *Zählstrategien* oder *direktes Modellieren* der Aufgaben mit Material, die *unter*durchschnittlichen *direktes Modellieren*.

Aus ihrer Untersuchung zieht Anghileri (1989, S. 383/84) im wesentlichen folgende Schlußfolgerungen:

"From the evidence that has been collected, it is suggested that each individual possesses various schemas associated with multiplication. The skills that are developed, including the construction of equal groups, arrays and many-to-one matchings, will all contribute to procedures that may be implemented in the solution of multiplication tasks. Independent schemas are formulated by the children in association with the different aspects of multiplication as a result of different material contexts and different modes of instruction in school. As active meaning makers, the children reflect in their solution strategies their interpretation of the relationship inherent in the structure of each situation and the variations from task to task indicate that their conceptual models for multiplication develop from a variety of schemas associated with different tasks. [...] *Understanding* multiplication comes from the 'unification' of many schemas so that the child may recognise a mathematical (binary) operation whose application is appropriate for *solving* and *representing* a diverse range of tasks."

3.2 Grundmodelle zur Einführung der Multiplikation

Wir stellen im folgenden *drei häufiger eingesetzte Grundmodelle* zur Einführung der Multiplikation im Mathematikunterricht näher dar, nämlich den Weg über die *Vereinigung* paarweise elementfremder, gleichmächtiger, endlicher Mengen (kurz: über die Mengenvereinigung), den Weg über das *Kartesische Produkt* sowie ein Verfahren mit Hilfe von *Operatoren*. Für weitere Modelle vergleiche man die Arbeit von Vest (1971), für einen knappen Überblick über *unterschiedliche Zugangswege* zur Multiplikation in *diesem Jahrhundert* (bei Kühnel, Wittmann, Breidenbach, Schlechtweg, Dienes und Fricke) vergleiche man Picker (1989).

3.2.1 Mengenvereinigung

Die Mengenvereinigung – und zwar *nicht* in abstrakter Form, sondern konkretisiert in *alltäglichen*, den Schülern *vertrauten* Situationen – bildet das *wichtigste* Grundmodell zur Einführung der Multiplikation. Von dieser *anschaulichen* Mengenvereinigung aus führt über die Anzahlbestimmung der Vereinigungsmenge ein direkter Weg zur Deutung der Multiplikation als *wiederholte Addition gleicher Summanden*. Eine gelungene Einführung im Sinne dieses Grundmodells zeigt das folgende Schulbuchbeispiel (Schmidt, NRW, 2) auf:

Herr Kipp kommt 4 mal. Er bringt jedesmal 3 Kartons.

$$3 + 3 + 3 + 3 = 12$$
$$\underset{\text{mal}}{4} \ \cdot \ 3 = 12$$

b)

$3 + 3 + 3 + 3 + 3 =$
$5 \cdot 3 =$

$5 + 5 + 5 + 5 + 5 + 5 =$
$6 \cdot 5 =$

Es folgen in dem genannten Schulbuch *weitere* Bilder, zu denen jeweils die *Plus-* und die *Mal*-Aufgaben angegeben werden sollen, bevor danach systematisch die Behandlung des Kleinen 1 × 1 angegangen wird. Im *Unterschied* zu entsprechenden Einführungswegen in den siebziger Jahren wird hier *keinerlei Mengensymbolik* benutzt, sondern nur mit Hilfe von *Umweltsituationen* und in *umgangssprachlicher* Formulierung an die Multiplikation herangeführt.

Analysiert man die Bilder des Schulbuchs *genauer*, so kann man bei dem Weg über die Mengenvereinigung *zwei verschiedene Teilaspekte* herausheben:

(1) Bei den drei im Bild vorgestellten Situationen (Herr Kipp *bringt* viermal drei Kartons; die Verkäuferin *legt* 5 Netze mit jeweils drei Apfelsinen in das Verkaufsregal; der Verkäufer *nimmt* 6 Bündel mit jeweils fünf Bananen aus dem Karton) entsteht die Gesamtmenge erst noch *Schritt für Schritt* durch *mehrmalige* Wiederholung des gleichen Vorgangs. *Diesen* Aspekt der Multiplikation bezeichnet man als den *zeitlich-sukzessiven* Aspekt. Bei Beispielen dieser Art wird durch *Handlungen* (bzw. durch vorgestellte Handlungen) an die Multiplikation herangeführt, diese Beispiele betonen die *dynamische* Komponente der Multiplikation.

(2) Bei vielen weiteren im Schulbuch folgenden Beispielen wird *keine* Handlung (mehr) durchgeführt, die Vereinigungsmenge liegt *von Anfang* an schon *vollständig* vor, so etwa wenn dort 5 Packungen mit je 6 Äpfeln auf dem Verkaufstisch liegen. In diesem Zusammenhang spricht man vom *räumlich-simultanen Aspekt* der Multiplikation. Diese Beispiele betonen die *statische* Komponente der Multiplikation.

114

Zwischen beiden Aspekten besteht ein *sehr enger* Zusammenhang: So führt jeder *zeitlich-sukzessiv* durchgeführte Vorgang am Ende zu einer *räumlich-simultan* zu erfassenden Situation. *Umgekehrt* kann man sich jede *räumlich-simultane* Situation *zeitlich-sukzessiv entstanden* denken. Daher ist nach unserer Einschätzung ein Streit darüber, ob die Multiplikation räumlich-simultan *oder* zeitlich-sukzessiv fundiert werden sollte, *überflüssig* (vgl. jedoch Karaschewski (1970), S. 44 f).

Während für den *Lehrer* die Unterscheidung dieser beiden Aspekte hilfreich sein kann, müssen die *Schüler* diese Aspekte weder unterscheiden noch gar benennen können. Entscheidend ist nur, daß sie entsprechende Sachsituationen als *Multiplikations*situationen erkennen.

Im Abschnitt 3.5.3 über typische Schülerfehler bei der Multiplikation werden wir erkennen, daß die *Multiplikation mit Null* häufig zu *Fehlern* führt, insbesondere zu den Fehlern $n \cdot 0 = n$ bzw. $0 \cdot n = n$ (für natürliche Zahlen n). Ursache hierfür ist vermutlich eine *Unterschätzung* – und daher *Nichtbeachtung* – dieser Aufgaben durch *viele* Lehrer sowie – ggf. hieraus resultierend – unklare inhaltliche *Vorstellungen* der Schüler. Dabei bietet das Grundmodell der Mengenvereinigung auch für die Behandlung dieses Sonderfalles gute Hilfen. Legt man nämlich im Sinne des zeitlich-sukzessiven Aspektes der Multiplikation dreimal keine Apfelsinen in das Regal, so liegen dort offensichtlich 0, aber nicht 3 Apfelsinen.

3.2.2 Kartesisches Produkt

Die Frage der Einführung der Multiplikation in der Grundschule über das *Kartesische Produkt*[8] (oder Kreuzprodukt) ist Ende der sechziger / Anfang der siebziger Jahre im Zusammenhang mit der Neuen Mathematik stark diskutiert worden. Während zu diesem Zeitpunkt einige Schulbuchwerke die Multiplikation sogar über das Kartesische Produkt *einführten* (z.B. Neunzig-Sorger, 2) und in vielen Schulbüchern dieser Aspekt *gründlich* behandelt wurde, ist man sich heute aus überzeugenden Gründen (s.u.) weithin einig,

---

[8]Das *Kartesische Produkt* zweier Mengen A und B – geschrieben A × B – besteht bekanntlich aus *allen* geordneten Paaren, deren erste Komponente aus A und deren zweite Komponente aus B stammt. Die Anzahl der Elemente von A × B ist gleich dem Produkt der Anzahlen der Mengen A und B.

daß man die Multiplikation *nicht* über dieses Grundmodell *einführen* sollte, daß aber dieser Aspekt – nach einer Einführung und Behandlung der Multiplikation auf der Grundlage der *Mengenvereinigung* – zur *Vertiefung* angesprochen werden sollte. Das folgende Schulbuchbeispiel (Mathematik in der Grundschule, 2) verdeutlicht eine schülergemäße Form der Behandlung dieses Grundmodells im Unterricht der Grundschule:

① Hänge an eine Lokomotive immer einen Waggon. Wie viele Möglichkeiten findest du?

② Male aus.

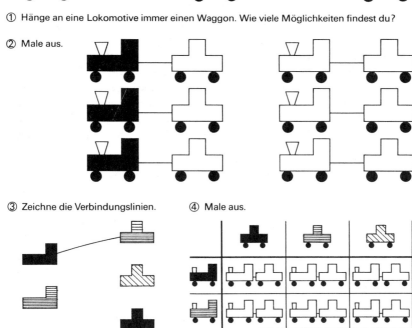

③ Zeichne die Verbindungslinien.   ④ Male aus.

Während die Bestimmung *sämtlicher* Züge in der ersten Aufgabe am besten mit *Material* durchgeführt werden sollte, sind im zweiten Beispiel die Züge schon in Umrissen gegeben, und die Schüler müssen die Lokomotive und die Waggons nur noch mit den richtigen *Farben* ausmalen. Die Aufgaben (3) und (4) enthalten die beiden gängigen *Veranschaulichungsformen* des Kreuzproduktes, nämlich in Aufgabe (3) die Darstellung mittels eines *Strichdiagramms* und in Aufgabe (4) mittels einer sogenannten *Matrix*. Nach der entsprechenden Behandlung von Häusern aus verschiedenfarbigen Quadraten und Dreiecken schließt sich in dem Schulbuch eine *tabellarische Übersicht* über die *Anzahl* der zu bauenden Häuser in *Abhängigkeit* von der Anzahl der dreieckigen und quadratischen Plättchen an. Diese tabellarische Übersicht hilft, den *Zusammenhang* zwischen dem Kreuzprodukt und der *anderweitig* eingeführten Multiplikation herzustellen. Sehr hilfreich ist auch die Matrixdarstellung des Kartesischen Produktes, im Gegensatz zum Strichdiagramm.

Strebt man danach, *möglichst alle* Rechenoperationen durch Rückgriff auf *Mengenoperationen* einzuführen, so ist der Weg über das Kreuzprodukt unter *diesem* Aspekt besonders günstig. Ein *weiterer* Vorteil bei Benutzung des Kartesischen Produktes: Wichtige *Rechengesetze*, wie das Kommutativ-, Assoziativ- und Distributivgesetz, lassen sich so recht elegant beweisen. Angesichts dieser *mathematischen* Vorteile wirkt es auf den ersten Blick überraschend, daß dieser Weg im Unterricht *nicht (mehr)* als Haupteinführungsweg beschritten wird. Der Grund sind die *Nachteile* und *Probleme* dieses Weges:

– Da beim Kartesischen Produkt Elemente *mehrfach* benutzt werden müssen (im Beispiel des Bildens von Zügen müssen die Lokomotiven und auch die Waggons jeweils *mehrfach* benutzt werden), kann *nicht* das *gesamte* Kartesische Produkt *auf einmal* mit Material gelegt werden, im Gegensatz zur Mengenvereinigung, wo dies völlig *problemlos* möglich ist. Daher sind beim Kreuzprodukt *hypothetische* Kombinationen notwendig, die Schülern dieser Altersstufe große *Schwierigkeiten* bereiten.

– Veranschaulicht man das Kartesische Produkt durch *Strichdiagramme*, so wird diese Darstellungsform schon bei *kleinen* Zahlen äußerst *kompliziert* und *unübersichtlich*.

– Das Kind besitzt *wesentlich weniger Erfahrungen* mit der Kreuzproduktbildung als mit der – konkret behandelten – Mengenvereinigung.

– Der *Anwendungsbezug* ist bei der Einführung über das Kreuzprodukt sehr viel *geringer* und *einseitiger* als beim Weg über die Mengenvereinigung; denn sämtliche Beispiele für das Kreuzprodukt stammen ausschließlich aus *einem einzigen* Bereich, aus dem Bereich der *Kombinatorik.*

- Beim Weg über das Kreuzprodukt fehlt die Möglichkeit, Multiplikationsaufgaben frühzeitig auf *einfachere Additionsaufgaben zurückzuführen.*

- Die *Umgangssprache* als Anknüpfungspunkt ("zweimal", "dreimal" usw.) steht nur bei dem Weg über die Mengenvereinigung zur Verfügung.

- Die *Beziehungen* zwischen der *Multiplikation* und der *Division* als Umkehroperation leuchten bei Benutzung der Mengenvereinigung unmittelbarer und besser ein als bei einem Weg über das Kartesische Produkt.

Die genannten Argumente verdeutlichen, daß eine *Einführung* der Multiplikation über das Kreuzprodukt *nicht* sinnvoll ist. Da jedoch zur Bewältigung einiger realer *Umweltsituationen* der kombinatorische Aspekt der Multiplikation hilfreich ist, sollte man diesen Aspekt nach der Einführung über die Mengenvereinigung *anschließend* in einigen *Aufgaben* ansprechen.

3.2.3 Operatoren

Die Multiplikationsoperatoren bilden eine *weitere* Möglichkeit zur Einführung der Multiplikation. Einleitend konkretisiert man Multiplikationsoperatoren durch *Maschinen,* die z.B. für jedes eingegebene Plättchen zwei oder vier Plättchen ausgeben.

Beispiele:

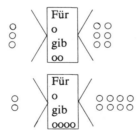

Multiplikationsoperatoren kann man auch – ähnlich wie die Additionsoperatoren (vgl. 1.3) – mit Hilfe von *Pfeilen* oder in Form von *Tabellen* konkretisieren. Auch bei den Multiplikationsoperatoren kann man *drei verschiedene*

Aufgabentypen unterscheiden:

$$
\begin{array}{c|c}
\cdot\,3 \\
\hline
4 \\
7
\end{array}
\qquad
\begin{array}{c|c}
\cdot\,3 \\
\hline
& 15 \\
& 42
\end{array}
\qquad
\begin{array}{c|c}
\cdot\,? \\
\hline
4 & 12 \\
7 & 21
\end{array}
$$

Während im ersten Beispiel die Ausgabe und im zweiten Beispiel die Eingabe gesucht wird, soll im dritten Beispiel ein passender Multiplikationsoperator bestimmt werden. Hierbei bereitet der mittlere Aufgabentyp die *Division* als Umkehroperation zur Multiplikation vor.

Eine *Einführung* der Multiplikation mit Multiplikationsoperatoren weist nur einen *äußerst geringen* Umweltbezug auf, selbst wenn man die Konstantenfunktion in Taschenrechnern als technische Realisierung von Operatoren auffaßt. Daher kann man von diesem Ansatz her *kaum* die wichtige Fähigkeit vermitteln, *Multiplikations*sachverhalte in praktischen Situationen zu *erkennen*. Folglich kommt das Operatormodell als Haupteinführungsweg für die mündliche Multiplikation *nicht* in Frage, es kann jedoch *ergänzend* angesprochen werden.

Wir können zum Abschluß dieses Abschnittes 3.2 *zusammenfassend* festhalten: Von den drei näher ausgeführten Grundmodellen kommt nur die Mengenvereinigung wegen ihrer vielen Vorteile als *Haupteinführungsweg* in Frage. Zur Ergänzung und Vertiefung sollte anschließend auf *jeden Fall* kurz der kombinatorische Aspekt über das Kreuzprodukt und *eventuell* der Operatoraspekt angesprochen werden.

3.3 Zur Schreibweise von Produkten

Das Produkt 3·4 kann man auf *zwei Arten* deuten, als 4+4+4 im Sinne von dreimal 4 oder als 3+3+3+3 im Sinne von 3 viermal. Im ersten Fall deutet man in 3·4 die Zahl 3 als Multiplikator und 4 als Multiplikand, im zweiten Fall *genau umgekehrt* 4 als Multiplikator und 3 als Multiplikand.

Während die *erste* Version bis Anfang der siebziger Jahre die *übliche* Normalform darstellte, wurde die *zweite* Version seit Einführung der Neuen Mathematik häufiger im Unterricht und in den Schulbüchern verwendet.

Für diese Uminterpretation von 3·4 im Sinne von 3+3+3+3 war nach unserer Einschätzung hauptsächlich die *Neueinführung der Operatoren* – insbesondere der *Multiplikations*operatoren – verantwortlich; denn bei einer Deutung von 3 · 4 im Sinne des Operatormodells – etwa in der Notationsform 3 $\xrightarrow{\cdot 4}$ – ist *natürlich* 4 der Multiplikator, und es ist daher *naheliegend*, 3 · 4 *generell* im obigen Sinne zu interpretieren. An *weiteren* Argumenten für die durch die Benutzung von Multiplikationsoperatoren zumindest *nahegelegte* Umstellung kann man anführen:

- Die *schriftliche* Multiplikation (dort steht der Multiplikator an *zweiter* Stelle).

- Eine Anpassung an die drei *übrigen* Rechenoperationen (dort steht die dem Multiplikator entsprechende Zahl jeweils an *zweiter* Stelle).

Mit der sehr starken *Rücknahme* der Behandlung der Multiplikationsoperatoren in der Grundschule etwa Mitte der achtziger Jahre ist der *Zwang* für die Umstellung *entfallen*. Entsprechend wird heute wiederum die Multiplikation im Sinne der *ursprünglichen* Version eingeführt, da hierfür der enge Zusammenhang zur *Umgangssprache* und die hieraus folgenden *Anknüpfungsmöglichkeiten* sprechen. Schon relativ kurze Zeit nach Einführung der Multiplikation – nämlich nach der Behandlung des *Kommutativgesetzes* – ist eine Unterscheidung von Multiplikator und Multiplikand im Bereich der Multiplikation ohnehin *unerheblich*. Man spricht nur noch kurz von den *Faktoren*.

3.4 Rechengesetze

In diesem Abschnitt gehen wir auf drei für die Behandlung der Multiplikation wichtige *Rechengesetze* ein, nämlich:

- Das *Kommutativgesetz*:
  Für alle natürlichen Zahlen a, b gilt: a·b=b·a
- Das *Distributivgesetz*:
  Für alle natürlichen Zahlen a, b, c gilt:
  (1) a·(b+c)=a·b+a·c
  (2) (a+b)·c=a·c+b·c.
- Das *Assoziativgesetz*: Für alle natürlichen Zahlen a, b, c gilt:
  (a·b)·c=a·(b·c).

Diese Rechengesetze werden in der Grundschule selbstverständlich *nicht* abstrakt formuliert. Die Schüler lernen sie vielmehr als *Rechenvorteile* kennen. So kann man

- wegen der Gültigkeit des *Kommutativgesetzes* neue Aufgaben auf schon *bekannte* Aufgaben zurückführen (Beispiel: Das Einmaleins mit 4 wird im Unterricht *vor* dem Einmaleins mit 9 behandelt, also kann z.b. die *neue* Aufgabe 4·9 auf die *bekannte* Aufgabe 9·4 zurückgeführt werden),
- wegen der Gültigkeit des *Distributivgesetzes* eine *schwierige* Aufgabe häufig auf zwei *wesentlich leichtere* Teilaufgaben zurückführen (Beispiel: 7·86 auf die beiden Teilaufgaben 7·80 und 7·6),
- wegen der Gültigkeit des *Assoziativgesetzes* die Multiplikation von reinen Zehnerzahlen auf die Lösung zweier *leichterer* Aufgaben zurückführen (Beispiel: 7·80=(7·8)·10) oder die Berechnung einiger Multiplikationsaufgaben mit *drei* Faktoren *wesentlich* vereinfachen (Beispiel: Statt 7·8·25 von links nach rechts – also in der Form (7·8)·25=56·25 – zu lösen, ist es *wesentlich leichter* stattdessen 7·(8·25)=7·200 zu rechnen).

Im Zusammenhang mit dem Distributivgesetz wird auch zum Teil die *Punkt-vor-Strich-Regel* – Punktrechnung(· und :) geht vor Strichrechnung (+ und −) – als Vereinbarung oder Spielregel (zur Reduzierung des Schreibaufwandes, nämlich zur Reduzierung von Klammern) genannt.

Die *Begründung* der Rechengesetze kann gut mit Hilfe von beispielgebundenen Beweisstrategien geleistet werden (s.u.).

3.4.1   Kommutativgesetz

Das folgende Schulbuchbeispiel (Oehl-Palzkill, 2) führt geschickt zum Kommutativ- oder Vertauschungsgesetz hin, ohne daß dieses — wie oben erwähnt — explizit formuliert wird.

Tauschaufgabe

Wie viele Flaschen sind in dem Kasten?
Christine rechnet: 3 · 4 = 4 + 4 + 4
Friedrich rechnet: 4 · 3 = 3 + 3 + 3 + 3
Welche mal-Aufgabe hättest du gerechnet?

Die Anzahl der Flaschen in dem Getränkekasten steht eindeutig fest. *Je nach Blickwinkel* sind es $3 \cdot 4$ bzw. $4 \cdot 3$ Flaschen. Also gilt: $3 \cdot 4 = 4 \cdot 3$. Offensichtlich ist diese Aussage unabhängig von den speziellen Zahlen 3 und 4 des Beispiels, sie gilt für *beliebige* natürliche Zahlen. Also gilt generell: Beim Multiplizieren kommt es auf die *Reihenfolge* (der beiden Zahlen) *nicht* an.

Man kann auch über die Betrachtung von *Punktmustern* die Gültigkeit des Kommutativgesetzes abklären, und zwar durch einen Wechsel des Standortes (wie im obigen Beispiel geschehen) oder durch eine Drehung des Punktmusters um 90° (die die *Anzahl* der Punkte *nicht* verändert).

Das Vertauschungsgesetz ist zur Erlernung des Kleinen 1 × 1 sehr *hilfreich* (es reduziert die Anzahl der Aufgaben auf rund die *Hälfte*) und bietet sich bei der mündlichen wie insbesondere bei der schriftlichen Multiplikation als *Rechenkontrolle* an (Berechnung der sogenannten *Tauschaufgabe* zu einer gegebenen Multiplikationsaufgabe).

3.4.2   Distributivgesetz

Das *Distributiv-* oder Verteilungsgesetz ist für das *halbschriftliche* (vgl. 3.6) und *schriftliche* (vgl. IV.5) Multiplizieren von *größter* Bedeutung, ebenso aber auch für die Behandlung des Kleinen 1 × 1 (vgl. 3.5.2). Während beim *schriftlichen* Multiplizieren das Distributivgesetz in *additiver* Schreibweise genügt, ist bei der Behandlung des 1 × 1 und beim halbschriftlichen Rechnen zusätzlich das leicht analog bildbare Distributivgesetz zur *Subtraktion* hilfreich. Durch Rückgriff auf *konkrete Sachsituationen* (Beispiel: 4 Teller mit jeweils 3 Äpfeln und 2 Birnen) oder auf *Punktmuster* (s.u.) oder *Stäbe* (mit 2 verschiedenen Längen) läßt sich für das Distributivgesetz (in seinen verschiedenen Formulierungen) leicht eine *Beweisstrategie* aufzeigen:

Beispiel: $3 \cdot (4+2) = 3 \cdot 4 + 3 \cdot 2$

$$
\begin{array}{cccccc}
\circ & \circ & \circ & \circ & \bullet & \bullet \\
\circ & \circ & \circ & \circ & \bullet & \bullet \\
\circ & \circ & \circ & \circ & \bullet & \bullet
\end{array}
$$

3.4.3 Assoziativgesetz

Das *Assoziativ-* oder Verbindungsgesetz läßt sich nur *schwer* durch eine – für Schüler gut *durchschaubare* – Beweisstrategie *begründen.*

Beispiel einer Beweisstrategie mittels eines Punktmusters:

$$(2 \cdot 3) \cdot 4 = 2 \cdot (3 \cdot 4)$$

```
o o o o
o o o o
o o o o
● ● ● ●
● ● ● ●
● ● ● ●
```

Die beiden *Teilfelder* mit jeweils 3·4 Elementen bestehen zwangsläufig aus insgesamt 2·3 Reihen mit jeweils 4 Elementen, also gilt:

$$2 \cdot (3 \cdot 4) = (2 \cdot 3) \cdot 4.$$

Zwei *Spezialfälle* des Assoziativgesetzes spielen als Strategie bei der Erarbeitung des *Kleinen 1 × 1* eine *wichtige* Rolle, nämlich die Aussagen: Für alle natürlichen Zahlen a,b gilt (sofern man die Produkte bilden kann):

(1) $(2 \cdot a) \cdot b = 2 \cdot (a \cdot b)$

(2) $(1/2 \cdot a) \cdot b = 1/2 \cdot (a \cdot b)$

bzw. in Worten formuliert:
Verdoppelt bzw. halbiert man in einem Produkt *einen* Faktor, so verdoppelt bzw. halbiert man das Produkt *insgesamt* (vgl. 3.5.2).

3.5 Zur Erarbeitung des Einmaleins

Aufgrund der Möglichkeiten des Rechnereinsatzes liegt die Frage *nahe*, ob sich die Schüler gegenwärtig *immer noch* die Einmaleinskenntnisse unter nicht unbeträchtlichen Mühen und Zeitaufwand aneignen müssen. Die Antwort ist ein *klares Ja.*

Es besteht nämlich weithin Übereinstimmung darin, daß das *Überschlags-rechnen* gerade im Computerzeitalter eine zunehmend *wichtiger* werdende Fertigkeit ist, und zwar um durchgeführte Rechnungen zumindest grob auf ihre Richtigkeit hin *überprüfen* zu können, ferner für den Aufbau von *Größen-vorstellungen*. Das *Kleine 1 × 1* bildet eine *wichtige Grundlage* für das Über-schlagsrechnen, daneben ist es für das *schriftliche* Multiplizieren und Divi-dieren unbedingt erforderlich (vgl. auch IV.1). Es ist sogar ausgesprochen wichtig, daß die Schüler die Fakten des Kleinen 1 × 1 *nicht nur „irgend-wie"*, sondern *sicher* beherrschen, wie folgende Modellrechnung von Lörcher (1985, S. 191) eindrucksvoll belegt: „Wenn ein Schüler das 1 × 1 nur mit 90%iger Sicherheit beherrscht, liegt seine Erfolgswahrscheinlichkeit bei der schriftlichen Multiplikation einer 4- mit einer 3-stelligen Zahl unter 30 % $(0,9^{12})$ und selbst bei 95%iger Beherrschung nur knapp über 50 % – vor-ausgesetzt, daß er 100%ig über alle anderen für die schriftliche Multiplika-tion notwendigen Kenntnisse verfügt"(!!) Als Konsequenz ergibt sich, daß die Schüler das Einmaleins *deutlich besser* als mit 95%iger Sicherheit beherr-schen müssen! Die Schüler müssen die 1 × 1-Fakten *nicht nur* sicher, son-dern auch *schnell* beherrschen, und zwar sollen sie nach Lörcher jede einzelne 1 × 1-Kombination in *weniger als 5 Sekunden* abrufbereit haben; denn – so Lörcher (1985, S. 191 f) – „die Notwendigkeit einer schnellen Verfügbarkeit der 1 × 1-Kombinationen hängt mit der beschränkten Kapazität des Kurz-zeitgedächtnisses bzw. des Abspeicherns im Gedächtnis zusammen. Da man nur 5 bis 7 Informationen gleichzeitig im Arbeitsspeicher behalten kann und da gleichzeitig die zeitliche Kapazität beschränkt ist, kann der Schüler das 1 × 1 beim Rechnen nicht effektiv nutzen, wenn er die einzelnen Kombinatio-nen erst herleiten muß; da der Arbeitsspeicher bei der Herleitung belegt ist, kann er die weiteren notwendigen Verfahrensschritte und die Stelle, an der sich die Rechnung befindet, nicht behalten. Da die Herleitung oft mehrere Se-kunden beansprucht, ist am Ende die zeitliche Kapazität überschritten, und er kann die für die Fortsetzung der Rechnung notwendigen Informationen nicht mehr ins Gedächtnis zurückholen, sondern hat vergessen, wo er gerade stand." Es ist einsichtig, daß dies zu massiven *Schülerfehlern* führt.

Daher ist eine *gut durchdachte* Behandlung des Kleinen 1 × 1 im Unterricht unbedingt erforderlich, die die Anwendung vielfältiger Rechenstrategien *und* abwechslungsreicher Übungsformen (vgl. V.3,4) in hinreichendem Umfang beinhalten muß.

3.5.1 Zur globalen Abfolge der Einmaleinsreihen

Es besteht eine breite *Übereinstimmung* darüber, bei der *Abfolge* der Einmaleinsreihen im Unterricht den *Zusammenhang* zwischen den einzelnen Reihen zu beachten. So besteht ein breiter Konsens, daß man die 10er- und 5er-Reihe, ferner die 2er-, 4er- und eventuell die 8er-Reihe sowie die 3er-, 6er-und 9er-Reihe jeweils im Zusammenhang behandeln sollte. Da die 7er-Reihe als *einzige* Einmaleinsreihe mit *keiner* der übrigen Reihen zusammenhängt, wird sie üblicherweise an *letzter* Stelle behandelt. Man beginnt die Einmaleinsbehandlung *entweder* mit der 10er- und 5er-Reihe *oder* aber mit der 2er-und 4er-Reihe. Damit ergeben sich folgende *globalen Abfolgen* in der Behandlung der Einmaleinsreihen:

- 10, 5; 2, 4, 8; 3, 6, 9; 7
- 2, 4; 10, 5; 8; 3, 6, 9; 7

Unterschiedliche Auffassungen gibt es in der Frage, cb man *sämtliche* Einmaleinsreihen in „*einem Zug*" behandeln oder ob man an geeigneter Stelle *andere* Stoffgebiete *dazwischenschieben* sollte.

In teilweisem Gegensatz zur vorstehend erwähnten *getrennten Ableitung* der *einzelnen Einmaleinsreihen* plädieren Wittmann/Müller (1990, S. 107) für einen Zugang zum 1×1, „der *von Anfang an* auf eine *ganzheitliche* Sicht *aller* 1×1-Aufgaben ausgerichtet ist. Dementsprechend soll sowohl bei der einführenden Darstellung und Berechnung von Malaufgaben an Punktfeldern als auch bei der Durcharbeitung des 1×1 konsequent auf *Zusammenhänge* hingearbeitet werden. [...] Bei aller Begeisterung für einen ganzheitlichen Zugang zum 1×1 verzichten wir aber im folgenden darauf, ihn kompromißlos und ausschließlich zu vertreten. Wir folgen vielmehr einer *pragmatischen* Linie. Unser Ziel ist es, *neue Möglichkeiten zu eröffnen.* Insbesondere wollen wir zeigen, daß man die Reihen keineswegs der Reihe nach behandeln *muß*". *Drei methodische Mittel* setzen Wittmann/Müller (1990) bei ihrem Weg hauptsächlich ein, nämlich das *Hunderterfeld* (mit der Fünfereinteilung) und einen 1×1-Winkel (mit dessen Hilfe man am Hunderterfeld viele Multiplikationsaufgaben darstellen kann), einem sogenannten *Einmaleins-Plan* (auf dem mit abwechselnd schwarz und weiß eingefärbten Abschnitten einer Punktreihe die einzelnen 1×1-Reihen in der Abfolge: 10, 5, 2, 4, 8, 7, 3, 6, 9 anschaulich dargestellt werden; zusätzlich werden bei jeder 1×1-Reihe oberhalb die Vielfachen von 5 als Orientierungshilfe sowie unterhalb die Ergebnisse der sogenannten Kernaufgaben — also das 1–fache, 2–fache, 5–fache und 10–fache des betreffenden 1×1 — angegeben, um hieraus die Ergebnisse der übrigen Aufgaben durch geeignete Additionen bzw. Subtraktionen zu gewinnen) sowie eine *Einmaleins-Tafel* (die sämtliche *Aufgaben* des 1×1 in spezieller Anordnung und Einfärbung enthält, und die eine vergleichende Betrachtung von Aufgaben, die durch sukzessive Veränderung der Faktoren um 1 auseinander hervorgehen, ermöglicht). Für *genauere Details* dieses Ansatzes vergleiche man ggf. Wittmann/Müller (1990).

3.5.2 Zum Erwerb der Einmaleinskenntnisse

Um die Einmaleinskenntnisse sicher zu erwerben, bieten sich *verschiedene Rechenstrategien* an, die möglichst *flexibel* eingesetzt werden sollten. Ein *blindes Auswendiglernen* ist dagegen *keineswegs* effektvoll.

So können Schüler eine Aufgabe wie beispielsweise 8·7 auf *verschiedene Arten* lösen:

- Sie kennen das Ergebnis schon *auswendig*.
- Sie gehen von der einfacheren Aufgabe 7·7 (Quadratzahl) als *Stützpunkt* aus und addieren 1·7 hinzu, gehen also – unter impliziter Anwendung des Distributivgesetzes – zur *Nachbaraufgabe* von 7·7 über.
- Sie gehen von 2·7 als ihnen *bekannter* Aufgabe (Stützpunkt) aus und gewinnen – unter impliziter Anwendung eines Spezialfalles des Assoziativgesetzes – durch *Verdopplung* zunächst 4·7 und dann 8·7.
- Sie gehen von der ihnen *vertrauten* Aufgabe 10·7 als Stützpunkt aus und gewinnen durch zweimalige Bildung der Nachbaraufgabe (9·7, 8·7) oder – unter impliziter Anwendung des Distributivgesetzes für die Subtraktion – durch die Subtraktion von 2·7 die gewünschte Lösung.
- Sie gehen von der ihnen *bekannten* Aufgabe 8·8 (Quadratzahl) als Stützpunkt aus und gewinnen – unter impliziter Anwendung des Distributivgesetzes – durch die Subtraktion von 8 (bzw. 8·1) das gesuchte Ergebnis.

So gewinnen die Schüler – von ihren vorhandenen Kenntnissen als *Stützpunkten* ausgehend – durch den Einsatz *verschiedener* Rechenstrategien *neue* Kenntnisse. Dabei sind die Schüler bezüglich des Auffindens und Entdeckens von geeigneten Rechenstrategien *sehr erfinderisch.* Es macht ihnen ausgesprochenen Spaß, das Einmaleins *so* zu erarbeiten. Während die *stärkeren* Schüler viele Rechenstrategien auch *ohne* fremde Hilfe finden, ist es für die *schwächeren* Schüler wichtig, das „implizite Wissen einiger für alle zu explizieren" (ter Heege (1983), S. 12), damit alle hiervon profitieren.

Zur Erarbeitung von *Einmaleinsaussagen* eignen sich gut *folgende Rechenstrategien,* wie u.a. das obige Beispiel 8·7 deutlich belegt (vgl. auch Rathmell (1979) und ter Heege (1983)). Der Übergang von einer *vertrauten Stützpunktaufgabe* zu *neuen,* unbekannten Aufgaben kann erfolgen

- durch Vergrößerung bzw. Verkleinerung des *ersten* Faktors um 1 (also durch Übergang zur Nachbaraufgabe; Beispiel: 7·7 → 8·7 oder 10·8 → 9·8)
- durch Vergrößerung oder Verkleinerung des *zweiten* Faktors um 1 (also durch Übergang zur *Nachbaraufgabe*; Beispiel: 8·8 → 8·7 oder 6·6 → 6·7)
- durch *Verdopplung* bzw. *Halbierung* eines Faktors (Beispiel: 2·7 → 4·7 oder 10·7 → 5·7)
- durch Anwendung des *Kommutativgesetzes* (also durch Übergang zur – schon bekannten – Tauschaufgabe; Beispiel: 7·4 → 4·7)
- durch Vergrößerung oder Verkleinerung des ersten oder zweiten Faktors um *zwei.*

Hierbei bieten sich Aufgaben wie das 2-fache oder 10-fache einer gegebenen Zahl oder auch Quadratzahlen als *Stützpunkte* besonders an.

Eine Möglichkeit zur *anschaulichen Erarbeitung* dieser Rechenstrategien zeigt das folgende Schulbuchbeispiel (Griesel–Sprockhoff, 2, 1986) auf:

Mal-Aufgaben – Die erste Zahl wird zerlegt

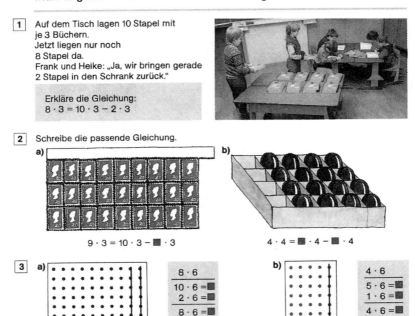

1 Auf dem Tisch lagen 10 Stapel mit
je 3 Büchern.
Jetzt liegen nur noch
8 Stapel da.
Frank und Heike: „Ja, wir bringen gerade
2 Stapel in den Schrank zurück."

Erkläre die Gleichung:
$8 \cdot 3 = 10 \cdot 3 - 2 \cdot 3$

2 Schreibe die passende Gleichung.

a)

$9 \cdot 3 = 10 \cdot 3 - \blacksquare \cdot 3$

b)

$4 \cdot 4 = \blacksquare \cdot 4 - \blacksquare \cdot 4$

3 a)

$8 \cdot 6$
$10 \cdot 6 = \blacksquare$
$2 \cdot 6 = \blacksquare$
$8 \cdot 6 = \blacksquare$

b)

$4 \cdot 6$
$5 \cdot 6 = \blacksquare$
$1 \cdot 6 = \blacksquare$
$4 \cdot 6 = \blacksquare$

Die oben genannten Rechenstrategien eignen sich *nicht nur* zur *flexiblen* Erarbeitung *verschiedener* Lösungswege bei *einer* gegebenen Aufgabe, sie eignen sich außerdem auch hervorragend, um ausgehend von einem oder mehreren Stützpunkten *sämtliche Aufgaben einer Einmaleinsreihe* zu lösen, wie das folgende Beispiel zeigt (Keller–Pfaff, 2, 1991):

[11] Wenn du von einer Einmaleinsreihe nur vier Merkaufgaben weißt, kannst du die anderen Aufgaben leicht finden. Erkläre die Lösungswege! (Pfeile!)

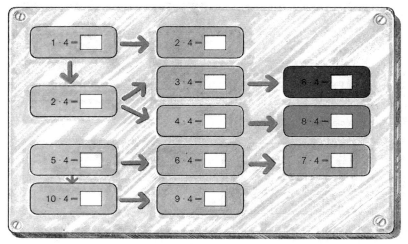

Die folgende Übersicht zum Kleinen 1 × 7 verdeutlicht, daß man schon bei Benutzung der *beiden* Strategien des *Verdoppelns / Halbierens* (in der Figur durch - - - gekennzeichnet) sowie der Bildung von *Nachbaraufgaben* (durch — gekennzeichnet) – also beispielsweise *ohne* Berücksichtigung der Strategie, den ersten Faktor um zwei zu vergrößern oder zu verkleinern – *auf vielfältige Art und Weise* Einmaleinsreihen *flexibel* erarbeiten kann.

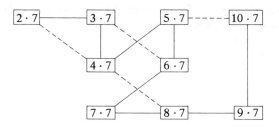

Ein bewußtes Ansprechen dieser *vielfältigen Vernetzungen* der einzelnen Aufgaben hat den *Effekt*, daß sich die Schüler *nicht* einen Wust von vielen, *unver-*

bunden nebeneinanderstehenden Fakten mühsam einprägen müssen, sondern stattdessen nur ein *System* übersichtlich *miteinander verbundener* Aussagen.

Zur Verdeutlichung der *Gültigkeit* der benutzten Strategien sei hier – neben einem Verweis auf den Abschnitt 3.4 – die Gültigkeit der *Strategie des Verdoppelns bzw. Halbierens* an einem Beispiel abgeklärt:

Das gesamte Punktmuster entspricht dem Produkt 6·7, der obere bzw. untere Teilabschnitt dem Produkt 3·7. Die Verdopplung bzw. Halbierung eines Faktors (im Beispiel des ersten Faktors) bedeutet also die Verdoppelung bzw. Halbierung des Produktes. Dieses Beispiel vermittelt eine Beweisstrategie für diese Aussage.

3.5.3 „Schwierige" Aufgaben und typische Schülerfehler beim Kleinen Einmaleins

Nach einer breit angelegten Untersuchung von Lörcher (1985) bereiten folgende Aufgaben des Kleinen 1 × 1 den Schülern in der Grundschule und selbst noch in der Sekundarstufe größere Probleme. Entsprechend *häufig* unterlaufen ihnen hier *Fehler*:

– Multiplikationen mit *Null*, unabhängig davon, ob die Null an erster oder zweiter Stelle steht (vgl. auch Brenner (1980)).

– Multiplikationen mit *acht*, insbesondere die Aufgaben 8·7, 7·8, 6·8, 8·8, 8·9, 9·8 sowie 8·4 und 4·8 (dabei sind die Produkte hier nach *abnehmender* Fehleranfälligkeit angeordnet; vgl. auch Cook (1982) und Sieber (1975)).

– Generell die „*hohen Kombinationen*" zwischen 6 × 6 und 9 × 9 (mit *Ausnahme* dieser beiden Quadratzahlen).

– Die beiden Produkte 8 × 4 und 9 × 4 aus dem Vierereinmaleins.

Auf die Fehler bei der Multiplikation mit *Null* (kurz: *Nullfehler*) entfallen *rund die Hälfte* aller gefundenen Einmaleinsfehler. Diese Nullfehler lassen sich durch *gezielte* Übungen schon innerhalb relativ kurzer Zeit *drastisch* reduzieren, wie Untersuchungen von Lörcher im dritten Schuljahr zeigen. Der von Lörcher beobachtete *Zuwachs an Rechensicherheit* vom 5. bis zum 10. Schuljahr beruht im wesentlichen *nur* auf einer *Abnahme der Nullfehler*, während die *anderen* Fehler im Laufe der Schulzeit nach den Beobachtungen von Lörcher im wesentlichen *unverändert* bleiben.

Zur Erklärung der Fehlerhäufigkeit bei den *hohen Kombinationen* kann – neben der Tatsache, daß die Multiplikation *größerer* Zahlen an sich schon *komplikationsreicher* ist – *auch* der folgende Gesichtspunkt herangezogen werden, auf den Rathmell (1979) aufmerksam macht: Bei der Rechenstrategie des Übergangs zur *Nachbaraufgabe* wie auch bei der *Verdoppelungsstrategie* treten gerade im Bereich der *hohen Kombinationen* (natürlich!) gehäuft *Zehnerüberschreitungen* auf (Beispiel: der Übergang von 6·6 zu 7·6 erfordert die Rechnung 36+6, die wegen der *Zehnerüberschreitung fehleranfälliger* ist als eine Rechnung *innerhalb* desselben Zehners wie beispielsweise beim Übergang von 3·7 zu 4·7; analoges gilt auch für die Verdopplung: So läßt sich z.B. 21 wesentlich leichter verdoppeln als 28).

Die *typischen Fehler*, die Schüler bei Aufgaben des Kleinen Einmaleins machen, lassen sich in Anlehnung an Brenner (1980) folgendermaßen *klassifizieren*:

(1) *Fehler bei der Multiplikation mit 0 und 1*

$$n \cdot 0 = n$$
$$0 \cdot n = n$$
$$1 \cdot 1 = 2$$

(2) *Fehler bei der Anwendung einer Primitivform (Aufsagen der betreffenden 1 × 1-Reihe, wiederholte Addition)*

$$4 \cdot 4 = 12$$
$$6 \cdot 3 = 21$$

(3) *Perseverationsfehler*

$$2 \cdot 8 = 18$$
$$7 \cdot 4 = 27$$

(4) *Fehler bei der Anwendung von Rechenstrategien*

$$9 \cdot 4 = 31$$
$$6 \cdot 9 = 51$$

Diese typischen Fehler können folgendermaßen *erklärt* werden:

(1) *Fehler mit der Null und Eins*

Die folgende – am Beispiel 5·0=5 – explizierte *Schlußweise* kann gut zur *Erklärung* der Nullfehler beitragen (Hefendehl-Hebecker (1981), S. 244):

„5 mit Null malnehmen

d.h.: 5 mit nichts malnehmen

d.h.: 5 nicht malnehmen

d.h.: 5 behalten

also: 5 bleibt stehen, 5 ist das Ergebnis".

Aber auch eine *fehlerhafte* – von der Addition und Subtraktion gewonnene – *Übergeneralisierung,* daß die Null bei allen Rechenoperationen *neutral* sei, also die Ausgangszahlen *nicht* verändere, kann zu diesen Fehlern beitragen. Ein *fehlerhafter* Transfer von der *Addition* kann den Fehler mit der 1 erklären. Zur *Vermeidung* der Nullfehler sollte man die Addition und Multiplikation mit *Null* bewußt zueinander in *Kontrast setzen* und im Rahmen der behandelten *Grundmodelle* den Fall der Multiplikation mit Null ausdrücklich *ansprechen* (vgl. 3.2.1).

(2) *Fehler bei der Anwendung einer Primitivform*

Gewinnen Schüler die Einmaleinsergebnisse durch (leises) Aufsagen der betreffenden 1 × 1-Reihe (oder durch wiederholte Addition), so ist ein *Verzählen* um eins leicht möglich. Der Einsatz dieser Strategie ist *fehleranfällig* und *nicht* sinnvoll.

(3) *Perseverationsfehler*

Hier wirken *vorher* benutzte Zahlen noch nach und *setzen sich durch,* so im Beispiel 2·8 die 8 oder im Beispiel 7·4 die 7.

(4) *Fehler bei der Anwendung von Rechenstrategien*

Beim Lösen dieser Aufgaben im Sinne der in 3.5.2 genannten Rechenstrategien unterlaufen den Schülern charakteristische Fehler:

– 9 · 4 = 31 Die zugehörige fehlerhafte Rechnung: 10 · 4 = 40, 40 − 9 = 31

– 6 · 9 = 51 Die zugehörige fehlerhafte Rechnung: 6 · 10 = 60, 60 − 9 = 51 oder 5 · 9 = 45, 45 + 6 = 51.

3.6 Zur Multiplikation größerer Zahlen

Auf der Grundlage des Kleinen 1 × 1 sowie des Assoziativ- und Distributivgesetzes läßt sich die Multiplikation auch *größerer* Zahlen leicht *mündlich* oder *halbschriftlich* einführen. Aufgaben des Großen 1 × 1 brauchen *nicht* gesondert gelernt zu werden, da sie wegen der Gültigkeit des Distributivgesetzes auf Aufgaben des *Kleinen* 1 × 1 *zurückgeführt* werden können (Beispiel: $8 \cdot 17 = 8 \cdot (10 + 7) = 8 \cdot 10 + 8 \cdot 7$).

3.6.1 Multiplikation von reinen Zehnerzahlen

Aufgaben wie 7·60 oder 3·200 lassen sich durch Rückgriff auf das Rechnen mit *Stellenwerten* – auf die Art wie im folgenden geschehen oder in Form einer Stellentafel – leicht lösen.

So erhalten wir:

$7 \cdot 60 = 7 \cdot 6Z = 42Z = 420$

$3 \cdot 200 = 3 \cdot 2H = 6H = 600$

Hierbei wird bei der Lösung das Assoziativgesetz implizit benutzt. Ergänzend kann man zu Beginn bei *kleinen* ersten Faktoren auf die *wiederholte* Addition zurückgreifen. Das Rechnen mit *Stellenwerten* führt zu einer guten *Fundierung* der entsprechenden Regel.

3.6.2 Multiplikation von gemischten Zehnerzahlen

Dieser Aufgabentyp läßt sich durch Rückgriff auf das Distributivgesetz und den in 3.6.1 behandelten Sonderfall *leicht* lösen.

Beispiel: $9 \cdot 28 = 9 \cdot (20+8) = 9 \cdot 20 + 9 \cdot 8 = 252$

Üblich ist an dieser Stelle die folgende „*halbschriftliche*" Notation der *mündlich* durchgeführten Rechnung:

(1) ausführliche Schreibweise:

$$
\begin{array}{r}
9 \cdot 28 \\
\hline
9 \cdot 20 = 180 \\
9 \cdot 8 = 72 \\
\hline
9 \cdot 28 = 252
\end{array}
$$

(2) Kurzform: $9 \cdot 28 = 180 + 72 = 252$

Neben *dieser* Lösung, die in ihrer ausführlichen Schreibweise schon deutlich
Zusammenhänge zu der – später einzuführenden – *schriftlichen* Multiplikation erkennen läßt, wird man derartige Aufgaben auch bewußt auf *verschiedenen anderen* Wegen lösen lassen, um so die *Flexibilität* der Schüler zu
erhöhen:

$$\begin{array}{ll}
\underline{9 \cdot 28} & \underline{9 \cdot 28} \\
9 \cdot 30 = 270 & 10 \cdot 28 = 280 \\
\underline{9 \cdot 2 = 18} & \underline{1 \cdot 28 = 28} \\
9 \cdot 28 = 252 & 9 \cdot 28 = 252
\end{array}$$

3.6.3 Multiplikation von gemischten Hunderterzahlen

Völlig analog lassen sich auch *mündliche* Multiplikationen von *gemischten
Hunderterzahlen* durchführen, wie hier zum Abschluß dieses Abschnittes an
dem Beispiel 8·237 aufgezeigt werden soll:

a) ausführliche Schreibweise:

$$\begin{array}{l}
\underline{8 \cdot 237} \\
8 \cdot 200 = 1600 \\
8 \cdot 30 = 240 \\
\underline{8 \cdot 7 = 56} \\
8 \cdot 237 = 1896
\end{array}$$

b) Kurzform: $8 \cdot 237 = 1600 + 240 + 56 = 1896$.

4 Division

Will man die Division natürlicher Zahlen in der Grundschule *anschaulich* und
anwendungsnah einführen, so sollte man zunächst das *Aufteilen* (vgl. 4.1) und
das *Verteilen* (vgl. 4.2) behandeln, um so eine *anschauliche Grundlage* für
die anschließende Einführung der *Division* zur Verfügung zu haben. *Andere*
Modelle der Division spielen nur eine *untergeordnete* Rolle.

Wir beschränken uns in diesem Kapitel zunächst auf Aufgaben, bei denen
die Division *„aufgeht"*. Im *letzten* Abschnitt gehen wir ausführlich auf die
Problematik der *Division mit Rest* ein.

4.1 Aufteilen

Das folgende Schulbuch (Schmidt, NRW, 2) behandelt das Aufteilen *schritt-weise* in *abstrakterer* Form, nämlich zunächst mit Bildern realer Gegenstände, dann mit Punktmustern und schließlich auf der Zahlenebene.

Teile auf.

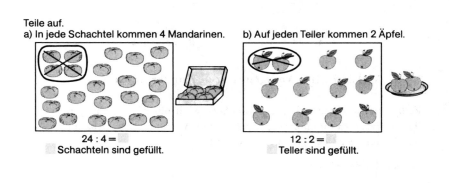

a) In jede Schachtel kommen 4 Mandarinen.

24 : 4 =
Schachteln sind gefüllt.

b) Auf jeden Teller kommen 2 Äpfel.

12 : 2 =
Teller sind gefüllt.

Teile auf.

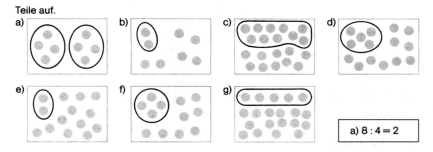

a) 8 : 4 = 2

Das Schulbuchbeispiel läßt die *Charakteristika des Aufteilens* gut erkennen. Eine gegebene Menge (von Mandarinen, Äpfeln, Punkten) wird *restlos* in Teilmengen mit jeweils *gleichvielen* Elementen aufgeteilt. Das Aufteilen läßt sich *mathematisch* exakter auch als eine Tätigkeit beschreiben, die zur Zerlegung einer Menge M in *gleichmächtige, paarweise elementfremde* Teilmengen führt. Gesucht ist die *Anzahl der Teilmengen*, während die *Elementanzahl* der Menge M und die Elementanzahl *je Teilmenge* bekannt ist.

Eine gegebene Menge läßt sich auf *viele verschiedene* Arten in Teilmengen aufteilen, wie das folgende Beispiel zeigt:

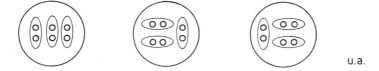

u.a.

Diese Mengenbilder zeigen auch den engen *Zusammenhang* zwischen *Aufteilen und Multiplikation* auf; denn wir können diese Bilder nicht nur als *Aufteil*aufgabe 6:2, sondern auch als *Multiplikation*saufgabe 3·2=6 deuten. Die obige Aufteilaufgabe läßt sich daher auch multiplikativ formulieren, nämlich in der Form: □·2=6.

An den Gesichtspunkt des Aufteilens kann man auch mit Stäben (z.B. mit Cuisenairestäben) oder gezeichneten Strecken heranführen. In diesem Fall bezeichnet man das Aufteilen als *Messen*.

4.2 Verteilen

Das Schulbuchbeispiel auf der folgenden Seite (Oehl-Palzkill, 2) führt *schrittweise* von konkreten Verteilsituationen zur Darstellung des Verteilens mit Hilfe von Punktmustern.

Dem Schulbuchbeispiel kann man gut die *Charakteristika des Verteilens* entnehmen. Eine Menge (von Spielkarten, Äpfeln, Nüssen, Kirschen) wird „gerecht" an Kinder verteilt. Gesucht ist die *Anzahl* der Spielkarten, Äpfel usw., die *jedes* Kind erhält. Bei dem wichtigen Gesichtspunkt des „gerechten" Verteilens kann bei der Benutzung von *inhomogenem* Material – wie es im täglichen Leben meist vorliegt – leicht ein *methodisches* Problem auftauchen. So sind zwei *große reife* Äpfel und zwei *kleine unreife* Äpfel keineswegs gleichwertig, eine entsprechende Verteilung empfinden wir im täglichen Leben als *ungerecht*. Dagegen kann eine Gleichsetzung – und entsprechende Verteilung – von zwei kleinen und einem großen Apfel durchaus „gerecht" sein. Beide

Verteilen

1. Vier Kinder spielen mit Spielkarten, Uwe verteilt die 32 Karten. Jeder bekommt gleich viele. Wie viele Karten bekommt jeder?

2. Udo verteilt 30 Spielmarken an 5 Kinder. Wie viele Spielmarken bekommt jedes Kind?

3. Verteile: 24 Äpfel an 4 Kinder   18 Äpfel an 3 Kinder

4. Wie viele Äpfel bekommt jedes Kind? Lege, dann schreibe auf. Es werden verteilt:

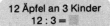

| 12 Äpfel an 3 Kinder | 20 Äpfel an 5 Kinder | 21 Äpfel an 7 Kinder |
| 12 : 3 = | 20 : 5 = | 21 : 7 = |

5. Erzähle zu jedem Bild eine Rechengeschichte, dann löse die Aufgabe.

20 : 4 =   15 : 5 =   24 : 3 =

Sachverhalte können beim Verteilen im *mathematischen* Sinne Schwierigkeiten bereiten, da hier als *einziges* Kriterium für „Gerechtigkeit" die *Anzahl* der Elemente interessiert. Daher sollte man bei einer *enaktiven* Realisation des Verteilens möglichst *homogenes* Material benutzen.

Ein naheliegender Weg, um etwas gerecht an mehrere Kinder zu verteilen, ist es, jedem Kind der Reihe nach jeweils *ein* Element (z.B. eine Nuß oder eine Karte) zu geben, bis alle Elemente *restlos* verteilt sind (für eine im Unterricht gängige Darstellungsform vergleiche man Aufgabe Nr. 5 des Schulbuchbeispiels; schon *verteilte* Elemente werden durch Durchstreichen kenntlich gemacht). Das Verteilen der *Karten* beim Kartenspiel legt andere – *effektivere* – Strategien nahe, nämlich reihum *jeweils mehrere* Karten (z.B. zweimal 4 Karten oder erst 6, dann 2 Karten) zu verteilen. Entscheidend ist nur, daß *alle* Kinder *jeweils gleichviele* Karten erhalten.

Das bisher *rein umgangssprachlich* beschriebene Verteilen läßt sich *mathematisch exakter* als eine Tätigkeit beschreiben, die zur Zerlegung einer Menge M in *gleichmächtige, paarweise elementfremde* Teilmengen führt. Gesucht ist die *Anzahl* der Elemente je *Teilmenge, gegeben* die Elementanzahl der Menge M sowie die Anzahl der Teilmengen. Die folgende Tabelle verdeutlicht die Unterschiede und Gemeinsamkeiten beim *Auf*teilen und *Verteilen:*

	Aufteilen	Verteilen
Elementanzahl der Menge M	gegeben	gegeben
Elementanzahl je Teilmenge	gegeben	gesucht
Anzahl der Teilmengen	gesucht	gegeben

Ähnlich wie beim *Auf*teilen kann man eine gegebene Menge auch auf *viele verschiedene Arten* verteilen und man kann auch leicht den *Zusammenhang* zwischen *Verteilen* und *Multiplikation* herstellen. So kann man die Verteilaufgabe 6:2 auch multiplikativ, nämlich in der Form 2·□=6, notieren.

4.3 Vom Aufteilen und Verteilen zur Division

Mit dem Aufteilen, dem Verteilen und dem aufgezeigten Zusammenhang zum Multiplizieren stehen die *wichtigsten* Aspekte der Division zur Verfügung. Daher kann man ab jetzt – also *nach* der Behandlung dieser beiden Operationen – im Zusammenhang mit Aufteil- und Verteilsituationen berechtigterweise vom *Dividieren* sprechen. Für ein *volles* Verständnis der Division ist es wichtig, daß die Schüler folgende beiden Aufgaben leisten können:

(1) Bei Vorgabe einer konkreten Aufteil- wie auch Verteilsituation können sie die zugehörige *Divisionsaufgabe* angeben (und lösen).

(2) Bei Vorgabe einer Divisionsaufgabe können die Schüler *sowohl* eine Aufteil- *wie auch* eine Verteilsituation finden (und die ursprüngliche Aufgabe auf dieser inhaltlichen Grundlage deuten).

Bezüglich der *Klassifikation* von anwendungsbezogenen Divisionsaufgaben nach Aufteil- und Verteilaufgaben besteht heute ein breiter Konsens, daß zwar *die Lehrer, nicht* aber *die Schüler* der Grundschule diese Klassifikation beherrschen sollten. Dagegen war es in der Zeit vor Einführung der Neuen Mathematik – also noch bis Anfang der siebziger Jahre – *durchaus üblich,* die *Schüler* zu einer genauen *begrifflichen Unterscheidung* zwischen Aufteilen und Verteilen zu befähigen (vgl. R. Schmidt (1973)). Warum dieses (frühere) Lernziel ausgesprochen *fragwürdig* war, hat Hefendehl-Hebeker (1982, S. 37 f) in folgenden fünf Argumenten prägnant zusammengefaßt:

(1) *Der sprachliche Grund*: Der Sprachgebrauch in der Umgangssprache deckt sich beim Aufteilen und Verteilen häufig *nicht* mit dem in der Fachsprache.

(2) *Der fachliche Grund*: Es gibt anwendungsbezogene Divisionsaufgaben, die *weder* dem Aufteilen *noch* dem Verteilen zuzuordnen sind (Umkehraufgaben vom kombinatorischen Aspekt der Multiplikation), das Klassifikationsschema ist also *nicht erschöpfend*.

(3) *Der sachliche Grund*: Eine begriffliche Unterscheidung ist für die gewünschten Rechenfertigkeiten sowie für die Fähigkeit, die Division in entsprechenden Anwendungssituationen anwenden zu können, von der Sache her *nicht* notwendig.

(4) *Der entwicklungspsychologische Grund*: Eine begriffliche Unterscheidung überfordert das Abstraktionsvermögen vieler Grundschüler.

(5) *Der pragmatische Grund*: Es kommt vor, daß ein Schüler – insbesondere wenn er das Ergebnis schon kennt – in seiner *Vorstellung* aus Gründen der Arbeitsökonomie zur Lösung einer *Verteil*aufgabe eine *Aufteil*handlung wie umgekehrt zur Lösung einer *Aufteil*aufgabe eine *Verteil*handlung durchführt.

4.4 Weitere Modelle zur Einführung bzw. zur Behandlung der Division

Wir gehen hier auf *drei weitere* Wege zur Einführung bzw. zur Behandlung der Division ein, auf das *Operatormodell*, auf die Einführung der Division als *Umkehroperation* der Multiplikation sowie auf die Einführung der Division als *wiederholte Subtraktion* bzw. durch *Rückwärtszählen*. Allen drei Wegen ist gemeinsam, daß sie *relativ formal* oder *weniger anwendungsnah* – meist sogar beides – sind und von daher als *Haupteinführungsweg nicht* in Frage kommen. Für ein *volles* Verständnis der Division ist eine *ergänzende* Behandlung zumindest der beiden letzten Aspekte allerdings unbedingt erforderlich.

4.4.1 Operatoren

Einen *Multiplikationsoperator* können wir durch eine Maschine z.B. mit dem Programm „Für 1 gib 3" konkretisieren. Lassen wir diese Maschine *rückwärts-laufen* – vertauschen wir also Ausgabe und Eingabe – so hat sie das Programm „Für 3 gib 1". Dieses Programm bewirkt eine *Division* durch drei im Bereich der natürlichen Zahlen, es konkretisiert also einen *Divisionsoperator*. Diese Beziehung zwischen beiden Maschinenprogrammen veranschaulicht plastisch den *engen Zusammenhang* von Multiplikation und Division als Umkehroperationen. Im *Unterschied* zu den Multiplikationsoperatoren haben die *Divisionsoperatoren* jedoch *nicht* den Bereich *aller* natürlichen Zahlen als Definitionsbereich, sondern nur *geeignete Vielfachenmengen*. So verarbeitet die Maschine „Für 3 gib 1" nur Eingaben, die der Stückzahl nach Vielfache von 3 sind, *nicht* jedoch Eingaben mit z.B. 1, 2, 4 oder 5 Elementen.

4.4.2 Umkehroperation

Man kann die Division auch als *Umkehroperation* der Multiplikation einführen, *ohne* auf die Aspekte des Aufteilens und Verteilens in irgendeiner Form zurückzugreifen. Mit z.B. 20:5 bezeichnen wir dann *die* Zahl, die mit 5 multipliziert 20 ergibt. Für den Fall, daß die Division nicht „aufgeht", muß man bei diesem Ansatz die Definition geeignet erweitern. Bei diesem Weg wird die Division *nicht* als *eigenständige* Rechenoperation eingeführt.

4.4.3 Wiederholte Subtraktion / Rückwärtszählen

Wie man die Multiplikation über die *wiederholte Addition* des *zweiten* Faktors einführen kann, so kann man auch die Division über die *wiederholte Subtraktion des Divisors* einführen.

Beispiel:
In wieviele, jeweils 6 m lange Stücke können wir einen 30 m langen Draht zerschneiden?

140

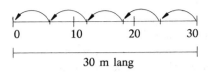

0   10   20   30

30 m lang

$30 - 6 - 6 - 6 - 6 - 6 = 0$, also in 5 Stücke.

Da man diese Aufgabe auch im Sinne des *Messens* interpretieren kann, kann man das Ergebnis auch durch die *Division* 30:6 finden. Offenkundig können wir *jede* derartige Subtraktionsaufgabe als Meßaufgabe auffassen und daher durch *Division* lösen, ebenso können wir *umgekehrt jede* Divisionsaufgabe im Sinne des Messens deuten und daher per wiederholter *Subtraktion des Divisors* lösen.

Die vorstehende Skizze können wir auch als einen *Ausschnitt des Zahlenstrahls* ansehen und folgendermaßen deuten: Wie oft muß ich von 30 aus in 6er–Schritten rückwärts zählen, um Null zu erreichen? Divisionsaufgaben können also auch über das *Rückwärtszählen* eingeführt werden.

Den *Zusammenhang* zwischen der wiederholten Subtraktion (bzw. dem Rückwärtszählen mit fester Schrittlänge) und dem *Aufteilaspekt* der Division verdeutlicht das folgende Beispiel. (Auch bei dem Messen handelt es sich – wie in 4.1 ausgeführt – um ein Aufteilen.):

Beispiel:
Wie oft können wir aus einer Schale mit 12 Bonbons jeweils vier Bonbons herausnehmen?

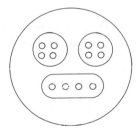

Lösung:
$12 - 4 - 4 - 4 = 0$, also dreimal bzw. 12 : 4 = 3.

Wir können also *jede* Aufteilaufgabe durch eine wiederholte Subtraktion lösen, ebenso wie wir *jede* derartige Subtraktionsaufgabe als Aufteilaufgabe deuten und daher mittels der Division lösen können.

4.5 Zum Erwerb der Grundaufgaben der Division

Während die Schüler im Bereich der *Multiplikation* das Kleine 1 × 1 auswendig lernen müssen, ist es heute *nicht üblich*, ein entsprechendes Kleines 1 : 1 lernen zu lassen. Die Schüler erwerben die *Grundaufgaben* der Division – das sind die Divisionsaufgaben, die sich aus der Umkehrung von Aufgaben des Kleinen 1 × 1 ergeben – vielmehr:

–   durch Rückgriff auf die anschaulichen Modelle des *Aufteilens* und *Verteilens* sowie

–   durch Rückgriff auf den Zusammenhang von Multiplikation und Division als *Umkehroperation* (also über die Umkehraufgaben).

Einige Grundaufgaben der Division bleiben bei den Schülern schon bei der im Unterrichtsverlauf vorgeschalteten Behandlung des Aufteilens und Verteilens hängen. Der weit überwiegende Teil der Grundaufgaben wird jedoch bei der *parallelen* Behandlung von Multiplikation und Division beim *Kleinen 1 × 1* erworben. So werden i.a. bei jeder Einmaleinsreihe die zugehörigen Divisionsaufgaben in der Form □·6=18 oder 7·□=56, danach auch in der üblichen Divisionsform angesprochen. Sehr hilfreich ist auch die Benutzung des *Zahlenstrahls* (Typisches Beispiel: Kleines 1 × 3. Am Zahlenstrahl sind in Dreiersprüngen die Vielfachen von 3 bis 30 notiert. Aufgabe: Zeige am Zahlenstrahl 24=□·3)

Entsprechend wie schon bei der Addition/Subtraktion empfiehlt es sich auch hier, den *Zusammenhang* zwischen *Multiplikations– und Divisionsaufgaben* in Form von *Aufgabennetzen* (auch *Aufgabenfamilien* genannt) zu verdeutlichen. So stehen beispielsweise mit 20 : 5 = 4 die Aufgaben 4·5 = 20, 20 : 4 = 5 und 5·4 = 20 in engem Zusammenhang. Das folgende Diagramm verdeutlicht die *Beziehungen* zwischen diesen Aufgaben:

142

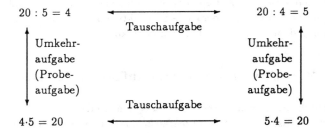

4.6   Null als Dividend oder Divisor

Besondere *Sorgfalt* ist auf die Behandlung der Divisionsaufgaben zu legen, bei denen der Dividend oder der Divisor *Null* ist (Beispiel: 0:5, 5:0, 0:0), damit später nicht nur einfach die *Verbotstafel* „Durch Null darf man nicht dividieren" *ohne* jede Begründung in den Köpfen der Schüler vorhanden ist. *Eine* Möglichkeit, dies zu verhindern, bietet das von Hefendehl–Hebeker (1985) zusammen mit mehreren Schülerinnen entworfene, sehr anregende *Drehbuch* zu einem *mathematischen Bühnenstück* mit dem Titel „Als die Null in das Zahlenreich kam".

Führt man die Division als *Umkehroperation* der Multiplikation ein bzw. weiß man von diesem Zusammenhang, so kann man die obigen drei Probleme leicht lösen.

(1) 0:5=0; denn 0·5=0.

(2) 5:0 ist nicht definiert; denn es gibt *keine* natürliche Zahl n mit n·0=5.

(3) 0:0 ist nicht definiert; denn für *alle* natürlichen Zahlen n gilt n·0=0.
   Also können wir 0:0 nicht *eindeutig ein* Ergebnis zuordnen und daher 0:0 *nicht sinnvoll* definieren.

Das vorstehende Argumentationsniveau ist für den Bereich der Grundschule sicher zu *hoch*. Eine Argumentation mit Hilfe der Vorstellung des *Aufteilens* oder *Verteilens* wäre viel konkreter und daher *angemessener*. Versucht man dies, so kann man 0:5 noch mit *großer Mühe*, dagegen 5:0 oder 0:0 *überhaupt nicht* in diesem Sinne vernünftig deuten.

Wir stimmen daher mit Hefendehl-Hebeker überein, die in diesem Zusammenhang feststellt (Hefendehl-Hebeker (1981), S. 246): „Das Problem der Division durch Null ist ein mathematisches und kein durch die Praxis motiviertes Problem. Es stellt sich auf der Zahlenebene als Frage nach der vollständigen Durchführbarkeit der Rechenoperation Division. Kann man die Aufgabe a:b=□ für alle Zahlen rechnen, insbesondere auch für b=0? Kann man also z.B. 1000:0=□ rechnen? Diese Frage sollte auch gegenüber Schülern nicht durch praktische Scheinprobleme verschleiert werden."

Ein Gespür dafür, daß eine Division durch Null *nicht* möglich ist, können die Schüler auf folgende Art erwerben (vgl. auch Hefendehl-Hebeker (1981), Sundar (1990) und Klöpfer (1979)):

(1) Bei einer Deutung der Division als *wiederholter Subtraktion* des Divisors:
5:0 bedeutet dann: Wie oft muß ich 0 von 5 subtrahieren, bis ich 0 erhalte?

(2) Bei einer Veranschaulichung der Division durch *Rückwärtszählen* bzw. durch *Rückwärtssprünge* gleicher Länge am Zahlenstrahl:
5:0 bedeutet dann: Wieviel Sprünge der Länge 0 muß ich machen, um von 5 nach 0 zu gelangen?

(3) Bei der Benutzung von *Aufgabenketten* wie 1000:10, 1000:9, ..., 1000:1, 1000:1/2, 1000:1/10 und bei einer Veranschaulichung dieser Aufgabenketten durch einen Graphen:
Die Kurve wächst bei Annäherung an Null sehr steil nach oben.

Allerdings kann man sich mit der Behandlung der Division durch Null durchaus auch Zeit bis zur fünften Klasse (oder später) lassen; denn für die schriftliche Division wird nur der leichte Fall der Division von Null durch eine natürliche Zahl ($\neq 0$) gebraucht, *nicht* hingegen die Division durch Null.

4.7 Das Distributivgesetz / Division größerer Zahlen

Das Distributivgesetz erleichtert sowohl die mündliche wie die schriftliche Division.

Beispiel:

(1) $176 : 8 = (160 + 16) : 8 = 160 : 8 + 16 : 8 = 20 + 2 = 22$

(2) $117 : 13 = (130 - 13) : 13 = 130 : 13 - 13 : 13 = 10 - 1 = 9$

Das Gesetz und auch das Beweisverfahren weisen starke Entsprechungen zum Distributivgesetz für die *Multiplikation* auf, daher können wir uns hier kurzfassen. Ein wichtiger *Unterschied* besteht allerdings in folgendem: Während das additiv formulierte Distributivgesetz bei der *Multiplikation* für *alle* natürlichen Zahlen gültig ist, gilt es bei der *Division* nur für *die* Fälle, daß sämtliche auftretenden Quotienten (für die Schüler) erklärt sind. (Beispiel: Den Schülern sind nur die *natürlichen* Zahlen bekannt, daher können sie (noch) nicht schreiben $(13+11):6=13:6+11:6$).

Das folgende Beispiel zeigt eine *Beweisstrategie* für die additive Version des Distributivgesetzes auf:

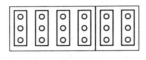

$$12 : 3 \qquad 6 : 3$$

Können wir eine Menge mit 12 Elementen sowie eine Menge mit 6 Elementen *restlos* in Dreiermengen aufteilen, dann gilt dies *auch* für die – hieraus hervorgehende – Menge mit 18 $(=12+6)$ Elementen.

Die Division durch *größere* Zahlen beginnt man oft mit der Division durch *reine Zehnerzahlen*, häufig auch speziell mit der Division durch 10 und durch 100.

Hilfreich ist hier ein Arbeiten mit *Spielgeld*, etwa in der Art: In wieviel 100 DM-Scheine (10 DM-Scheine) kann ich einen 500 DM-Schein umtauschen? *Parallel* mit der Behandlung der Multiplikation von reinen Zehnerzahlen (vgl. 3.6.1) kann auch die Division durch reine Zehnerzahlen als *Umkehroperation* – beispielsweise in der Schreibweise $\square \cdot 40 = 320$ – behandelt werden. Ein geeigneter *Zahlenstrahl* – in dem Beispiel mit der 40er-Reihe – kann hierbei nützlich sein. Das mündliche Dividieren endet i.a. mit dem sogenannten *halbschriftlichen Dividieren* durch einziffrige Zahlen, bei dem implizit auf das Distributivgesetz zurückgegriffen wird.

Beispiel:

$$372 : 4$$
$$\overline{300 : 4 = 75}$$
$$60 : 4 = 15$$
$$12 : 4 = 3$$
$$\overline{372 : 4 = 93}$$

Bei der Behandlung der halbschriftlichen Division sollte man allerdings nicht *zu rasch* und *einseitig* auf ein Verfahren in möglichst starker Annäherung an das *Normalverfahren* hinarbeiten, sondern diese Aufgaben zunächst möglichst *flexibel* lösen lassen, wie es etwa das folgende Beispiel andeutet:

$237 : 3$	$237 : 3$	$237 : 3$
$\overline{180 : 3 = 60}$	$\overline{210 : 3 = 70}$	$\overline{240 : 3 = 80}$
$30 : 3 = 10$	$27 : 3 = 9$	$3 : 3 = 1$
$27 : 3 = 9$	$\overline{237 : 3 = 79}$	$\overline{237 : 3 = 79}$
$\overline{237 : 3 = 79}$		

4.8 Typische Schülerfehler

Die Schüler lernen die Grundaufgaben des Dividierens parallel mit dem *Kleinen Einmaleins*. Daher liegt die Vermutung nahe, daß gerade *die* Grundaufgaben Schwierigkeiten bereiten, die die Umkehrung *schwieriger* 1×1-Aufgaben sind (vgl. 3.5.3 und Sieber (1975)).

Aussagen über typische Schülerfehler beim mündlichen Dividieren gibt es in der Literatur nur in *geringer* Anzahl. Übernehmen wir das Klassifikationsschema von der Multiplikation (vgl. 3.5.3), so können wir folgende Aussagen machen:

(1) *Fehler bei der Division durch Null:*
    0:0=1, 3:0=0 (Radatz/Schipper (1983))
(2) *Fehler bei der Anwendung einer Primitivform:*
    (Rückwärtszählen der betreffenden 1×1-Reihe in gleichlangen „Schritten"; wiederholte Subtraktion)
    12:4=4
    21:3=6

(3) *Perseverationsfehler:*
    44:4=14 (Radatz (1980))

(4) *Fehler bei der Anwendung von Rechenstrategien:*
    (a) 155:5=301 (Radatz (1980))
    (b) 96:16=10 (Radatz/Schipper (1983))
    Bei (a) wird korrekt 150:5=30, 5:5=1 gerechnet, jedoch fehlerhaft addiert, bei (b) fehlerhaft gerechnet 90:10=9, 6:6=1, also 96:16=10.

(5) *Fehler bei der Division von reinen Zehnerzahlen:*
    (a) 8000:20=40 (Radatz (1980))
    (b) 400:80=20 (Radatz (1980))
    (c) 1000:200=500 (Radatz/Schipper (1983))
    Bei (a) bereitet der richtige Umgang mit *Endnullen* Schwierigkeiten, bei (b) wird in Gedanken die erste Ziffer von Dividend und Divisor *vertauscht*, bei (c) wird zunächst 10:2=5 gerechnet, und es werden danach die beiden Nullen „*angehängt*".

4.9 Division mit Rest

Wir haben uns in diesem Kapitel bisher auf Aufgaben beschränkt, die „*aufgehen*". Im folgenden gehen wir auf die Schreibweise von Aufgaben ein, bei denen bei der Division ein *Rest* bleibt. Über diese Schreibweise gibt es in Deutschland – und in dieser umfassenden Form *nur dort* – bereits seit längerem eine *sehr breite* Diskussion. So sei hier etwa auf die Beiträge von Sorger (1984), Koblischke (1983), Gerster (1982), Eidt (1981), Gerster (1980), Winter (1978), Besuden (1977), Homann (1975) und Schmidt (1972) verwiesen.

Diese Diskussion betrifft jedoch nur einen *kurzen* Zeitabschnitt in der Schule. Sobald in der 6. Klasse der Sekundarstufe die *Bruchzahlen* zur Verfügung stehen, schreibt man ohnehin einheitlich 13:5=2 3/5 bzw. 13:5=2,6.

Bis zum Beginn der siebziger Jahre war bei diesen Aufgaben die sogenannte *Restschreibweise* üblich (Beispiel: 13:5=2 Rest 3). Diese Schreibweise wurde im Zuge der Einführung der Neuen Mathematik als *fehlerhaft* abgelehnt und stattdessen besonders die sogenannte *Zerlegungsschreibweise* propagiert (Beispiel: 13:5; 13=5·2+3), so z.B. auch von der Kultusministerkonferenz in ihrem Beschluß von 1976. *Heute* hat sich wieder in einer Reihe von Bundesländern (so z.b. in Bayern, Brandenburg, Baden–Würtemberg, Hessen, Niedersachsen, Rheinland–Pfalz und Sachsen–Anhalt) die Restschreibweise durchgesetzt. Daher gehen wir in diesem Abschnitt auf Vorzüge und Nachteile dieser *beiden* sowie einer *dritten* Schreibweise (Divisionsschreibweise) ein, die in einigen Bundesländern verbindlich vorgeschrieben bzw. zugelassen ist.

4.9.1 Restschreibweise

Beispiel: 13:5=2 Rest 3

Die *Ablehnung* der Restschreibweise als mathematisch nicht exakt erfolgte im wesentlichen mit folgenden *Argumenten*:

(1) Bei der Restschreibweise wird das Gleichheitszeichen *nicht korrekt* im Sinne der mathematischen Identität benutzt; denn der Ausdruck links vom Gleichheitszeichen ist (bei ausschließlicher Benutzung der natürlichen Zahlen) überhaupt *nicht definiert*, der Ausdruck rechts vom Gleichheitszeichen *mehrdeutig* (so liegt der Wert 2 Rest 1 je nach Divisor zwischen 2 (ausschließlich) und 2,5 (einschließlich). Es handelt sich hier also um einen „*Mißbrauch des Gleichheitszeichens*" (Winter (1978)).

(2) Die Restschreibweise verstößt gegen die *Transitivität* der Gleichheitsrelation. Dieses Argument wurde am *häufigsten* vorgetragen und etwa mit Beispielen der folgenden Art belegt: Obwohl 14:4=3 Rest 2 und 11:3=3 Rest 2 gilt, kann man *nicht* folgern: 14:4=11:3.

Zu Recht macht allerdings Winter (1978, S. 43) darauf aufmerksam, daß dieses *letztere* Argument gegen die Restschreibweise *nicht* sticht, da es sich hier „überhaupt nicht um Gleichheitsaussagen im Sinne des üblichen Gleichungsbegriffs" handelt (vgl. (1)!). Bei dieser Sachlage kann man natürlich nur schlecht gegen Gesetze der Gleichheitsrelation *verstoßen*. Daher sind auch „*Präzisierungen*" der Restschreibweise durch Benutzung des Divisors als Index am Rest zur Vermeidung dieses „Verstoßes gegen die Transitivität" *überflüssig*. Das *erste* Argument greift offenbar *nur dann*, falls man das Gleichheitszeichen *ausschließlich* im Sinne der mathematischen Identität auffaßt (vgl. jedoch den weiter unten folgenden Punkt (1)).

Befürworter der Restschreibweise führen folgende *Argumente* für diese Schreibweise an:

(1) Bei der Restschreibweise wird das Gleichheitszeichen *nicht statisch* im Sinne der mathematischen Identität benutzt, sondern *dynamisch* im Sinne der *Aufgabe-Ergebnis-Vorstellung* zur knappen, eleganten Beschreibung eines Handlungsablaufs.

(2) Nur bei *kontextfreier* Benutzung sind Ausdrücke wie „2 Rest 1" mehrdeutig. Im jeweiligen Kontext hingegen sind diese Ausdrücke *eindeutig und klar.*

(3) Von der Restschreibweise kann – sobald dies möglich ist – *nahtlos* zur Bruchschreibweise übergegangen werden. Fehlerverursachende, deutliche *Änderungen* in der Notation sind *nicht* erforderlich.

(4) Die Division bleibt als *eigenständige* Rechenoperation klar erkennbar.

(5) Im außerschulischen Umfeld der Schüler ist *nur* die Restschreibweise bekannt.

Eine *Variante* dieser Restschreibweise findet man in den neuen Richtlinien von Brandenburg und Sachsen–Anhalt:

Beispiel: $\underline{13} \quad : 5 = 2$
 Rest 3

4.9.2 Zerlegungsschreibweise

Beispiel: $13 : 5; \quad 13 = 5 \cdot 2 + 3$

Die Zerlegungsschreibweise ist *mathematisch exakt* und daher der Restschreibweise *vorzuziehen.* Mit *diesem* Argument wurde die Restschreibweise in den siebziger Jahren weithin durch die Zerlegungsschreibweise *verdrängt.* Dennoch hat sich die Zerlegungsschreibweise nur für eine *beschränkte* Zeit durchsetzen können und ist heute wieder in den neueren Lehrplänen fast völlig eliminiert, und zwar aus den folgenden Gründen:

(1) Empirische Untersuchungen (z.B. Gerster (1980), Bathelt/Post/Padberg (1986)) belegen, daß die *Zerlegungs*schreibweise bei vielen Schülern *typische Fehler* verursacht. Besonders häufig bilden die Schüler aus der geforderten Zerlegungsschreibweise und der Divisionsschreibweise bei den vorgegebenen Aufgaben eine *Mischform* und schreiben z.B. statt 13=5·2+3

fehlerhaft 13:5=2+3. Dies belegt, daß das *zentrale* Anliegen der Verfechter der Änderung der Notationsform – nämlich die Verwendung des Gleichheitszeichens an diesen Stellen ausschließlich im Sinne der mathematischen Identität – überhaupt nicht erreicht wird, *im Gegenteil!*

(2) Da Schüler jeden zusätzlichen *Schreibaufwand* scheuen, versuchen sie, das Umschreiben der Divisionsaufgabe in die multiplikative Zerlegungsform zu vermeiden. Gerade auch hieraus resultiert der in (1) genannte Fehler, resultieren aber auch *viele weitere* typische Fehler (vgl. Gerster (1982), S. 160 ff). Schreiben die Schüler hingegen die Divisionsaufgabe vorschriftsmäßig *noch einmal* in der multiplikativen Form auf, so ist auch *dieses* Umschreiben schon wieder eine deutliche Fehlerquelle.

(3) Das Ergebnis steht bei der Zerlegungsschreibweise *mitten* in der Aufgabe, ist daher nicht so eindeutig wie bei den übrigen Rechenoperationen *erkennbar* und auch nicht so gut etwa durch Unterstreichen *kenntlich* zu machen.

(4) Bei der Lösung von *Sachaufgaben* ist das eindeutige Erkennen der zugrundeliegenden Rechenoperationen sehr wichtig. Daher kann die multiplikative Schreibweise in dieser Hinsicht *erschwerend* wirken; denn daß *dividiert* wird, ist von der Schreibweise her *nicht mehr* erkennbar.

(5) Die Zerlegungsschreibweise wird in der Schule nur *vorübergehend* – bis zur 6. Klasse – gebraucht. Für die Schreibweise als Dezimalbruch bzw. als gemeiner Bruch müssen die Schüler wieder von der multiplikativen Schreibweise zur Divisionsschreibweise *umlernen*.

(6) Die Division ist nicht mehr als *eigenständige* Rechenoperation erkennbar.

(7) Für die Zerlegungsschreibweise ist die Kenntnis der *Punkt-vor-Strich-Regel* erforderlich.

4.9.3 Divisionsschreibweise

Sieht man die neueren Richtlinien in Deutschland durch, so ist in einigen Bundesländern (Berlin, Nordrhein–Westfalen, Niedersachsen, Hessen) schließlich noch die folgende *Divisionsschreibweise* (Beispiel: 13 : 5 = 2 + 3 : 5 bzw. 13 : 5 = 2 + (3 : 5)) verbindlich vorgeschrieben bzw. möglich (vgl. auch Eidt/Kleineberg (1989)). Diese Schreibweise, die zwischenzeitlich auch schon in mehreren *anderen* Bundesländern für einige Jahre durch die entsprechenden Richtlinien vorgeschrieben *war*, weist an *Vorteilen* auf, daß die Division

als eigenständige Operation erkennbar ist, daß das Ergebnis und die Aufgabe
klar getrennt sind und daß eine gute Vorarbeit für die Bruchschreibweise ab
Klasse 6 geleistet wird. Folgende *Nachteile* sind jedoch nicht zu übersehen:

- Die *beiden* Divisionszeichen wirken *verwirrend*.
- In der Lösung erscheint eine *neue* (für die Schüler *unlösbare*) Aufgabe.
- Der Term ist recht *kompliziert*.
- Die *Punkt-vor-Strich-Regel* muß angewandt bzw. zusätzliche Klammern
  müssen gesetzt werden.

4.9.4 Abschließende Bemerkungen

Von den drei vorgestellten Schreibweisen weist nach unserer Einschätzung
die Restschreibweise die meisten Vorzüge auf, zumal da die *beiden* gegen die
Restschreibweise vorgebrachten Hauptargumente *irrelevant* sind.

Es ist allerdings überlegenswert, ob man in Zukunft nicht *auch bei uns* – wie
schon in *vielen* anderen Ländern – die schriftliche Division ebenfalls *gleich-heitszeichenfrei* notieren sollte (wie dies ohnehin bei den *drei übrigen* schriftlichen Rechenverfahren gehandhabt wird). Gute Anregungen in dieser Hinsicht
könnte das folgende, leicht modifizierte „*schwedische Verfahren*" liefern (vgl.
Gerster (1982, S. 167f und S. 200)):

Beispiel:

$$86544 : 36$$

$$
\begin{array}{l}
\underline{2404 \ (\text{Rest } 0)} \\
86544 : 36 \\
\underline{72} \\
145 \\
\underline{144} \\
144 \\
\underline{144} \\
0
\end{array}
$$

Ein besonderer *Vorteil* dieses Verfahrens ist es, daß sämtliche Ziffern des Dividenden und des Quotienten mit gleichem Stellenwert jeweils *übereinanderste-*

hen und *so* die häufigen *Stellenwertfehler* bei der schriftlichen Division (vgl. IV.6.5) vermutlich *vermieden* werden können. Diese Notationsform könnte entsprechend auch bei *mündlichen* Divisionsaufgaben benutzt werden.

IV Schriftliche Rechenverfah-
ren

Sind die schriftlichen Rechenverfahren im *Taschenrechner- und Computerzeitalter* eigentlich noch ein *notwendiger* und *sinnvoller* Unterrichtsstoff oder
nur ein *überflüssiges* Relikt aus *vergangenen Zeiten*? Welche *Vorteile* und
Gefahren bietet die *Normierung* der schriftlichen Rechenverfahren? Mit welchen Maßnahmen kann man den Gefahren *gegensteuern*? Nach einer Diskussion dieser grundlegenden Fragen in den beiden ersten Abschnitten gehen
wir anschließend in jeweils eigenen Abschnitten ausführlich auf die schriftliche Addition, Subtraktion, Multiplikation und Division ein. Wir beschreiben
zunächst sorgfältig *methodische Stufenfolgen* zur Einführung der vier schriftlichen Rechenoperationen. Diese Darstellungen sind bewußt *praxisnah* gehalten. So greifen wir beispielsweise zur Verdeutlichung an verschiedenen Stellen auf geeignete Textbeispiele aus *neueren Schulbuchwerken* zurück. Dort,
wo es sich anbietet, diskutieren wir auch in diesem Kapitel ausführlich die
Vor- und Nachteile *verschiedener* schriftlicher Verfahren bezüglich *einer* Rechenoperation. So stellen wir etwa im Abschnitt zur schriftlichen Subtraktion Einführungswege für die *beiden* – im Rahmen der KMK-Beschlüsse
in Deutschland gegenwärtig möglichen – schriftlichen Subtraktionsverfahren gründlich dar und *vergleichen* diese beiden Verfahren mit dem weltweit am häufigsten benutzten Verfahren, oder wir zeigen bei den komplexen
Multiplikations- und Divisionsverfahren *leichtere Alternativen* auf. Da die
schriftlichen Rechenverfahren in Deutschland häufig von den schriftlichen Rechenverfahren in den Gastarbeiterländern abweichen, gehen wir im Interesse
der *Gastarbeiterkinder*, aber auch im Interesse eines *vertieften* Verständnisses des üblichen schriftlichen Kalküls auch auf die *Notation* der schriftlichen
Rechenverfahren in *wichtigen Gastarbeiterländern* ein.

Für eine *Steigerung des Erfolgs* bei den schriftlichen Rechenverfahren ist
eine gründliche Kenntnis der *typischen Schülerfehler* und der *Problembereiche* in diesem Gebiet erforderlich und hilfreich. Daher beschreiben wir auf
der Grundlage eigener empirischer Untersuchungen sowie einer gründlichen
Durchsicht einschlägiger deutschsprachiger und anglo–amerikanischer Litera-

tur jeweils bei den einzelnen Rechenverfahren *typische Schülerfehler, mögliche Ursachen* und *mögliche Gegenmaßnahmen.* Insbesondere gehen wir auf *die* Fehler ein, die Schüler häufig *systematisch* machen, da gerade hier besonders große Erfolge relativ leicht zu erzielen sind. In diesem Zusammenhang stellen wir in diesem Kapitel auch geeignete *diagnostische Tests* für die einzelnen Rechenoperationen vor.

1 Sind schriftliche Rechenverfahren im Computerzeitalter überflüssig?

Taschenrechner (und zunehmend auch Computer) sind mittlerweile äußerst preiswert und daher sehr weit verbreitet. Sie besitzen eine lange, problemlose Betriebsdauer, sind von den Abmessungen her äußerst kompakt und deshalb bei Bedarf oft verfügbar und fast überall einsetzbar. Mit ihrer Hilfe können beispielsweise Aufgaben zu den vier Grundrechenarten von jedermann sehr schnell und sicher gelöst werden. Die Taschenrechner (und selbstverständlich erst recht die Mikrocomputer) sind dem *schriftlichen Rechnen* mit Bleistift und Papier in der Effizienz sowie im Grad der Benutzerfreundlichkeit und -bequemlichkeit *haushoch überlegen.* Sie werden heute im täglichen Leben sehr häufig eingesetzt, die normierten schriftlichen Rechenverfahren dagegen fast gar nicht. Die Frage liegt daher sehr nahe, ob man bei dieser Sachlage nicht auf schriftliche Rechenverfahren als einen alten Zopf aus der Vor-Taschenrechner-Ära völlig *verzichten* kann, um die so eingesparte Zeit in andere, wichtigere Unterrichtsziele zu investieren. Folgende Gründe sprechen jedoch *für* ihre – wenn auch *modifizierte – Behandlung*:

- Eine einseitige Abhängigkeit von der *Verfügbarkeit* von Taschenrechnern/Computern ist äußerst problematisch.
- Irrtümer und Flüchtigkeitsfehler kommen bei der Benutzung von Taschenrechnern bzw. Computern durchaus häufiger vor. Wir sollten daher *in der Lage sein,* zumindest die *elementaren Rechnungen kritisch zu kontrollieren.* Eine sonst sinnvolle Arbeitsteilung, bei der nur *einige wenige* die Rechnungen kontrollieren (können), darf es in diesem elementaren Bereich *noch nicht* geben; denn so Röhrl ((1977), S. 75) unter explizitem Bezug auf die Beherrschung der schriftlichen Rechenverfahren: „...es

darf diese Arbeitsteilung nicht schon an den Quellen unseres geistigen Lebens geben. Hier muß *jeder* Mensch – und vor allem: jedes Kind – erfahren, daß es auch selbst kontrollieren kann."

– Das sorgfältige Erarbeiten der schriftlichen Rechenverfahren trägt zu einem vertieften *Verständnis* des *dezimalen Stellenwertsystems* bei (vgl. auch Powarzynski 1986).

– Die *breite Einsetzbarkeit* der schriftlichen Rechenverfahren bei beliebigen Zahlen und auch in nichtdezimalen Stellenwertsystemen ist faszinierend.

– Am Beispiel der schriftlichen Rechenverfahren können wir gut exemplarisch verdeutlichen, wie durch algorithmische Verfahren komplexe Rechnungen stark *vereinfacht* werden können. Diese Zielsetzung ist gerade im Computerzeitalter von besonderer Bedeutung.

Bei einer *Modifizierung* der Behandlung schriftlicher Rechenverfahren sollten folgende Gesichtspunkte beachtet werden:

– Ein verstärktes Bemühen um *Einsicht* in die schriftlichen Rechenverfahren mit der Konsequenz, daß *ggf. andere, leichtere Verfahren* als die heutigen Normalverfahren im Unterricht behandelt werden (vgl. 5.5, 6.6).

– Eine stärkere Betonung der *Kontroll- und Überschlagsrechnung*, um so Fehler bei der Benutzung der elektronischen Hilfsmittel leichter aufdecken zu können (vgl. auch Hamrick/McKillip (1978)).

– Eine *Reduzierung der* Komponenten bei der Behandlung der schriftlichen Rechenverfahren, die nur zur *Erhöhung der Schnelligkeit* beitragen (z.B. eine Verringerung des entsprechenden Drills oder der Bestrebungen um eine Minimierung der Verfahrensabläufe).

– Ein Verzicht auf die Behandlung *komplizierter Fälle*, die deutlich über die Zielsetzung eines *grundsätzlichen* Verständnisses der schriftlichen Rechenverfahren hinausgehen (vgl. z.B. 6.2).

2 Normalverfahren

2.1 Zum Begriff

In Deutschland sind die Formen des schriftlichen Rechnens durch Beschlüsse der Kultusministerkonferenz (KMK) weitgehend *normiert* und verbindlich vorgeschrieben. Daher wird in der Grundschule bei den vier schriftlichen Rechenverfahren als Endziel jeweils ein *Normalverfahren* angestrebt. Hierbei können wir dieses durch folgende Punkte charakterisieren: Die Einzelschritte erfolgen beim Normalverfahren schematisch nach gegebenen Regeln in fester Reihenfolge. Eine *Einsicht* in das Verfahren ist bei seiner Durchführung *nicht* erforderlich, es reicht das *schematische* Anwenden der Regeln und Verfahrensvorschriften (vgl. auch Feil (1976)).

Meist wird mit dem Begriff des Normalverfahrens *zusätzlich* noch der Anspruch verbunden, unter verschiedenen Wegen gerade das „denkökonomischste" oder „beste" Verfahren darzustellen. Während in der didaktischen Diskussion des Begriffes des Normalverfahrens (vgl. z.B. Maier (1979)) umstritten ist, ob mit diesem Begriff *ausschließlich* eine Normierung der Verfahrensschritte oder *zusätzlich* eine Festlegung der Sprech- und Schreibweisen verbunden werden sollte, schreiben die KMK-Beschlüsse für die schriftlichen Rechenverfahren jeweils die Schreib- und – zumindest bei der Subtraktion auch noch explizit – die Sprechweise vor.

2.2 Vorteile

Ein gut durchdachtes Normalverfahren kann folgende *positiven Effekte* zeitigen:

- Eine hohe *Rechensicherheit* durch die schematische und einprägsame Abfolge der Einzelschritte im Rahmen des Verfahrens sowie durch die weitgehende Ausschaltung potentieller Fehlerquellen.
- Eine starke *Denkökonomie* durch die Entlastung des Gedächtnisses und durch eine so mögliche Konzentration auf die eigentlichen Probleme innerhalb einer Aufgabe.
- Eine große Erhöhung der *Schnelligkeit*.
- Eine Verminderung von Schwierigkeiten innerhalb des Klassenverbandes, insbesondere aber bei einem Orts- oder Schul*wechsel* durch die Standardisierung.
- Eine Hilfe für die *langfristige Sicherung* des Lernerfolges.

2.3   Nachteile und Gegenmaßnahmen

Neben diesen Vorteilen können Normalverfahren aber auch leicht massive
Nachteile bewirken:

- Wegen der *Komplexität* und der oft *äußerst komprimierten* Kurzfassung
  vieler Normalverfahren ist die Gefahr groß, daß bei ihrer Einführung *zu*
  viele Teilschritte auf einmal behandelt werden, sodaß die Schüler wegen
  dieser Fülle gleichzeitig zu beachtender Gesichtspunkte *unsicher* werden
  und daher Teilschritte verwechseln, fehlerhaft abändern oder einfach vergessen.

- Eine *zu frühe* Automatisierung der Normalverfahren bewirkt oft ein
  mangelhaftes Verstehen mit der Folge, daß das Verfahren im Falle von
  Unsicherheit oder Vergessen nur sehr schwer *rekonstruiert* werden kann.

- Es ist ein Charakteristikum von Normalverfahren, daß sie auch rein mechanisch *ohne Einsicht* in die Zusammenhänge korrekt durchgeführt werden können. Spätestens nach einiger Zeit führen jedoch unverstanden
  übernommene und angewandte Mechanismen oftmals zur Ausbildung
  von typischen *Fehlern* (vgl. 3.5, 4.8, 5.4, 6.5).

- Die Zerlegung der Zahlen in ihre Stellenwerte – wie sie bei den normierten schriftlichen Rechenverfahren auftritt – führt leicht dazu, daß die
  Zahlen *nicht mehr als Ganzes*, sondern nur noch als eine *Ansammlung*
  von Ziffern aufgefaßt werden. Die Rechnungen werden rein durch Mani-
  pulationen auf der symbolischen Ebene durchgeführt, und daher werden
  häufig schwerwiegende Fehler (wie z.B. die falsche *Größenordnung* eines
  Ergebnisses) nicht mehr wahrgenommen.

- Da die schriftlichen Rechenverfahren *nicht* auf ganzheitlichen Zahlvorstellungen basieren, tragen sie nur wenig zur Unterstützung des *Zahlverständnisses* bei (vgl. auch Plunkett 1987).

- Normalverfahren führen dazu, sie *ständig anzuwenden* – auch in *den*
  Fällen, wo andere Wege viel leichter zum Ziel führen.

Um diesen Gefahren *gegenzusteuern*, sind folgende Maßnahmen angebracht:

- Die Schüler sollten zunächst *verschiedene Lösungswege* soweit wie möglich selbständig erarbeiten bzw. diese zumindest kennenlernen. Erst auf
  dieser Grundlage kann *allmählich* zum Normalverfahren als einem besonders zweckmäßigen und ökonomischen Verfahren hingearbeitet werden.

- Normalverfahren sollten *nicht* am Anfang stehen, sondern im Unterricht erst die *Endform eines längeren Prozesses* sein.
- Ein *gründliches Verständnis* der Normalverfahren ist für ihre sichere Beherrschung äußerst wichtig. Daher ist es erforderlich, alle Teilschritte wie auch den Gesamtablauf des Normalverfahrens *sehr sorgfältig* zu entwickeln. Dies gilt auch für die sprachlichen Formulierungen.
- Auch in der Automatisierungsphase sollte die *Einsicht* in das betreffende Normalverfahren durch entsprechende Aufgabenstellungen bewußt lebendig gehalten werden.

3 Addition

3.1 Das Normalverfahren

Während durch Beschluß der Kultusministerkonferenz (zuletzt von 1976) die Schreibweise und z.t. auch die Sprechweise für die schriftliche Subtraktion, Multiplikation und Division explizit festgelegt worden ist, gilt entsprechendes *nicht* für die schriftliche Addition. Dennoch gibt es hier – allein schon aus Sachzwängen – nur eine Schreib- und Sprechweise, die durch das folgende Beispiel (mit „Übertrag") verdeutlicht wird:

Beispiel:

437	Sprechweise (Endform):
+ 346	6, 13
783	1, 5, 8 (z.T. auch kürzer nur: 5, 8)
	3, 7

Hierbei werden die Summanden *stellengerecht* untereinander angeordnet. Die Addition beginnt bei den Einern, die *von unten nach oben* addiert werden. Wird bei der Addition innerhalb einer Stellenwertspalte der Wert 9 *überschritten*, notiert man die Übertragszahl – meist etwas kleiner – am unteren Rand der nächsten (linken) Spalte. Neben dieser Schreibweise gibt es in Deutschland nur noch *eine* weitere Notationsform, die sich jedoch nur *minimal* vom obigen Beispiel – nämlich durch einen Verzicht auf das Aufschreiben der Übertragszahl – unterscheidet.

Aber auch in den *wichtigsten Gastarbeiterherkunftsländern* unterscheidet sich die Schreibweise bei der schriftlichen Addition – im Unterschied zu den *anderen* schriftlichen Rechenverfahren! – nur *minimal* (Italien) oder *überhaupt nicht* (Griechenland, Jugoslawien, Spanien, Türkei) von der bei uns gebräuchlichen Notationsform, ein Faktum, das für den Unterricht in der Grundschule hilfreich ist (vgl. Ottmann (1982)).

Das Normalverfahren beruht im wesentlichen auf der Gültigkeit des *Kommutativ-, Assoziativ- und Distributivgesetzes* sowie auf der Tätigkeit des *Umbündelns*, sobald in einer Stellenwertspalte der Wert 9 überschritten wird. So können wir unser Eingangsbeispiel $346 + 437$ wegen der Gültigkeit des *Kommutativ- und Assoziativgesetzes* bezüglich der Addition folgendermaßen umschreiben:

$$
\begin{aligned}
346 + 437 &= (300 + 40 + 6) + (400 + 30 + 7) \\
&= (6 + 7) + (40 + 30) + (300 + 400) \, .
\end{aligned}
$$

Die Gültigkeit des *Distributivgesetzes* bewirkt, daß wir uns damit begnügen können, spaltenweise die jeweiligen Ziffern zu addieren; denn es gilt:

$$
\begin{aligned}
& (6 + 7) + (40 + 30) + (300 + 400) \\
={}& (6 + 7) + (4 \cdot 10 + 3 \cdot 10) + (3 \cdot 100 + 4 \cdot 100) \\
={}& (6 + 7) + (4 + 3) \cdot 10 + (3 + 4) \cdot 100 \, .
\end{aligned}
$$

Das *Umbündeln* von 13 E in 1 Z und 3 E (bzw. von 13 in 10+3) ergibt schließlich:

$$
\begin{aligned}
& (6 + 7) + (4 + 3) \cdot 10 + (3 + 4) \cdot 100 \\
={}& (3 + 1 \cdot 10) + (4 + 3) \cdot 10 + (3 + 4) \cdot 100 \\
={}& 3 + (1 + 4 + 3) \cdot 10 + (3 + 4) \cdot 100 \\
={}& 3 + 8 \cdot 10 + 7 \cdot 100 \\
={}& 783
\end{aligned}
$$

3.2 Addition in nichtdezimalen Stellenwertsystemen

Das Normalverfahren der schriftlichen Addition kann im Unterricht durch eine *vorhergehende* Behandlung der Addition in Stellenwertsystemen mit der

Basis 3, 4 oder 5 mit Hilfe von konkretem Material wie insbesondere etwa mit den *Mehrsystemblöcken* gut vorbereitet werden. Hierbei wird selbstverständlich *keine* Rechenfertigkeit in den *nicht*dezimalen Basen angestrebt. Die Zielsetzung ist vielmehr ein besseres Verständnis des *Prinzips* des schriftlichen Additionsverfahrens im dezimalen Stellenwertsystem (vgl. hierzu auch 4.8.4 oder kritisch Hennes/Schmidt/Weiser (1979)). Die Basen 3, 4 oder auch 5 bieten nämlich gegenüber der relativ großen Basis 10 den deutlichen *Vorteil*, daß entsprechende Elementanzahlen leicht *simultan* erfaßt und daher Additionen mit *konkretem Material* gut *enaktiv* realisiert werden können. Hierbei beginnt man mit dem *leichten* Fall, nämlich der Addition *ohne* Übertrag oder Überschreitung, wie es das folgende Schulbuchbeispiel zeigt (Schmidt, 3)

Ohne Überschreitung

	VV (Vierer-Vierer)	V (Vierer)	E (Einer)
Martin legt			
Elke legt			
zusammen			

VV	V	E
1	2	1
+ 2	1	1
3	3	2

Addiere von unten nach oben und schreibe die Summe unter den Strich:

1 E + 1 E = 2 E
1 V + 2 V = 3 V
2 VV + 1 VV = 3 VV

Erst anschließend erfolgt die Addition *mit* Übertrag, etwa wie im Beispiel auf der folgenden Seite (Schmidt, 3).

In *beiden* Fällen notiert man *parallel* zur Arbeit mit Material die Ergebnisse knapp und übersichtlich in einer *Stellentafel*. Erhält man bei Benutzung der Basis 4 in einer Spalte *mehr* als drei Elemente, so müssen *Umbündelungen* vorgenommen werden. So tauscht man jeweils 4 Einer gegen einen Vierer (oder bei Benutzung von Mehrsystemblöcken 4 Würfel gegen eine Stange), 4 Vierer gegen einen Vierer-Vierer (bzw. 4 Stangen gegen eine Platte) aus und so weiter.

Im Anschluß an diese erste Phase kann man weitere Aufgaben *ausschließlich* mit der Stellentafel lösen, wobei bei Bedarf auf die enaktive Arbeit mit Material oder zumindest auf die ikonische Realisation hiervon im Schulbuch

Mit Überschreitung

	VV (Vierer-Vierer)	V (Vierer)	E (Einer)
Hans legt			
Heike legt			
zusammen			
neu gebündelt			

VV	V	E
1	3	2
+ 1	2	3
	4	4
2	1	1
3	2	1

VV	V	E
1	3	2
+ 1	2	3
1	1	
3	2	1

Addiere von unten nach oben:

3 E+2 E=1 V+1 E

Vermerke 1 in der V-Spalte.

1 V+2 V+3 V=1 VV+2 V

Vermerke 1 in der VV-Spalte.

1 VV+1 VV+1 VV=3 VV

zurückgegriffen werden sollte. Auf eine Durchführung der Addition *ohne* Benutzung von Stellentafeln in reiner Ziffernschreibweise, wie es in der Anfangsphase der Neuen Mathematik in den siebziger Jahren durchaus üblich war, verzichtet man heute zu Recht. Gleiches kann man allerdings nicht von der in neueren Schulbüchern und Richtlinien erkennbaren Tendenz sagen, bei der Behandlung der schriftlichen Addition wieder voll auf den Stand vor Beginn der siebziger Jahre zurückzufallen und *völlig* auf die Behandlung der Addition in *nichtdezimalen* Stellenwertsystemen zu verzichten.

3.3 Stufenfolge

Auch bei der schriftlichen Addition zweier Zahlen im *Dezimalsystem* lassen sich *zwei Schwierigkeitsstufen* unterscheiden, Additionen *ohne* Übertrag sowie Additionen *mit* Übertrag. Bei den Additionen mit Übertrag kann man *noch feiner* differenzieren nach der *Anzahl* der Überträge. Hierbei kommt im Dezimalsystem gegenüber den nichtdezimalen Stellenwertsystemen *kein* prinzipiell neuer Gesichtspunkt hinzu, nur sind die Verhältnisse nicht mehr so leicht überschaubar wie bei kleineren Basen. Durch die Benutzung von *Rechengeld* versucht man, dieses Manko auszugleichen. Ein gutes Beispiel für die Einführung der Addition *mit* Übertrag – die Addition ohne Übertrag kann völlig analog eingeführt werden – mit Hilfe von (Spiel)geld vermittelt das folgende Schulbuchbeispiel (Oehl-Palzkill, 3):

Addieren mit Überschreiten

1. Im Nachbarort spielte der Puppenspieler auch zweimal. Dort nahm er 326 DM und 315 DM ein, zusammen 641 DM. Prüfe nach.
Was hat der Puppenspieler wohl mit den zehn 1-DM-Stücken gemacht?

2. Rechengeld! Vergiß nicht zu wechseln!

347 DM	435 DM	364 DM	382 DM
+ 236 DM	+ 258 DM	+ 153 DM	+ 447 DM
583 DM	693 DM	517 DM	829 DM

3. Nun ohne Rechengeld. Verstehst du die Sprech- und Schreibweise?

H	Z	E
4	7	8
+ 3	5	7

Sprechweise:
7 E + 8 E = 15 E sind 5 E und 1 Z
1 Z + 5 Z + 7 Z = 13 Z sind 3 Z und 1 H
1 H + 3 H + 4 H = 8 H

H	Z	E
4	7	8
+ 3_1	5_1	7
8	3	5

Den Ausgangspunkt bildet eine Sachaufgabe. Der *Übertrag* wird in diesem Beispiel durch das *Umwechseln* von zehn 1-DM-Stücken gegen einen 10-DM-Schein motiviert. Nach der Bearbeitung einiger Aufgaben mit Rechengeld wird bald zur Stellentafel und dann zur Notation der Additionsaufgaben ohne Stellentafel übergegangen. Hierbei ist es äußerst wichtig, daß den Schülern die Übertragung (Transfer) von der enaktiven bzw. ikonischen Darstellung in die symbolische Darstellung gelingt: Hierzu sind Fragen wie: „Was bedeuten diese zehn Markstücke (im Bild) in der Stellentafel?" oder „Was entspricht dieser Ziffer im Bild bzw. in der Handlung?" hilfreich.

Neben dem Geld bilden im dezimalen Stellenwertsystem auch *Mehrsystemblöcke* (zur Basis 10), das *Rechenbrett* (Abakus) oder aber *zeichnerische Symbole* für Hunderter, Zehner, Einer (gängig ist es, ■ für die Hunderter, ▮ für die Zehner und • für die Einer zu verwenden) häufiger benutzte Veranschaulichungsmittel. Eine hiervon stark abweichende Veranschaulichungshilfe bildet das *Kilometerzählermodell* von Leifhelm-Sorger, dessen Einsatz im Unterricht allerdings nicht problemlos ist (vgl. Leifhelm-Sorger (1978)).

Auf dem Wege zum Normalverfahren sind in der *sprachlichen Formulierung deutliche Abstufungen* von einer zunächst sehr ausführlichen, inhaltlichen Sprechweise bis hin zur endgültigen Kurzform sinnvoll, etwa wie es das folgende Beispiel verdeutlicht:

$$\begin{array}{r} 254 \\ +4\overset{1}{2}8 \\ \hline 682 \end{array}$$

Unterschiedliche Sprechweisen:

(1) 8 Einer plus 4 Einer gleich 12 Einer;
1 Zehner, 2 Einer
1 Zehner plus 2 Zehner gleich 3 Zehner, plus 5 Zehner gleich 8 Zehner
4 Hunderter plus 2 Hunderter gleich 6 Hunderter
(2) 8 plus 4 gleich 12
1 plus 2 gleich 3, plus 5 gleich 8
4 plus 2 gleich 6
(3) 8 , 12
1 , 3 , 8
4 , 6

Die Einführung der schriftlichen Addition endet i.a. mit der Behandlung der Addition von *drei oder mehr* Zahlen. Prinzipiell *neue* Gesichtspunkte treten *nicht* auf. Beim spaltenweisen Addieren erhält man allerdings i.a. größere Zahlen, die Überträge sind häufig größer als 1. Daher empfiehlt Röhrl (1977) dringend, die Übertragsziffern hier auf *jeden Fall* notieren zu lassen, selbst dann, wenn man bei der Addition von zwei Summanden hierauf verzichtet hat.

3.4 Aufgaben zur Festigung des Additionskalküls

Zum besseren Verständnis des Additionskalküls wie aber auch zur Vorbereitung der schriftlichen Subtraktion sind sogenannte *Klecksaufgaben* – also Aufgaben, bei denen einige fehlende Ziffern bestimmt werden müssen – gut geeignet.

Beispiele:

(1)	5 2 3	(2)	□□□	(3)	3 7 □	(4)	4 □ 7
	+ □□□		+ 6 3 4		+ □ 4 5		+ □ 3 □
	6 5 7		9 6 8		6 □ 8		9 2 1

Zu einer Vertiefung des Verständnisses des Additionskalküls trägt auch eine Abklärung der *folgenden beiden Fragen* bei:

- Könnten wir beim Additionsverfahren auch spaltenweise *von oben nach unten* addieren?
- Könnten wir bei der schriftlichen Addition auch beim *höchsten Stellenwert* beginnen, also *von links nach rechts* rechnen?

Während wir die erste Frage rasch durch einen Rückgriff auf das Kommutativgesetz positiv beantworten können (und daher *diese* Form der Addition als Probe eingesetzt werden kann), läßt sich die Antwort auf die 2. Frage besser anhand von Beispielen gewinnen:

Beispiel 1 (ohne Übertrag):

Beginn mit den Hundertern

H	Z	E
2	4	5
3	5	2
5	9	7

Beginn mit den Einern

H	Z	E
2	4	5
3	5	2
5	9	7

Beispiel 2 (mit Übertrag):

Beginn mit den Hundertern

H	Z	E	
6	9	8	
2	6	9	
8	15		
9	5	17	
9	6	7	

Beginn mit den Einern

H	Z	E
6	9	8
2	6	9
9	6	7

Die beiden Beispiele zeigen, daß bei Aufgaben *ohne* Übertrag der Beginn (Einer oder Hunderter?) völlig unerheblich ist, wohingegen bei Aufgaben *mit* Übertrag der Beginn bei den *Einern* wesentlich vorteilhafter ist, da bei diesem

Beginn *fortlaufend* ohne Korrekturen gerechnet werden kann, während beim Beginn mit dem höchsten Stellenwert u.U. mehrere Korrekturen der Ziffern der Summe notwendig sind.

3.5 Typische Schülerfehler, mögliche Ursachen und Gegenmaßnahmen

Lassen wir Schüler die folgenden Aufgaben lösen, so werden die Aufgaben in der *linken* Spalte im Mittel häufiger *richtig* gelöst als die entsprechenden Aufgaben in der *rechten* Spalte:

$$
\begin{array}{cc}
465 & 465 \\
+\ 324 & +\ 364 \\
\hline
\end{array}
$$

$$
\begin{array}{cc}
424 & 424 \\
+\ 361 & +\ 301 \\
\hline
\end{array}
$$

$$
\begin{array}{cc}
251 & 51 \\
+\ 417 & +\ 417 \\
\hline
\end{array}
$$

Die rechten Aufgaben weisen nämlich jeweils ein *zusätzliches* Schwierigkeitsmerkmal auf, und zwar

- bei der Anzahl der *Überträge* (1. Zeile)
- bei der Frage des Auftretens von *Nullen* im Ergebnis oder bei den Summanden (2. Zeile)
- bei der *Stellenanzahl* beider Summanden (ohne oder mit Stellenunterschied; 3. Zeile)

Zusätzlich beeinflußt u.a. auch noch der benutzte *Zahlenraum* sowie die *Anzahl der Summanden* den Schwierigkeitsgrad einer Additionsaufgabe.

Die schriftliche Addition fällt den Schülern am leichtesten von allen vier Grundrechenarten. Auf *zwei Fehlergruppen* massieren sich hier nach Gerster (1982) die Fehler: Knapp die Hälfte aller Fehler entfällt auf *Fehler beim Kleinen Einsundeins*, und zwar insbesondere auf Fehler, bei denen das falsche Ergebnis nur um 1 vom richtigen Ergebnis abweicht. Dieser Fehler entsteht dadurch, daß der betreffende Schüler die benutzten Einsundeinsaufgaben *nicht auswendig* kennt, sondern erst durch *Weiterzählen* löst und hierbei falsche Weiterzählstrategien anwendet (vgl. III.1.2). Daneben sind etwa die Hälfte aller Schülerfehler *Übertragsfehler*. Hierbei unterscheiden wir zwischen *fehlerhaften Überträgen* und der *Nichtberücksichtigung von Überträgen*.

Die folgende Aufgabe verdeutlicht die häufigste *fehlerhafte Übertragsstrategie*:

$$
\begin{array}{r}
2\ 6\ 7 \\
+\ 4\ 3\ 8 \\
\hline
6\ 9\underline{15} \\
\uparrow
\end{array}
$$

Bei der *Nichtberücksichtigung von Überträgen* differenzieren wir genauer nach Schülern, die *generell* die Überträge fortlassen (vgl. Beispiel (1)) und anderen Schülern, die nur in *speziellen* Situationen (vgl. Gerster (1982)) die Überträge nicht berücksichtigen (vgl. Beispiele (2) bis (4)).

Beispiele:

(1)
$$
\begin{array}{r}
763 \\
+\ 859 \\
\hline
15\underset{\uparrow\uparrow}{1}2
\end{array}
$$
(*generell* kein Übertrag)

(2)
$$
\begin{array}{r}
578 \\
+\ 406 \\
\hline
9\underset{\uparrow}{7}4
\end{array}
$$
(kein Übertrag zur *Null*)

(3)
$$
\begin{array}{r}
578 \\
+\ \ 91 \\
\hline
\underset{\uparrow}{5}69
\end{array}
$$
(kein Übertrag in die *leere* Stelle)

(4)
$$
\begin{array}{r}
247 \\
+\ \ 98 \\
\hline
3\underset{\uparrow}{3}5
\end{array}
$$
(kein Übertrag zur *9*)

Besitzen die Summanden eine *unterschiedliche Stellenanzahl*, so tritt neben dem Übertragsfehler (3) häufig auch der folgende Fehler auf:

$$536$$
$$+\ \ 62$$
$$\overline{\underset{\uparrow}{98}}$$

Gerster (1982) vermutet als Ursache eine *Vernachlässigung* dieses Aufgabentyps bei der Behandlung der schriftlichen Addition (zu starke oder ausschließliche Behandlung von Summen mit jeweils *gleicher* Stellenanzahl) und daher
eine Unsicherheit der Schüler an dieser Stelle.

Weisen schließlich die Summanden *Nullen* auf, so verursacht die fehlerhafte
Additionsstrategie $0 + a = 0$ *weitere Fehler*.

Zur *Bekämpfung* der *Übertragsfehler* als der wichtigsten Fehlergruppe bei der
schriftlichen Addition sind nach Gerster (1982, S. 37) folgende Maßnahmen
sinnvoll:

– *Konsequente* Notation der Übertragsziffern (entweder immer oder nie).

– Beachtung des *Zusammenhanges* des Schreibens und Sprechens bei den
Überträgen.

– Freilassen einer vollen *Kästchenzeile* zwischen dem letzten Summanden
und dem Summenstrich für die Notation der Übertragsziffern (Effekt von
Bestimmungslücken).

– Notieren der Übertragsziffern *unter* die zulässige Spalte (und nicht miß-
verständlich *zwischen* die Spalten).

4 Subtraktion

4.1 Überblick über verschiedene Subtraktionsverfah-
ren / Typisierung

4.1.1 Das Abzieh- und das Ergänzungsverfahren

Die *Differenz* zweier Zahlen läßt sich – wie wir im Abschnitt über die mündliche Subtraktion schon näher ausgeführt haben (vgl. III.2) – mindestens

auf *zwei verschiedene Arten* berechnen, und zwar durch *Wegnehmen oder Abziehen* (Beispiel: $17 - 9 = 8$, Sprechweise: 17 minus 9 gleich 8, also Minussprechweise; *Abziehverfahren*) bzw. durch *Ergänzen* (Beispiel: $9 + \square = 17$, Sprechweise bei der Lösung: 9 plus 8 (betont!) gleich 17, also Plussprechweise; *Ergänzungsverfahren*). Hierbei ist die Entscheidung für das jeweils benutzte Verfahren beim mündlichen Subtrahieren insbesondere abhängig von

- der jeweiligen *Sachsituation* (vgl. III.2) sowie
- von den *gegebenen Zahlen*.

So liegt beispielsweise bei einer Aufgabe wie $1005 - 998$ eine Lösung durch *Ergänzen*, dagegen bei $874 - 69$ eine Lösung durch *Abziehen* näher.

Beim *schriftlichen* Subtrahieren ist – im Unterschied zum *mündlichen* Subtrahieren – die *Schreibweise* für beide Verfahren gleich, während die begleitende *Sprechweise* auch hier in beiden Fällen deutlich *unterschiedlich* ist.

Beispiel:

	Sprechweise	
754	a) beim Abziehverfahren	b) beim Ergänzungsverfahren
− 342	4 minus 2 gleich <u>2</u>	2 plus <u>2</u> gleich 4
412	5 minus 4 gleich <u>1</u>	4 plus <u>1</u> gleich 5
	7 minus 3 gleich <u>4</u>	3 plus <u>4</u> gleich 7

(Die *unterstrichene Zahl* wird jeweils betont.)

Da aus den im 2. Abschnitt genannten Gründen auch für die Subtraktion die Festlegung eines Normalverfahrens sehr sinnvoll ist, ist eine Entscheidung zwischen dem Abzieh- und dem Ergänzungsverfahren notwendig. Durch Beschluß der Kultusministerkonfenenz ist in Deutschland seit 1958 das *Ergänzungsverfahren* vorgeschrieben (für genauere Details vgl. 4.2). Dieses Verfahren weist im Vergleich zum Abziehverfahren allerdings folgende *Nachteile* auf:

- Das Abziehen wird vielfach als die *natürlichere* Sinngebung der Subtraktion aufgefaßt, das Ergänzen wirkt dagegen eher etwas gekünstelt.
- Durch Verwechslungen mit der schriftlichen *Addition* unterlaufen den Schülern beim Ergänzungsverfahren leichter Fehler.
- Schreib- und Sprechweise klaffen beim Ergänzungsverfahren auseinander (Die Differenz steht in der Schreibweise *unten*, beim Sprechen in der *Mitte*).

- Lebensnahe *Sachaufgaben* beruhen meistens auf dem Wegnehmen, also *Abziehen*. Daher neigen die „Sachrechner" intuitiv mehr zum Abziehverfahren (vgl. Schräder (1976)).

Diesen Nachteilen stehen folgende deutliche *Vorteile* des Ergänzungsverfahrens im Vergleich zum Abziehverfahren gegenüber:

- Beim Ergänzungsverfahren wird *nur* das *Einsundeins* und *nicht* – wie beim Abziehverfahren – zusätzlich das weniger geläufige und daher fehleranfälligere *Einsminuseins* benötigt.

- Das *Vorwärts*zählen beherrschen wir generell besser als das *Rückwärts*zählen, daher ist die Vorstellung des Ergänzens beim schriftlichen Subtrahieren günstiger (Röhrl (1977)).

- Die Subtraktion *mehrerer* Subtrahenden ist beim Ergänzungsverfahren *leichter* zu handhaben und daher *weniger fehleranfällig* als beim Abziehverfahren.

- Im Gegensatz zum Abziehverfahren wird beim Ergänzungsverfahren der *Zusammenhang* zwischen Addition und Subtraktion unmittelbar deutlich.

- Die Herausgabe von *Wechselgeld* bei der den Schülern gut vertrauten Einkaufssituation erfolgt im Sinne des Ergänzens (sofern nicht – wie heute meist üblich – die Registrierkasse den Wechselbetrag direkt angibt!).

4.1.2 Verschiedene Übertragstechniken

Aufgaben wie z.B. $\begin{array}{r} 367 \\ -\ 139 \\ \hline \end{array}$ können wir *nicht* direkt durch *stellenweises* Abziehen bzw. Ergänzen lösen, zusätzlich sind hier vielmehr *Überträge* (im obigen Beispiel: 1 Übertrag) erforderlich. Drei verschiedene *Techniken* sind zur Lösung dieser Subtraktionsaufgaben üblich, nämlich die sogenannte *Borgetechnik*, die *Erweiterungstechnik* und die *Auffülltechnik*.

4.1.2.1 Die Borgetechnik

Die Technik des Übertrags im Sinne der *Borgetechnik* verdeutlicht das folgende

Beispiel:

Aufgabe	enaktive/ikonische Realisation	Kurzschreibweise

	Zehner | Einer	$5^{1}4$	$\not{5}4$
54			
− 26		− 2 6 bzw.	− 26
		2 8	28

Bei dieser Technik wird also im Minuend eine Einheit des *nächsthöheren* Stellenwertes *entbündelt* (man „*borgt*" sich dort eine Einheit und hält dies durch die Notation einer kleinen 1 fest), um so die Subtraktion durchführbar zu machen. Steht an dieser Stelle des Minuenden jedoch eine *Null*, muß man den *davor* stehenden Stellenwert entbündeln (vgl. unten!).

Die Bezeichnung „*Borge*technik" ist allerdings *nicht* ganz zutreffend; denn bei dieser Technik wird offenkundig *nichts* geborgt und später zurückgegeben, sondern es wird gewechselt oder *entbündelt*. Die Borgetechnik kann im Prinzip sowohl in Verbindung mit dem Abzieh- wie dem Ergänzungsverfahren angewandt werden (vgl. jedoch 4.2). Bei Benutzung des *Abziehverfahrens* lautet die *Sprechweise* im obigen Beispiel (54 − 26) etwa: „4 minus 6 geht nicht. Ich entbündele (borge) 1 Zehner, das sind 10 Einer. Ich erhalte somit 14 Einer. 14 minus 6 gleich 8. 4 minus 2 gleich 2." Auf die *Sprechweise* beim Einsatz des *Ergänzungsverfahrens* gehen wir in 4.2 kurz ein.

Die Borgetechnik bietet folgende *Vorteile*:

- Umformungen werden hier *ausschließlich* im *Minuenden* vorgenommen.
- Diese Technik ist besonders bei der Verwendung von konkretem Material für die Schüler leicht zu *begründen* und gut *einsichtig* zu machen, da

sie das Entbündeln einer Einheit in zehn nächstkleinere Einheiten als naheliegend empfinden.

– Das Entbündeln (bei der schriftlichen Subtraktion) ist die Umkehrung des Umbündelns (bei der schriftlichen Addition).

Andererseits weist die Borgetechnik die folgenden *Nachteile* auf:

– Die Lösung von Aufgaben mit einer oder gar mehreren (Zwischen)*nullen* im Minuenden ist vom *Verständnis* her relativ kompliziert, wie etwa das Beispiel

$$\begin{array}{r} 6000 \\ -\ 3253 \\ \hline 2747 \end{array}$$

belegt: Da kein Zehner wie auch kein Hunderter im Minuenden zum Entbündeln zur Verfügung steht, kann man *erst* bei den *Tausendern* mit dem Entbündeln beginnen. 1 Tausender wird entbündelt in zehn Hunderter, von diesen wird 1 Hunderter in zehn Zehner, von diesen wiederum 1 Zehner in zehn Einer entbündelt. *Erst jetzt* kann die Rechnung im Sinne des Abzieh- oder Ergänzungsverfahrens durchgeführt werden, wobei *sämtliche* durchgeführten Entbündelungen beachtet werden müssen. Subtraktionsaufgaben dieses Typs können offenbar von Schülern bei Kenntnis des „*normalen*" Subtraktionsverfahrens (also von Subtraktionsaufgaben ohne Zwischennullen im Minuenden) *nicht ohne weiteres* gelöst werden, sie müssen bei Benutzung der *Borgetechnik* – im Unterschied zu den beiden anderen Techniken – als *Sonderfall* im Unterricht *ausdrücklich* angesprochen werden und sind wegen ihrer – gerade auch durch die benutzte Methode bedingten – *Komplexität* relativ *fehleranfällig*. Die *formale Notation* dieses Aufgabentyps ist dagegen problemlos:

$$\begin{array}{r} 6\,\not0\,\not0\,0 \\ -\ 3\,2\,5\,3 \\ \hline 2\,7\,4\,7 \end{array}$$

Die Schüler müssen sich nur merken, daß $\not0$ jeweils 9 bedeutet.

– Subtraktionsaufgaben mit *mehreren Subtrahenden* erfordern bei der Lösung in *einer* Rechnung häufiger statt des vertrauten Entbündelns ggf. *einer* Einheit des nächsthöheren Stellenwertes die Entbündelung von *zwei oder auch mehr* Einheiten. Dies bereitet insbesondere *dann* Probleme, wenn an der vorhergehenden Stelle nicht genügend Einheiten zum Entbündeln zur Verfügung stehen wie etwa in der Aufgabe:

$$\begin{array}{r} 613 \\ -\ 178 \\ -\ 269 \\ \hline 166 \end{array}$$

Allerdings kann dieser Aufgabentyp offensichtlich stets problemlos durch eine Zerlegung in zwei Teilaufgaben (zunächst Addition der Subtrahenden, dann Subtraktion dieser Summe vom Minuenden) gelöst werden.

4.1.2.2 Die Erweiterungstechnik

Der Erweiterungstechnik liegt das Gesetz von der *Konstanz der Differenz* zugrunde, das wir implizit schon beim *mündlichen* Subtrahieren unter der Überschrift „Gleichsinniges Verändern der Glieder einer Differenz" kennengelernt haben. Hiernach bleibt die Differenz zweier Zahlen *unverändert*, wenn wir zum Minuenden und Subtrahenden *dieselbe* Zahl addieren bzw. subtrahieren (für genauere Details vgl. 4.5.2). Das folgende *Beispiel* verdeutlicht das Prinzip dieser Technik:

Aufgabe	enaktive/ikonische Realisation	Kurzschreibweise

Ist in einer Stellenwertspalte ein *Übertrag* erforderlich, so werden hier Minuend und Subtrahend um *den gleichen* Betrag vergrößert oder – wie man nicht

ganz korrekt sagt – „*erweitert*". Der „Trick" hierbei: Während zur betreffenden Ziffer des Minuenden 10 Einheiten (im Beispiel 10 Einer) addiert werden,
wird dieser Betrag im Subtrahenden gebündelt dem nächsthöheren Stellenwert als *eine* (nächsthöhere!) Einheit (im Beispiel als 1 Zehner) zugeschlagen.
Hierdurch bleibt die *Differenz* unverändert (nicht hingegen der Minuend und
der Subtrahend!), und wir können jetzt mit der Differenzbildung in *dieser*
Stellenwertspalte beginnen. Die Erweiterungstechnik kann *sowohl* mit dem
Abzieh- *wie* mit dem Ergänzungsverfahren (vgl. 4.5) kombiniert werden.

Die Erweiterungstechnik weist folgende *Vorteile* auf:

– Aufgaben mit (Zwischen)*nullen* im Minuend sind problemlos zu lösen.
   Diese Aufgaben müssen nicht gesondert besprochen werden.

– Auch Subtraktionsaufgaben mit mehreren *Subtrahenden* lassen sich ohne
   größere Probleme lösen. Es muß nur beachtet werden, daß statt des vertrauten Erweiterns um 10 Einheiten häufiger um 20 oder auch mehr
   Einheiten erweitert werden muß.

– Diese Technik läßt sich leicht durch *konkretes Material* oder auch ikonisch veranschaulichen.

Daneben weist die Erweiterungstechnik aber auch folgende *Nachteile* auf:

– Durch die – unter Umständen mehrfache! – *Abänderung* der gegebenen
   Zahlen wird die ursprüngliche Aufgabenstellung *stark verändert*. Unter
   diesem Gesichtspunkt bereitet der Einsatz der Erweiterungstechnik bei
   der Lösung von Sachaufgaben deutliche Probleme, da die *Sachgebunden-
   heit* der Daten – allerdings nur beim Lösen der Aufgabe – *ignoriert* wird
   (vgl. auch Schräder (1976)).

– Das anspruchsvolle Gesetz von der Konstanz der Differenz wird benötigt.
   Seinen Einsatz bei der Erweiterungstechnik *wirklich* zu verstehen, ist
   nicht leicht.

– Bei der *Hinführung* zur Erweiterungstechnik mit Hilfe einer Sachaufgabe
   wirkt die Einführung von „Hilfszehnern" (vgl. 4.5) leicht wie ein „*Trick*"
   und wenig realitätsnah. Entsprechend läßt sich diese Technik auch kaum
   aus Anwendungssituationen heraus entwickeln.

– Die *Endform* der Kurzschreibweise läßt die entscheidende Idee des „Erweiterns" überhaupt *nicht mehr* sichtbar werden. Daher besteht die Gefahr einer *gedankenlosen* Mechanisierung.

- Die Grundidee der Erweiterungstechnik ist – so Floer (1985, S. 111) – „so kompliziert, daß nur wenige Kinder sie wirklich verstehen".

Die Erweiterungstechnik ist seit etwa 1970 die *dominierende Methode* in den deutschen Schulbüchern (vgl. Gerster (1982)), zum Teil bedingt durch entsprechende Empfehlungen in verschiedenen Grundschulrichtlinien (so z.B. in den bis 1985 gültigen Richtlinien von Nordrhein-Westfalen). Im Abschnitt 4.7 vergleichen wir die Erweiterungstechnik mit der im folgenden besprochenen Auffülltechnik noch genauer.

4.1.2.3 Die Auffülltechnik

Der *Grundgedanke* der Auffülltechnik ist das „*Auffüllen*" des Subtrahenden zum Minuenden. Genauer: *Ausgangspunkt* ist der *Subtrahend*, zu dem eine – durch die Rechnung zu bestimmende – Zahl *hinzugefügt* werden muß, um den *Minuenden* als *Zielbetrag* zu erreichen. Die Subtraktionsaufgabe wird also praktisch als Additionsaufgabe mit einem fehlenden Summanden aufgefaßt, wobei die Summe oben steht. Das folgende *Beispiel* verdeutlicht den Grundgedanken dieser Technik:

Subtraktions-aufgabe	Umdeutung als Additionsaufgabe	enaktive / ikonische Realisation	Kurzschreib-weise

Bei dieser Technik wird also der *Minuend überhaupt nicht* verändert. Ist in einer Spalte ein *Übertrag* erforderlich, so wird der *Subtrahend* zunächst auf die *nächsthöhere* Einheit aufgefüllt (im Beispiel um 4 E auf 10 E = 1 Z) und diese Einheit in der nächsthöheren Stellenwertspalte notiert (bzw. bei der Kurzschreibweise durch eine kleine 1 dort kenntlich gemacht). Dann füllen wir den Subtrahend *weiter* auf bis zum *Zielbetrag* (im Beispiel um 4 E auf 4 E).

Diese explizite Zweiteilung beim Auffüllen wird in dieser ausführlichen Form nur zu Beginn realisiert (für genauere Details vgl. 4.6). Die Auffülltechnik kann offensichtlich *nur* mit dem *Ergänzungsverfahren* kombiniert werden.

Die Auffülltechnik weist folgende *Vorteile* auf:

- Aufgaben mit (Zwischen)*nullen* im Minuend sind äußerst *leicht* zu lösen.
- Subtraktionsaufgaben mit *mehreren Subtrahenden* lassen sich ohne größere Probleme lösen. Es muß allerdings beachtet werden, daß statt des vertrauten Auffüllens beispielsweise zur 10 oder 100 in der Regel mindestens zur 20 oder 200 (oder zu noch weiter entfernten Vielfachen von 10 bzw. 100) aufgefüllt werden muß.
- Der Minuend wie der Subtrahend werden bei dieser Technik *nicht verändert*. Damit ergeben sich hier keine Probleme bei der Behandlung von *Sachaufgaben*.
- Diese Technik weist einen gewissen Realitätsbezug auf. So verläuft das Wechseln von Geldbeträgen *im Prinzip* im Sinne dieser Technik.
- Die Auffülltechnik erzwingt ein *konsequentes Ergänzen*, da ein Abziehen offenbar nicht möglich ist.
- Die Zahl der *Merkprozesse* beim Rechnen ist *gering*. Bei der Lösung wird ohne irgendwelche „Sprünge" konsequent von rechts nach links gerechnet. Es wird ausschließlich addiert.
- Auch diese Technik läßt sich mit *konkretem Material* begründen und einsichtig machen.

Gewisse Nachteile besitzt die Auffülltechnik allerdings bei der Veranschaulichung auf der *enaktiven und ikonischen Ebene*. So müssen etwa bei dem vorstehenden Beispiel (54−26) 10 Einer als 1 Zehner zu den Zehnern hinzugefügt werden, während gleichzeitig ein Teil von ihnen, nämlich 4, unverändert bei der Differenzbildung berücksichtigt werden müssen.

Bei einem Agieren rein auf der *symbolischen Ebene* in Form eines konsequenten Umdeutens der Subtraktionsaufgabe als Additionsaufgabe – wie vorne skizziert – tritt dieses Problem allerdings *nicht* auf (vgl. auch Karaschewski (1970)).

Das Auffüllen zunächst auf die nächsthöhere Einheit (einschließlich Umwechseln) sowie das anschließende weitere Auffüllen bis zur im Minuend in der jeweiligen Spalte stehenden Zahl ist bei Sachaufgaben meistens keineswegs naheliegend und daher oft ebenfalls als „Trick" einzuschätzen.

Die Auffülltechnik wurde nach Gerster (1982) bis etwa 1970 in vielen Schulbüchern benutzt. Seitdem wurde sie dort vielfach durch die Erweiterungstechnik abgelöst. Allerdings ist in *jüngster* Zeit eine Rückbesinnung auf die Vorteile der *Auffülltechnik* erkennbar.

4.1.3 Typisierung

Aus den aufgeführten Verfahren (Abzieh- bzw. Ergänzungsverfahren) sowie den genannten Techniken (Borge-, Erweiterungs- bzw. Auffülltechnik) ergeben sich durch *Kombination* die folgenden fünf *Subtraktionsverfahren*:

	Borgen	Erweitern	Auffüllen
Abziehen	+	+	−
Ergänzen	+	+	+

Tabelle 1: Verschiedene Subtraktionsverfahren

Im Abschnitt 4.5 gehen wir auf die schrittweise Einführung der schriftlichen Subtraktion im Sinne des Ergänzungsverfahrens kombiniert mit der Erweiterungstechnik, im Abschnitt 4.6 auf die Einführung im Sinne des Ergänzungsverfahrens kombiniert mit der Auffülltechnik genauer ein.

4.2 Das Normalverfahren

Durch Beschlüsse der Kultusministerkonferenz (KMK) von 1958 sowie von 1976 ist durch den folgenden Text für alle Bundesländer das *Ergänzungsverfahren* vorgeschrieben: „Bei der Subtraktion wird die Ergänzungsmethode angewandt:

Beispiel:

a)   395

  − 254

    141

b)   521

  − 378

    143

Es wird gesprochen:

Zu a): 4 plus 1 gleich 5

        5 plus 4 gleich 9

        2 plus 1 gleich 3

zu b): 8 plus 3 gleich 11

       8 plus 4 gleich 12

       4 plus 1 gleich 5

(Die unterstrichene Zahl ist zu betonen!)"

Damit *scheiden* die beiden Subtraktionsverfahren in der Tabelle 1, die das *Abzieh*verfahren benutzen, als mögliche Verfahren für den Mathematikunterricht in Deutschland gegenwärtig *aus*. Aber auch die Kombination des *Ergänzungsverfahrens* mit der *Borgetechnik* entfällt aufgrund der vorgeschriebenen Sprechweise; denn im 2. Beispiel des KMK-Beschlusses wird als Sprechweise in der Zehnerspalte gefordert: „8 plus 4 gleich 12", während man hier bei der Borgetechnik formulieren würde: 7 plus 4 gleich 11! Damit sind aufgrund des KMK-Beschlusses gegenwärtig nur *zwei* Subtraktionsverfahren für den Unterricht in Deutschland zulässig, nämlich das Ergänzungsverfahren mit der Erweiterungs- bzw. mit der Auffülltechnik.

Hauptgrundlage für diese KMK-Entscheidung war nach unserem Kenntnisstand – neben theoretischen Überlegungen und praktischen Erfahrungen – die *Untersuchung von Johnson (1938)*[1]*, der empirisch drei Subtraktionsmethoden miteinander verglichen hat, und zwar:*

- Die „*Decomposition Method*", eine Kombination von Abziehverfahren und Borgetechnik.
- Die „*Equal Additions Method*", eine Kombination von Abziehverfahren und Erweiterungstechnik.
- Die „*Austrian Method*", eine Kombination von Ergänzungsverfahren und Auffülltechnik.

Bei seiner Untersuchung erhielt Johnson folgende *Ergebnisse:*

1. Die *Decomposition Method* schneidet mit Abstand am *schlechtesten* ab,

[1] Stichprobenumfang: Decomposition Method 526, Equal Additions Method 342, Austrian Method 186 Schüler der Klassen 3 bis 8.

7*

und zwar sowohl bezüglich der Fehlerhäufigkeit wie auch bezüglich der erforderlichen Lösungszeit.

2. Im Vergleich zur *Equal Additions Method* treten bei der Decomposition Method 18 % mehr Fehler auf, und es wird 15 % mehr Zeit gebraucht.

3. Im Vergleich zur *Austrian Method* produziert die Decomposition Method 16 % mehr Fehler und erfordert 67 % mehr Zeit.

4. Ein Vergleich von Equal Additions Method und Austrian Method ergibt einen *minimalen*, nicht signifikanten *Vorsprung* bei der *Fehlerhäufigkeit* zugunsten der Equal Additions Method, dagegen einen *sehr großen*, statistisch *signifikanten* Vorsprung bei der benötigten *Zeit* (44 %) zugunsten der *Austrian Method*.

Die von Johnson gefundenen Ergebnisse decken sich mit mehreren *früher* durchgeführten empirischen Untersuchungen, die alle günstigere Ergebnisse der Equal Additions Method bzw. der Austrian Method gegenüber der Decomposition Method ergeben hatten (vgl. Johnson (1938)). Dabei sind nach Johnson folgende Faktoren für das schlechte Abschneiden der *Decomposition Method* verantwortlich:

− Eine deutlich *größere* Anzahl von erforderlichen Merkprozessen,

− Aufgaben mit *Nullen* im Minuend müssen als *Sonderfall* gesondert behandelt werden,

− *Subtraktionen* sind langsamer und nur schwerer durchzuführen als Additionen.

Zusammenfassend stellt Johnson (1938, S. 71) die *Austrian Method* als die *günstigere*, die *Decomposition Method* als die mit Abstand *ungünstigste* Methode heraus. "To summarize, all the available evidence seems to be definitely in favor of the Austrian method as the most efficient and the most easily taught procedure in subtraction; the equal additions method comes next in order of merit and should be the choice of those who, for some reason, are opposed to the Austrian method. The decomposition method, in view of the evidence now at hand, makes a poor showing, being inferior in both speed and accuracy to either of the other methods."

In einer gründlichen, in den vierziger Jahren durchgeführten vergleichenden Untersuchung [2] der Decomposition Method (im folgenden abgekürzt mit DM)

---

[2]Stichprobenumfang insgesamt (Brownell (1949): 1400 Schüler des 3. Schuljahres aus 41

und der Equal Additions Method (im folgenden kurz EAM) äußert Brownell
(1947, 1949) allerdings *deutliche Kritik* an dieser Untersuchung von Johnson
(1938) sowie an weiteren, früher durchgeführten, entsprechenden Untersuchungen. Er kritisiert die *einseitige Ausrichtung* dieser Untersuchungen auf
nur zwei Gesichtspunkte, nämlich auf die *Anzahl richtiger Lösungen* und die
Lösungsdauer. *Weitere wichtige Gesichtspunkte* werden bei den Methoden-
vergleichen *fast nie* angesprochen, so z.B.:

- Welche Methode ist leichter zu *lernen*?
- Welche Methode ist leichter zu *unterrichten*?
- Welche Methode ermöglicht ein besseres *Verständnis* des Übertrags?
- Welche Methode ermöglicht einen besseren *Transfer* auf noch nicht un-
  terrichtete Typen von Subtraktionsaufgaben?

Der Untersuchungszeitpunkt liegt zudem fast immer zwei oder sogar noch
mehr Jahre *nach* der Einführung der schriftlichen Subtraktion. Entsprechend
finden bei den Untersuchungen selbst wichtige *Unterschiede in der methodischen Gestaltung* des Unterrichts so gut wie *keine* Berücksichtigung — soweit
sie über die Grobklassifizierung der Behandlung der Subtraktion nach z.B.
DM und EAM hinausgehen. Zusätzlich werden die verschiedenen Methoden
bei den meisten vorliegenden Untersuchungen *rein mechanisch* eingeführt
und gelernt, auf *Verständnis* wird *kein Wert* gelegt. Aber auch an dem *methodischen Ansatz* von Johnson, der „Experimental Technique of Differential
Testing" (für Details vergleiche man: Brownell (1949, S. 10 f), übt Brownell
deutliche Kritik.

In seiner *eigenen*, gründlich angelegten und gut durchdachten *Untersuchung*
berücksichtigt Brownell die genannten Kritikpunkte sowie weitere Gesichtspunkte. Er konzipiert sorgfältig eine *dreiwöchige Unterrichtsreihe* zur Einführung der Subtraktion *mit* Übertrag, die sich unmittelbar an die vorher von
den einzelnen Lehrern behandelte Subtraktion *ohne* Übertrag anschließt, und
zwar in der *Hälfte* der Klassen nach der *Decomposition Method* und in der

---

Klassen in 4 verschiedenen Städten der USA. Die Datenerhebung erfolgte über 2 verschiedene Vortests, über einen Test am Ende der jeweils etwa 3-wöchigen Unterrichtsreihe und
über einen Behaltenstest 6 Wochen später sowie über insgesamt rund 2500 Interviews am
Ende der Unterrichtsreihe und 6 Wochen später. Die Teilauswertung in Brownell (1947)
bezieht sich auf *eine* Stadt und umfaßt 328 Schüler aus 12 Klassen mit 12 verschiedenen
Lehrern.

anderen *Hälfte* nach der *Equal Additions Method*. Je Methode unterteilt Brownell die Einführung wiederum in zwei unterschiedliche Wege, nämlich in eine fast *rein mechanische* Heranführung an die Regel sowie eine Heranführung, die ein möglichst großes *Verständnis* der Schüler zum Ziel hat. Brownell bildet in seiner Untersuchung also insgesamt *vier Gruppen*:

Decomposition Method, mechanisch (im folgenden abgekürzt durch DM–M),

Decomposition Method, Verständnis (kurz DM–V),

Equal Additions Method, mechanisch (kurz EAM–M),

Equal Additions Method, Verständnis (kurz EAM–V).

Als *Testinstrumente* setzt Brownell ein: Einen Intelligenztest und einen Rechentest (Addition, Subtraktion ohne Übertrag; gemessen wird die Zahl richtiger Lösungen und die Lösungsdauer) als *Vortest*, am Ende der dreiwöchigen Unterrichtsreihe einen *dreiteiligen Endtest* (Teil 1: Anzahl richtiger Lösungen und Lösungsdauer bei Subtraktionsaufgaben ohne Übertrag und mit *einem* Übertrag an der Zehnerstelle; Teil 2: Notation von Merkziffern („Krücken"); Teil 3 (Transfertest): Anzahl richtiger Lösungen und Lösungsdauer bei erforderlichen Überträgen bei der Hunderterstelle sowie bei der Zehner– *und* Hunderterstelle) sowie *Einzelinterviews* zum Grad des *Verständnisses* und schließlich 6 Wochen später einen *Behaltenstest* sowie wiederum *Einzelinterviews*.

Brownell zieht u.a. folgende *Schlußfolgerungen* aus seiner sehr gründlichen und umfangreichen Untersuchung:

Wird die Subtraktion nach den Methoden DM und EAM *mechanisch* behandelt, also im Sinne der Wege DM–M und EAM–M, so ergibt sich — in Übereinstimmung mit vorliegenden *früheren* Untersuchungen — eine Überlegenheit von EAM–M über DM–M. *Deutlich anders* sieht die Situation dagegen aus, wenn bei den Methoden DM und EAM Wert auf ein möglichst großes *Verständnis der Schüler* gelegt wird, wenn also im Sinne von DM–V und EAM–V unterrichtet wird, also im Sinne von Verfahren, die für den Mathematikunterricht z.B. in Deutschland eher *typisch* sind und deren Ergebnissen daher dort eine *größere Relevanz* zukommt. Hier ist selbst bei der *Lösungsdauer* und der *Anzahl richtiger Lösungen* das Bild *keineswegs einheitlich* zugunsten *einer* Methode, teils lassen sich zwischen beiden Metho-

den *keine* relevanten Unterschiede feststellen, *teils* liegt EAM–V, *teils* DM–V
vorne. Geht es dagegen um die Frage des *Verständnisses* des Verfahrens und
um die Fähigkeit zum *Transfer* auf neue, noch nicht behandelte Subtraktionsaufgaben, so weist DM–V *starke Vorteile* gegenüber EAM–V auf. Schließlich
bereitet es — so die Untersuchungsbefunde von Brownell — *keine Schwierigkeiten,* DM–V so zu unterrichten, daß die Schüler dieses Verfahren *wirklich*
verstehen, während dies bei einem Unterricht im Sinne von EAM–V *große
Schwierigkeiten* bereitet.

4.3 Subtraktionsverfahren im Ausland

Auf der Grundlage der im Abschnitt 4.1.3 zusammenfassend dargestellten
Typisierung können wir die Subtraktionsverfahren im Ausland, insbesondere
in wichtigen *Gastarbeiterherkunftsländern,* rasch und knapp beschreiben (vgl.
auch Ottmann (1982)):

Italien, Jugoslawien (z. T.), Portugal, Spanien, Türkei:
  Abziehverfahren kombiniert mit der *Borgetechnik*
  Das Entbündeln wird häufig *überhaupt nicht* kenntlich gemacht. In der
  Türkei wird (abweichend von der in 4.1.2.1 vorgestellten Schreibweise)
  das Entbündeln folgendermaßen schriftlich festgehalten:

$$\begin{array}{r} \overset{3\,5}{\cancel{4}\cancel{6}2} \\ -\ 178 \\ \hline 284 \end{array}$$

Griechenland:
  Abziehverfahren kombiniert mit der *Erweiterungstechnik*

Das *Abziehverfahren* kombiniert mit der *Borgetechnik* ist darüberhinaus in
den *USA* (vgl. z.B. Sherill (1979), Evered (1989)) sowie auch in *Großbritannien* die mit Abstand am häufigsten benutzte Methode, und zwar in den
USA mindestens seit den – Ende der vierziger Jahre durchgeführten – Forschungsarbeiten von u.a. Brownell (1947). Zuvor wurde dort neben der Borgetechnik auch häufiger die Erweiterungstechnik benutzt (vgl. Evered (1989),
S. 55). Das Abziehverfahren kombiniert mit der Borgetechnik wurde übrigens
auch in Deutschland bis zum KMK-Beschluß von 1958 unter der Bezeichnung

„*Norddeutsche Methode*" durchaus häufig eingesetzt. Nach Einschätzung von Mosel–Göbel (1988) ist es darüber hinaus sogar das *weltweit am häufigsten* angewandte Verfahren. So wird es – neben den bisher aufgezählten Ländern – u.a. auch in Finnland, den Niederlanden, Schweden, Israel, Kanada, Indonesien, Japan und China benutzt (Model–Göbel (1988), S. 559).

4.4 Subtraktion in nichtdezimalen Stellenwertsystemen

Wie die schriftliche Addition so kann auch die *schriftliche Subtraktion* durch die Arbeit mit *konkretem Material* (z.B. durch Mehrsystemblöcke zu den Basen 3, 4 oder 5) gut *vorbereitet* werden. Die Zielsetzung ist auch hier *keine Routine* beim Subtrahieren in *nichtdezimalen* Basen, sondern ein *vertieftes Verständnis* des *dezimalen* Stellenwertsystems. Die Vorteile dieses Weges werden nach unserer Einschätzung bei der Subtraktion nur bei der Arbeit mit *konkretem Material* sichtbar und nicht schon bei einem *ausschließlichen* Agieren auf der ikonischen oder gar der symbolischen Ebene.

Besonders leicht sind auch hier die Subtraktionsaufgaben *ohne* Übertrag zu handhaben. Ein Beispiel für die Vorbereitung der Subtraktion im Sinne der Auffülltechnik bei Aufgaben *mit* Übertrag vermittelt das folgende Schulbuchbeispiel (Griesel-Sprockhoff, 3), bei dem wir allerdings die recht formal wirkenden Bezeichnungen der Bündelungseinheiten für problematisch halten.

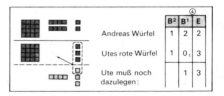

Andrea hat 1 B² + 2 B¹ + 2 E rote Steckwürfel auf den Tisch gelegt. Ute prüft, ob sie ebenso viele hat. Sie findet aber nur 1 B² + 0 B¹ + 3 E rote Würfel. Wieviel andere Würfel muß Ute hinzulegen, damit sie ebenso viele hat wie Andrea?

	B²	B¹	E
Andreas Würfel	1	2	2
Utes rote Würfel	1	0,	3
Ute muß noch dazulegen:		1	3

Nichtdezimale Stellenwertsysteme werden in der Grundschule erst seit dem Anfang der siebziger Jahre bei der schriftlichen Subtraktion benutzt. In neueren Schulbüchern verzichtet man allerdings zumeist wiederum völlig auf sie. Soweit dies nur eine Behandlung auf der *ikonischen oder symbolischen* Ebene betrifft, ist dies verständlich (s.o.), *nicht* hingegen soweit hierdurch auch auf die Arbeit mit *konkretem Material* – wie mit den Mehrsystemblöcken – verzichtet wird.

4.5 Methodische Stufenfolge I (Erweiterungstechnik)

Da durch KMK-Beschlüsse das *Ergänzungsverfahren* in Deutschland vorgeschrieben ist, führen wir im folgenden die schriftliche Subtraktion schrittweise im Sinne einer *Kombination* aus *Ergänzungsverfahren* und *Erweiterungstechnik* ein.

4.5.1 Subtraktion ohne Übertrag

Das folgende Schulbuchbeispiel (Oehl-Palzkill, 3) führt von einer *Sachsituation* ausgehend an die Kurzform der schriftlichen Subtraktion heran:

Schriftliches Subtrahieren ohne Überschreiten

Inge und Klaus leeren ihre Spardosen. Wieviel Geld hat Inge, wieviel hat Klaus?

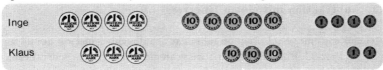

Klaus möchte genauso viel sparen wie Inge. Wieviel Pfennige fehlen ihm noch, wieviel Groschen, wieviel DM?

Beim schriftlichen Subtrahieren bestimmen wir das Ergebnis durch Ergänzen. Schau dir die Beispielaufgabe an. Verstehst du die Schreib- und Sprechweise?

H	Z	E		Sprechweise:		H	Z	E		Kurzform:
6	5	7		4 plus 3 gleich 7		6	5	7		4 + 3 = 7
− 1	3	4		3 plus 2 gleich 5		− 1	3	4		3 + 2 = 5
				1 plus 5 gleich 6		5	2	3		1 + 5 = 6

4.5.2 Das Gesetz von der Konstanz der Differenz

Für die Subtraktion *mit Übertrag* benötigen wir bei diesem methodischen Weg das *Gesetz von der Konstanz der Differenz*, das wir implizit schon bei der *mündlichen* Subtraktion kennengelernt haben (vgl. III.2.4). Es besagt: Die Differenz zweier Zahlen bleibt *unverändert*, wenn wir Minuend und Subtrahend um den gleichen Betrag vergrößern bzw. verkleinern. Im Zusammenhang mit der schriftlichen Subtraktion genügt die Teilaussage über das *Vergrößern*. Der Inhalt dieser Aussage läßt sich für die betreffenden Schüler u.a. *begründen*:

- Über den *Alters*unterschied zweier Kinder (heute, in 5 Jahren, in 10 Jahren).
- Über den *Größen*unterschied zweier Kinder (auf dem Fußboden, auf einer Bank, auf einem Tisch).
- Über den Unterschied an *Murmeln* bei zwei Kindern (jetzt, jeder bekommt 5 Murmeln dazu, jeder bekommt 20 Murmeln dazu.)
- Über den Unterschied an *Geld* auf den Sparbüchern zweier Kinder (jetzt, bei beiden wird 10 DM eingezahlt, bei beiden wird 30 DM eingezahlt).

4.5.3 Subtraktion mit einem Übertrag

Ausgehend von einer *Sachsituation* führt das Schulbuchbeispiel auf der nächsten Seite (Palzkill–Rinkens, 3) schrittweise an die Kurzform der schriftlichen Subtraktion heran.

Die Sachaufgabe ist für die Schüler auf den ersten Blick mit dem *bisher* bekannten schriftlichen Subtraktionsverfahren *nicht* lösbar. Erst durch die Anwendung des Gesetzes von der Konstanz der Differenz wird sie auf den in 4.5.1 behandelten Sonderfall zurückgeführt. Allerdings ist dazu – aus der Sicht der Schüler – zusätzlich ein „Trick" notwendig, indem zwar beide Kinder *denselben Geldbetrag* erhalten, jedoch das eine Kind in Form von *zehn Groschen*, das andere dagegen in Form *einer Mark*. Als Retter in der (Rechen)not taucht hier der Vater auf, der diesen erlösenden Einfall hat. Generell wird also in diesem Fall der Minuend um *zehn Einheiten* und der Subtrahend zugleich um *eine* Einheit der *nächsthöheren* Stufe vergrößert. Es ist allerdings überlegenswert, ob diese generelle Lösungsstrategie an dieser Stelle wirklich

Subtrahieren mit Überschreiten

Hilde und Henrik leeren ihre Spardosen. Wieviel Geld hat Hilde, wieviel Henrik? Henrik
möchte genausoviel sparen wie Hilde. Kann man wie bisher ergänzen?

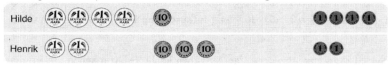

Vater gibt jedem den gleichen Betrag dazu. Hilde bekommt 10 Groschen, Henrik 1 DM.
Kannst du jetzt wie bisher ergänzen?

Tim rechnet 627 − 342 an der Stellentafel. Verstehst du die Schreibweise?

H	Z	E	sprich:
6	2	7	$2 + 5 = 7$
− 3	4	2	
		5	

H	Z	E	sprich:
6	2¹	7	$4 + 8 = 12$
− 3₁	4	2	
	8	5	

H	Z	E	sprich:
6	2¹	7	$4 + 2 = 6$
− 3₁	4	2	
2	8	5	

sofort faktisch *per „Trick"* angesteuert werden sollte – wie in dem Schulbuchbeispiel geschehen – oder ob man nicht besser *allmählich* über den gegebenen
Zahlen angepaßte, *individuelle* Lösungsstrategien hierhin führen sollte, wie es
das folgende Beispiel verdeutlicht (vgl. auch Wilimsky (1978)).

Beispiel:
Klaus will ein Mofa zum Preis von 581 DM kaufen. Er hat bisher 358 DM
gespart. Wieviel muß er noch hinzusparen?

H	Z	E	
5	8	1	Preis des Mofas
3	5	8	bisher gespart
		?	noch anzusparen

Die Aufgabe kann durch die Addition von *2 DM* bei beiden Geldbeträgen auf den leichten Sonderfall (von Abschnitt 4.5.1) zurückgeführt werden:

H	Z	E		H	Z	E		H	Z	E
5	8	1	$\xrightarrow{+2E}$	5	8	3		5	8	3
3	5	8	$\xrightarrow{+2E}$	3	5	10	→ Umtausch von 10 E=1 Z →	3	6	0
		?						2	2	3

Generell kann man also derartige Aufgaben leicht lösbar machen, indem man den *Subtrahenden* an der betreffenden Stelle bis zur *nächsten vollen* Einheit ergänzt und *denselben* Betrag auch zum *Minuenden* addiert. Im Anschluß hieran kann man dann erarbeiten, daß das Hinzufügen von jeweils zehn Elementen in der betreffenden Spalte sowie ein anschließender Umtausch beim Subtrahend *generell immer* zum gewünschten Ziel führt, und so die übliche Standardstrategie bei der Erweiterungstechnik vernünftig motivieren. Wegen weiterer *kritischer* Anmerkungen zur Erweiterungstechnik sei hier auf die Abschnitte 4.1.2.2 und 4.7 verwiesen.

Die weitere schrittweise Vorgehensweise bei der Erweiterungstechnik sieht üblicherweise folgendermaßen aus (vgl. Oehl (1962)):

- Das Stellenwertschema wird zunächst noch beibehalten, die anfangs im Minuenden notierten zehn Einer werden allerdings *nicht* mehr vermerkt.
- Verzicht auf die Stellentafel.
- Verzicht auf das *Mitsprechen* der jeweiligen Bündeleinheiten, also *reines* Ziffernrechnen.
- Behandlung von Aufgaben mit einem Übertrag im Bereich der *Hunderter* oder *Tausender.*

Für eine sichere Beherrschung der schriftlichen Subtraktion ist nach Oehl (1962, S. 171) unbedingt eine *Parallelität* zwischen Rechenvorgang und Schreibvorgang erforderlich:

Beispiel:

H	Z	E
8	9	3
5	4	6
		7

„6 E+7 E=13 E. *Während* des sprechmotorischen Vorgangs wird die 7 *sofort* hingeschrieben. – Das Kind zeigt auf die 3 (spricht aber „13") und schreibt den 1. Zehner in kleiner Ziffer *während* des Sprechens *sofort* zu der 4."

4.5.4 Weiterführende Aufgaben

Es schließen sich im weiteren Unterrichtsverlauf Aufgaben mit *zwei oder mehr Überträgen* an. Bei Bedarf greift man wieder auf das Stellenwertschema zurück. Prinzipiell *neue* Gesichtspunkte ergeben sich hier allerdings *nicht* mehr, genauso wenig wie bei der Subtraktion von *mehreren* Subtrahenden. Allerdings treten in diesem Fall *viele Überträge* auf, die zusätzlich in der Regel *größer als 1* sind, wie es das folgende Beispiel zeigt:

$$
\begin{array}{r}
6834 \\
-\ 1688 \\
-\ \ \ 988 \\
-\ 2879 \\
\hline
1279
\end{array}
$$

4.5.5 Probe / Vertiefung

Zur *Probe* bei der schriftlichen Subtraktion können die folgenden beiden *Rechenkontrollen* verwandt werden:

(1) Kontrolle über die *Addition*: Die Summe aus Differenz und Subtrahend muß den Minuenden ergeben.

(2) Kontrolle über die *Subtraktion*: Die Differenz aus Minuend und der als Lösung gefundenen Differenz muß den Subtrahenden ergeben.

Klecksaufgaben sind auch hier zur *Vertiefung des Verständnisses* des Subtraktionskalküls gut geeignet.

Beispiele:

(1)
$$
\begin{array}{r}
6\ 5\ 4 \\
-\ \square\,\square\,\square \\
\hline
3\ 2\ 1
\end{array}
$$

(2)
$$
\begin{array}{r}
\square\,\square\,\square \\
-\ 3\ 5\ 4 \\
\hline
6\ 4\ 2
\end{array}
$$

(3)
$$
\begin{array}{r}
7\ 5\ 3 \\
-\ \square\,\square\,\square \\
\hline
4\ 6\ 4
\end{array}
$$

(4)
$$
\begin{array}{r}
\square\,\square\,\square \\
-\ 5\ 2\ 7 \\
\hline
2\ 9\ 4
\end{array}
$$

(5)
$$
\begin{array}{r}
\square\,6\,\square \\
-\ 5\,\square\,7 \\
\hline
4\ 3\ 7
\end{array}
$$

(6)
$$
\begin{array}{r}
9\ 5\,\square \\
-\ 5\,\square\,4 \\
\hline
\square\,7\,9
\end{array}
$$

4.6 Methodische Stufenfolge II (Auffülltechnik)

Entsprechend den KMK-Beschlüssen beschreiben wir im folgenden die Einführung des schriftlichen Subtraktionsverfahrens im Sinne einer *Kombination* aus *Ergänzungsverfahren* und *Auffülltechnik*.

4.6.1 Subtraktion ohne Übertrag

An dieser Stelle besteht – natürlich – *kein* Unterschied zu dem in 4.5 beschriebenen Subtraktionsverfahren.

4.6.2 Auffüllen zum vollen Zehner

Vor der umfassenden Behandlung der Subtraktion *mit Übertrag* geht man zweckmäßigerweise im Unterricht zunächst auf den im Sinne der Auffülltechnik besonders leichten Fall des Auffüllens zum *vollen Zehner* (später auch zum vollen Hunderter) ein, etwa wie es das folgende Schulbuchbeispiel (Picker, 3) zeigt:

Kai bekommt ein Mofa zu 850 DM. Er hat 536 DM gespart. Den Rest geben die Eltern dazu.

Schreibe den Betrag auf, den die Eltern dazugeben:

Der Preis von Kai's Mofa ist hierbei ein *Zielbetrag*, der als konkreter Geldbetrag ursprünglich noch nicht vorliegt und der daher in diesem Schulbuchbeispiel – in Übereinstimmung mit Vorschlägen von Schräder (1976) und Breidenbach (1963) – *mit Ziffern* notiert wird, ebenso wie beispielsweise auf einem Preisschild oder auf einer Rechnung. Dagegen wird der von Kai ersparte ebenso wie der von den Eltern hinzugegebene Betrag *konkret mit Spielgeld* dargestellt. Soll dieser von den Eltern hinzugegebene Betrag *ausschließlich* durch *Hinzulegen* bestimmt werden, so liegt es nahe, *zunächst* vier 1-DM-Stücke hinzuzulegen, also die sechs 1-DM-Stücke zu 10 DM zu ergänzen. Dann liegen also insgesamt 540 DM vor, wobei der vierte Zehner aus zehn 1-DM-Stücken besteht. Durch das *anschließende* Hinzulegen eines 10-DM-Scheines erhalten wir die erforderlichen 50 DM, durch das *weitere* Hinzulegen von drei 100-DM-Scheinen schließlich den erforderlichen Betrag von 850 DM. Hierbei werden die durch Umtausch erhaltenen 10 DM bei der Notation in der Stellentafel durch eine kleine 1 in der betreffenden Stellenwertspalte kenntlich gemacht. Zur weiteren Verdeutlichung der gesamten Vorgehensweise ist u.U. zu Beginn die *parallele Benutzung* des folgenden Schemas nützlich (vgl. Röhrl (1977)):

Rechnung	8	5	0		8	5	0		8	5	0
Kai	5	3	6		5	3	6		5	3	6
Eltern			4	→		1	4	→	3	1	4
bezahlt ist	5	4	0		5	5	0		8	5	0

Die Auffülltechnik könnte nach Vorschlägen von Leifhelm-Sorger (1978) ergänzend auch mit Hilfe eines *Kilometerzählermodells* eingeführt werden.

Beispiel:

Endstand: 850
Anfangsstand: 5$\underset{1}{3}$6
dazu: $\overline{314}$

Damit an der Einerstelle des Kilometerzählers im Endstand die geforderte 0 steht, müssen wir das Einerrad um 4 weiterdrehen. Dadurch springt der Kilometerzähler an der Einerstelle auf die gewünschte „0",an der Zehnerstelle von 3 auf 4. Bei unseren Notizen auf dem Papier machen wir dies durch eine kleine 1 unterhalb der 3 kenntlich. Die erforderliche 5 bei den *Zehnern* sowie die 8 bei den *Hundertern* erhalten wir – *wenig* realitätsnah! – durch ein Weiterdrehen des Zehnerrades um 1 sowie des Hunderterrades um 3.

Dieses Modell ist allerdings nicht sonderlich gut als *Haupteinführungsweg* geeignet, da die Schüler hier nicht – wie bei der Benutzung von Spielgeld – mit *konkretem Material* arbeiten können und da zusätzlich das Weiterdrehen

190

des Kilometerzählers nach unserer Einschätzung für die Schüler schwieriger nachzuvollziehen ist als das Hinlegen von Spielgeld. Schließlich ist die *mangelnde* Realitätsnähe beim Weiterdrehen des Zehner- bzw. Hunderterrades bei *feststehendem* Einerrad ein weiterer Mangel des Kilometerzählermodells.

4.6.3 Subtraktion mit Übertrag

Falls Kai's Mofa statt 850 DM 851 DM kostet, so müssen wir offenkundig nur 1 DM hinzufügen. Die Behandlung *mehrerer* derartiger Aufgaben führt zu der Erkenntnis: Hat der Subtrahend *mehr* Einer (bzw. später entsprechend mehr Zehner, Hunderter usw.) als der Minuend, so füllen wir zunächst zum *vollen Zehner* auf (10 E=1 Z) und fügen dann die noch *fehlenden* Einer hinzu, etwa wie es das folgende Schulbuchbeispiel (Picker, 3) verdeutlicht:

Familie Klein kauft eine Waschmaschine. Sie kostet 685 DM. Herr Klein zahlt 237 DM an. Wie hoch ist der Restbetrag?

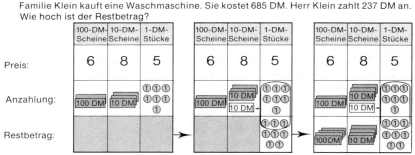

Schreibe den Restbetrag auf:

Der *weitere* methodische Weg entspricht bei der Auffülltechnik der in den Abschnitten 4.5.3 (letzter Teil), 4.5.4 und 4.5.5 schon geschilderten Vorgehensweise.

4.7 Vergleich verschiedener Subtraktionsverfahren

Wir haben in den vorausgegangenen Abschnitten 4.5 und 4.6 die beiden nach den KMK–Beschlüssen in *Deutschland* gegenwärtig möglichen Subtraktionsverfahren (Ergänzungsverfahren kombiniert mit der Erweiterungstechnik bzw. mit der Auffülltechnik) ausführlich dargestellt. Im Abschnitt 4.3 haben wir gesehen, daß im *Ausland* weltweit das Abziehverfahren kombiniert mit der Borgetechnik die mit Abstand am häufigsten benutzte Methode ist, eine Methode, die bis weit in die fünfziger Jahre auch in Deutschland unter der Bezeichnung „Norddeutsche Methode" vor allem im norddeutschen Raum häufig benutzt wurde. Zum Abschluß sollen daher diese drei Methoden in Form einer tabellarischen Übersicht vergleichend gegenübergestellt werden.[3] Hierbei benutzen wir bei der Bewertung eine Skala mit den Abstufungen +, 0 und −. In die Bewertung gehen folgende Gesichtspunkte ein:

- *Verständnis*
  Wieweit ist der betreffende Ableitungsweg gut einsichtig zu machen und leicht zu begründen, wieweit wird hier mit „Tricks" gearbeitet?
- *Prägnanz*
  Wie steht es mit der Prägnanz des Ableitungsweges? Liegt dem Weg eine gut rückerinnerbare, im Mathematikunterricht häufig benutzte zentrale Leitidee - ein advance organizer im Sinne von Ausubel (1968) - zugrunde?
- *Anwendung*
  Wieweit liegt bei den verschiedenen Typen von Subtraktionsaufgaben (Wegnehmen, Vergleichen, Ergänzen, Vereinigen, vgl. III.2.2) das betreffende Subtraktionsverfahren unter dem Gesichtspunkt des Realitätsbezuges nahe? Besteht ein enger Zusammenhang zwischen dem Ableitungsweg und wichtigen Verwendungssituationen der Subtraktion?
- *Veranschaulichung*
  Wieweit können Veranschaulichungsmittel wie z.B. Rechengeld, Mehrsystemblöcke oder Rechenbrett bei der Ableitung mit Gewinn eingesetzt werden?
- *Selbständige Entdeckung*
  Besteht die Möglichkeit einer weitgehend selbständigen Entdeckung des Ableitungsweges durch die Schüler, oder kann der Weg nur vom Lehrer vorgeführt und von den Schülern nachvollzogen werden?
- Anknüpfung an die *halbschriftliche Subtraktion*
- *Fehlerhäufigkeit*

---

[3]Für die Anregung zu dieser Form der vergleichenden Übersicht bin ich Herrn Trauerstein, Bielefeld, zu Dank verpflichtet.

Fehlerhäufigkeit der verschiedenen Verfahren aufgrund der Untersuchungen von Johnson, Brownell (vgl. 4.2) und Mosel–Göbel (1988)

– *Sonderfälle*

Wieweit müssen bei den verschiedenen Verfahren Sonderfälle getrennt behandelt werden?

– *Lösungsdauer*

Erforderliche Lösungszeit bei den verschiedenen Verfahren aufgrund der Untersuchung von Johnson (vgl. 4.2).

Unsere Einschätzung dieser Gesichtspunkte ergibt folgendes Bild:

Beurteilungskriterien	Borgetechnik/ Abziehverf.	Erweiterungstechnik/ Ergänzungsverf.	Auffülltechnik/ Ergänzungsverf.
Verständnis	+	–	0
Prägnanz	+	–	+
Anwendung			
a) Wegnehmen	+	–	–
b) Vergleichen	+	+	+
c) Ergänzen/ Vereinigen	–	0	+
Veranschaulichung	+	+	0
Selbständige Entdeckung	+	–	0
Halbschriftliche Subtraktion	+	0	+
Fehlerhäufigkeit	0/+	+	+
Sonderfälle	0	+	+
Lösungsdauer	–	0	+

Hierbei sind die verschiedenen, in der vorstehenden Tabelle aufgeführten Beurteilungskriterien natürlich *keineswegs* als *gleichgewichtig* anzusetzen. So kommt beispielsweise dem *Verständnis* ein viel *größeres* Gewicht als der Lösungsdauer zu.

Zur weiteren Erläuterung der Beurteilungen in der Tabelle noch einige Ergänzungen zu verschiedenen Punkten des Bewertungsrasters:

In ihrer gründlich angelegten, empirischen Untersuchung der drei vorstehend dargestellten Subtraktionsverfahren kommt Mosel–Göbel (1988) bezüglich des *Verständnisses* zu dem Ergebnis, daß die Borgetechnik den beiden übrigen Verfahren haushoch überlegen ist. Während bei diesen nur um die 10% der Schüler die Stufe des „begründenden Verständnisses" erreichen, sind dies bei der Borgetechnik rund 80% der untersuchten Schüler. Auch Brownell (1947) konstatiert eine Überlegenheit der Borgetechnik bezüglich des Verständnisses. Analysieren wir in diesem Zusammenhang, wieweit beim Ableitungsweg mit „*Tricks*" gearbeitet wird, so sind bei der *Erweiterungstechnik* zwei Tricks erforderlich, nämlich zunächst einmal die Anwendung des Gesetzes von der Konstanz der Differenz sowie ferner die Addition von 10 Einheiten zum Minuenden und zugleich von *einer* Einheit der nächsthöheren Stufe zum Subtrahenden. Gleichzeitig ist bei der Rechnung eine u.U. sogar mehrfache Abänderung der Zahlen notwendig. Dagegen ist bei der *Auffülltechnik*, welche die Subtraktion auf die Addition mit einem fehlenden Summanden zurückführt, nur ein – etwas naheliegenderer – Trick beim Auffüllen erforderlich (schrittweises Auffüllen auf die nächsthöhere volle Einheit – einschließlich Umbündeln – sowie anschließend weiteres Auffüllen bis zur Zielzahl). Die *Borgetechnik* kommt dagegen völlig ohne Trick aus. Darüber hinaus ist das Entbündeln beim Subtrahieren als Umkehrung des Umbündelns beim Addieren sehr naheliegend.

In ihrer Untersuchung geht Mosel–Göbel auch auf die Frage der *selbständigen Entdeckung* der Übertragstechniken aufgrund geeigneter Problemstellungen und mit Hilfe des jeweils eingeführten Materials ein: Diese selbständige Entdeckung gelang am häufigsten bei der Borgetechnik, deutlich seltener schon bei der Auffülltechnik und in keinem Fall bei der Erweiterungstechnik.

Durch *halbschriftliche Subtraktion* läßt sich der Kerngedanke des Ableitungsweges bei der Borgetechnik und bei der Auffülltechnik *gut* verdeutlichen, während dies bei der Erweiterungstechnik *schwieriger* ist, wie die folgenden Beispiele verdeutlichen:

Borgetechnik	*Auffülltechnik*	*Erweiterungstechnik*
65 − 38	65 − 38	65 − 38
15 − 8 = 7	38 + □ = 65	38 + □ = 65
50 − 30 = 20	38 + 7 = 45	48 + □ = 75
65 − 38 = 27	45 + 20 = 65	8 + 7 = 15
	38 + 27 = 65	40 + 20 = 60
		48 + 27 = 75

Die Beurteilung der *Fehlerhäufigkeit* bei der Borgetechnik (mit 0/+) resultiert aus widersprüchlichen empirischen Befunden: Nach der älteren Untersuchung von Johnson (vgl. 4.2) verursacht die Borgetechnik *mehr* Fehler, nach der Untersuchung von Brownell (1947) z.T. *weniger* Fehler, während nach der Untersuchung von Mosel–Göbel (1988) zwischen den verschiedenen Verfahren *keine* gravierenden Unterschiede in der Fehlerhäufigkeit zu beobachten sind.

Zieht man abschließend das *Resümee*, so kann man festhalten: Bei den beiden in Deutschland zur Zeit zugelassenen Subtraktionsverfahren besitzt die *Auffülltechnik* in einer Reihe von Punkten deutlich erkennbare Vorteile gegenüber der Erweiterungstechnik. Wir sind daher der Ansicht, daß *im Rahmen dieser beiden Verfahren* die *Auffülltechnik* zur Einführung der schriftlichen Subtraktion besser geeignet ist als die Erweiterungstechnik, und sie daher im Unterricht vorgezogen werden sollte (vgl. auch u.a. Gerster (1982), Schräder (1976 bzw. 1962), Borges (1978)). Allerdings sind *insgesamt* die Vorzüge der im Ausland stark verbreiteten *Borgetechnik mit Abziehverfahren* unübersehbar, wobei die deutlich höhere Lösungsdauer nach Johnson im Computerzeitalter *keine* Rolle mehr spielt.

4.8 Typische Schülerfehler, mögliche Ursachen und Gegenmaßnahmen

Die Hauptgrundlage dieses Abschnittes bildet eine von uns kürzlich in 31 Klassen des vierten Schuljahres an 16 verschiedenen Schulen durchgeführte *empirische Untersuchung* über Schülerleistungen und typische Fehler bei der schriftlichen Subtraktion (vgl. auch Kühnhold/Padberg (1986)). Hierbei benutzten rund 90 % der untersuchten Schüler – entsprechend dem in den untersuchten Klassen eingeführten Schulbuch (Oehl-Palzkill) – die *Erweiterungstechnik* in Verbindung mit dem *Ergänzungsverfahren.*

4.8.1 Schwierigkeitsdimensionen / Diagnostischer Test

Auf der Grundlage der in der anglo–amerikanischen und deutschsprachigen Literatur beschriebenen Ergebnisse einschlägiger Untersuchungen sowie angeregt durch die Systematik der von Gerster (1982) konstruierten Tests erstellten wir einen *diagnostischen Subtraktionstest,* um so bei dieser Rechenart *systematische* oder auch nur *typische* Fehlerstrategien und -muster erkennen und klassifizieren zu können und um auf dieser Basis den Lehrern *gezielte Hinweise* für entsprechende vorbeugende Maßnahmen oder Gegenmaßnahmen geben zu können.

Der von uns erstellte Test umfaßt 24 Aufgaben und weist folgende *Charakteristika* auf:

- Der *Zahlenraum* reicht bis 100.000 (zusätzlich umfaßt eine Aufgabe einen sechsziffrigen Minuenden wie auch Subtrahenden).
- Die Minuenden sind weit überwiegend vier- bzw. fünfziffrig, die Subtrahenden drei- bzw. vierziffrig (vgl. Tabelle 2).
- Die Aufgaben weisen zu gleichen Teilen eine *Null* ausschließlich im *Ergebnis,* eine Null in den *gegebenen Zahlen* (und z.T. auch *zusätzlich* im Ergebnis) bzw. *überhaupt keine* Null auf.
- Bei den Aufgaben variiert die Anzahl der *Überträge* zwischen null und vier.
- Das Merkmal Übertrag wird darüberhinaus sehr *differenziert* berücksichtigt (z.B. Übertrag in eine leere Stelle, Übertrag zur 0, zur 9 usw.; vgl. Kühnhold/Padberg (1986)).
- Minuend und Subtrahend enthalten bei der Hälfte der Aufgaben *gleichviele* Stellen, bei der anderen Hälfte *Stellenunterschiede* bis zu zwei Stellen.
- Das Merkmal „gleiche Ziffern innerhalb einer Aufgabe" wird differenziert abgetestet (vgl. Kühnhold/Padberg (1986)).
- Der Sonderfall „Minuend kleiner als Subtrahend" wird berücksichtigt.

Unser Test besteht konkret aus folgenden *Aufgaben:*

Subtraktionstest	keine Null	Nullen in den gegebenen Zahlen	Null im Ergebnis
kein Übertrag	746 − 532	8067 − 4020	5738 −717
ein Übertrag	713 − 281	7705 − 462	3964 − 2558
	3279 − 628	5437 − 2091	5268 − 4838
zwei Überträge	5643 − 4295	1503 − 396	74254 − 4156
	9638 − 675	8973 − 8085	123781 − 116762
mind. 3 Überträge	88555 − 33999	60107 − 309	72184 − 3978
	43362 − 42974	20010 − 420	51365 − 9385
Sonderfälle	6352 − 6413	1000 − 333	8345 − 37642

Tabelle 2: Systematische Darstellung der im Subtraktionstest benutzten Aufgaben.

4.8.2 Die wichtigsten systematischen Fehler

Rund 14 % der untersuchten Schüler unterläuft *mindestens ein systematischer* Fehler. Hierbei bewerten wir einen Fehler als systematisch, wenn er von den betreffenden Schülern bei *mindestens der Hälfte* aller in Frage kommenden Aufgaben gemacht wird. Wir identifizierten insgesamt 19 verschiedene *systematische* Fehler. Allerdings *massieren* sich die systematischen Fehler zu deutlich mehr als 50 % auf *nur drei* Fehlermuster:

Beispiel	Fehlermuster	Anteil der Schüler mit dem jeweiligen Fehler
273 − 197 124	Spaltenweise Unterschieds- bildung	3 %
574 − 216 368	Keine Berücksichtigung des Übertrags (generell)	3 %
786 − 92 794	Kein Übertrag in die leere Stelle (Sonderfall)	2 %

Tabelle 3: Die wichtigsten *systematischen* Subtraktionsfehler

Bezüglich der Häufigkeit des Auftretens von systematischen Fehlern lassen sich *signifikante* Unterschiede zwischen den einzelnen Klassen feststellen: Während wir in 13 Klassen *keine* systematischen Fehlerstrategien identifizieren konnten, variiert der Anteil der Schüler mit systematischen Fehlern in den *übrigen* 18 Klassen zwischen 8 % und 56 %.

4.8.3 Fehlergruppen und Fehlerhäufigkeiten

Unterteilen wir in Anlehnung an eine entsprechende Klassifikation von Gerster (1982) die von den Schülern insgesamt gemachten Fehler nach *Fehlergruppen*, so erhalten wir das in Tabelle 4 dargestellte *Ergebnis*.

Hierbei bestehen die *Rechenrichtungsfehler* fast ausschließlich aus der in Tabelle 3 aufgeführten spaltenweisen Unterschiedsbildung. Unter *Perseverationsfehlern* verstehen wir nach Weimer (1925) Fehler, die dadurch entstehen, daß im Bewußtsein fest verankerte Vorstellungen (z.B. Zahlen oder Operationen) sich *gegenüber neuen* hartnäckig durchsetzen.

Die in Tabelle 4 genannte Abfolge kann natürlich stark durch die Anzahl *der* Aufgaben beeinflußt werden, bei denen die einzelnen Fehler der verschiedenen Fehlergruppen *überhaupt* auftreten können. Berücksichtigen wir dies, so

Fehlergruppe	Anteil an der Fehlerzahl
1. Übertragsfehler	50 %
2. Rechenrichtungsfehler	17 %
3. Perseverationsfehler	10 %
4. Fehler mit der Null	8 %
5. Einsundeinsfehler	8 %
6. Anwendung der inversen Operation (Addition statt Subtraktion)	5 %
7. Fehler durch unterschiedliche Stellenanzahl	4 %

Tabelle 4: Aufteilung der Fehler nach Fehlergruppen

gewinnt die Fehlergruppe „Fehler durch unterschiedliche Stellenanzahl" deutlich an Gewicht, bei den übrigen Fehlergruppen ergeben sich hingegen *keine* nennenswerten Veränderungen.

In Übereinstimmung mit *weiteren*, uns bekannten Untersuchungen bildet der *Übertrag* bei der Subtraktion die *wichtigste* Fehlerquelle. Hierbei wird in rund *drei Viertel* aller Fälle der Übertrag einfach *überhaupt nicht* berücksichtigt. Gerade bei „*kniffligen*" Aufgaben neigt ein nicht unbeträchtlicher Teil der Schüler hierzu. Nach unseren Befunden trifft dies insbesondere für Aufgaben zu, die im Subtrahend eine 9 aufweisen und in denen eine Null in den gegebenen Zahlen vorkommt, ferner für Aufgaben mit unterschiedlicher Stellenanzahl bei Minuend und Subtrahend und einer Null im Minuenden.

Fehler mit der *Null* werden auch von Gerster (1989) genauer untersucht. Zwei von ihm gefundene Fehlertypen sollen hier knapp skizziert werden. Stehen beim Subtraktionskalkül in einer Spalte *gleiche Ziffern* übereinander (bzw. ergibt sich die Gleichheit der Ziffern durch einen Übertrag aus der vorhergehenden Spalte), so wird oft systematisch ein Übertrag zuviel gemacht

Beispiele:

$$
\begin{array}{r}
496 \\
- 1\underset{1}{3}6 \\
\hline
350
\end{array}
\qquad
\begin{array}{r}
451 \\
- {}_1\underset{1}{4}7 \\
\hline
304
\end{array}
$$

Diese Fehler deutet Gerster als Ausweichen vor dem Rechnen mit der Null, da hier statt $6 + 0 = 6$ bzw. $5 + 0 = 5$ jeweils $6 + 10 = 16$ bzw. $5 + 10 = 15$ gerechnet wird. Im gewissen Gegensatz zu diesen Fehlern steht ein *anderer* Fehlertyp, bei dem die Null – wie bei der Multiplikation – eine *dominierende* Rolle annimmt. So erhalten diese Schüler bei allen Rechnungen, bei denen in einer Spalte eine Null vorkommt, in dieser Spalte als Ergebnis Null.

4.8.4 Auswirkungen ausgewählter Faktoren auf die Rechenleistungen

4.8.4.1 Notation der Überträge

Zwischen der Häufigkeit der *Notation der Überträge* und der Anzahl *richtig* gelöster Aufgaben besteht ein – natürlich nicht notwendig kausaler! – *Zusammenhang*, wie man der folgenden Tabelle entnehmen kann:

Notation der Überträge	Anteil richtig gelöster Aufgaben (in %)
immer	88
nie	81
manchmal	65

Tabelle 5: Notation der Überträge und Anzahl richtig gelöster Aufgaben

Als Lehrer sollte man darauf achten, daß die Schüler die Überträge *konsequent* notieren. Eine nur *gelegentliche* Notation ist anscheinend ungünstig. Allerdings ist die Schülergruppe, die so verfährt, in unserer Untersuchung nur *relativ klein*. Rund Dreiviertel der untersuchten Schüler notieren dagegen die Überträge bei der Subtraktion *ständig*.

4.8.4.2 Nichtdezimale Stellenwertsysteme

Eine *relativ ausführliche* Behandlung der schriftlichen Subtraktion in *nichtdezimalen* Stellenwertsystemen zahlt sich nach unseren Befunden *positiv* aus, und zwar durch einen *auffallend geringen* Anteil von Schülern mit *systematischen* Fehlern sowie durch eine hohe Quote *richtig gelöster* Aufgaben (vgl. die Tabelle 6).

Behandlung nichtdezimaler Stellenwertsysteme	Anteil richtig gelöster Aufgaben (in %)	Anteil der Schüler mit systematischen Fehlern (in %)
relativ ausführlich	93	3
nur kurz	81	15
überhaupt nicht	78	16

Tabelle 6: Behandlung nichtdezimaler Stellenwertsysteme, Anteil richtig gelöster Aufgaben und Anteil der Schüler mit systematischen Fehlern

Das bessere Abschneiden der Schüler, die die schriftliche Subtraktion *zuvor* relativ ausführlich in *nichtdezimalen* Stellenwertsystemen kennengelernt haben, könnte damit zusammenhängen, daß diese Schüler bei der schriftlichen Subtraktion zunächst *nicht* auf bereits vorhandenes Vorwissen zurückgreifen und so z.B. die Größenordnung des Ergebnisses in etwa abschätzen können. Sie sind *stattdessen* vielmehr gezwungen, das Verfahren zunächst systematisch und gründlich zu erlernen. Das bessere Abschneiden *könnte* allerdings auch mit Unterschieden in der Verteilung der innovationsfreudigen, engagierten und motivierten Lehrer auf die verschiedenen Gruppen zusammenhängen.

Die *insgesamt besten* Ergebnisse erzielten in unserer Untersuchung *die* Klassen, in denen die Subtraktion in *nichtdezimalen* Stellenwertsystemen relativ ausführlich behandelt worden war und *zugleich* auch die *Überträge stets konsequent* notiert wurden.

4.8.5 Abschließende Bemerkungen

Nach unseren Befunden beruht mehr als ein Drittel aller falschen Aufgabenlösungen zur Subtraktion auf *systematischen* Fehlern. Jeder siebte Schüler begeht *mindestens einen* derartigen Fehler. Bei dem Bemühen um eine Fehlerreduzierung muß daher bei diesen *systematischen* Fehlern angesetzt werden, da hier wegen der Konzentration auf *einige wenige* fehlerhafte Strategien gezielte Maßnahmen den *stärksten* Erfolg versprechen. So kann der einzelne Lehrer bei Kenntnis der *besonders fehlerträchtigen Bereiche* bei der schriftlichen Subtraktion hier bewußt vorbeugen bzw. geeignete Gegenmaßnahmen ergreifen, um ein *Einschleifen* von fehlerhaften Rechenstrategien möglichst zu verhindern. Hilfreich ist auch der Einsatz von *überschaubaren* Aufgaben bei der *schriftlichen* Subtraktion, die der Schüler *zur Kontrolle* auch *im Kopf* rechnen kann. Hier entsteht dann beim Vorliegen *fehlerhafter* Strategien ein *kognitiver Konflikt*, der die Schüler gegen diese Fehlerstrategien *resistenter* machen kann. Es empfiehlt sich ferner, *Teilfertigkeiten* gezielt einüben zu lassen, so z.B. die Bestimmung von *Übertragsziffern* (vgl. auch Gerster (1982, S. 94 ff)).

Der *weit überwiegende* Teil der Fehler hängt nach unseren Befunden mit dem *Übertrag* zusammen. Die Aufgaben *ohne* Übertrag bereiten den Schülern dagegen praktisch *keine* Schwierigkeiten. Viele Schüler versuchen, ihre beträchtlichen Schwierigkeiten mit dem Übertrag in der weit überwiegenden Zahl der Fälle einfach durch eine *Nichtberücksichtigung* der Übertragsziffern zu lösen. Dies trifft besonders stark bei etwas „kniffligen" Aufgaben zu (vgl. 4.8.3). Die Ursache hierfür ist offenkundig eine nur ungenügende Einsicht in die Technik des Stellenwertübertrags. Das mangelnde Verständnis für das Subtraktionsverfahren, und zwar insbesondere für den Stellenwertübertrag, wird auch bei den beiden Testaufgaben, die im Bereich der natürlichen Zahlen *unlösbar* sind, besonders deutlich. So erkennt lediglich ein Viertel der Schüler, daß das vertraute Subtraktionsverfahren auf diese Aufgaben *nicht* angewandt werden kann und macht dies durch eine entsprechende Notiz kenntlich. Die große Mehrheit hingegen rechnet zunächst – wie gewohnt – rein ziffernweise, ohne die Zahlen als Ganzes zu erfassen, und führt dann durch fehlerhafte Ausweichreaktionen (z.B. durch die Notation einer Null in der höchsten Stellenwertspalte) die Aufgaben zu einem *fehlerhaften* Ende.

Zur Vorbeugung gegen das unbemerkte Einschleichen und Einüben typischer Fehlerstrategien sind gut durchdachte *Rechenproben* hilfreich. Gerster (1989, S. 27 f) schlägt folgende, gut praktikable Form der Kontrolle vor:

1. Schritt: Den Minuenden (die obere Zahl) mit einem kleinen Notizblatt zudecken.

2. Schritt: Die beiden unteren Zahlen (Subtrahend und Differenz) addieren, das Ergebnis auf dem Notizblatt notieren.

3. Schritt: Nach Hochschieben des Notizblattes die Zahl auf dem Notizblatt mit der oberen Zahl vergleichen.

Diese Form der Probe besitzt insbesondere folgende Vorteile (vgl. auch Gerster 1989):

— Das fehleranfällige, erneute Aufschreiben der Probeaufgabe entfällt weithin.

— Minuend und die bei der Probe berechnete Summe können direkt verglichen und Fehler so leicht erkannt werden.

Aufgrund unserer Befunde ist es empfehlenswert, das schriftliche Subtraktionsverfahren *zunächst* in einer überschaubaren, kleineren *nichtdezimalen* Basis einzuführen. Dies verlangt von den Schülern eine *gründliche Einarbeitung* in das Verfahren und zahlt sich offenkundig in einem *vertieften Verständnis* aus. Auch die *konsequente* Notation der Übertragsziffern bei der schriftlichen Subtraktion ist offensichtlich hilfreich. Sie trägt zwar nicht zu einem vertieften Verständnis des Subtraktionsverfahrens bei, hilft jedoch, Fehler infolge der *Überlagerung* verschiedener Merkprozesse beim Kalkül zu reduzieren und ist auch bei der *Kontrolle* der Aufgaben hilfreich. Die drastischen *Unterschiede* in der Häufigkeit des Vorkommens *systematischer* Fehler zwischen den einzelnen Klassen sind frappierend. Wir vermuten, daß dies eng damit zusammenhängt, inwieweit der einzelne Lehrer gezielte – oder zumindest intuitive – Kenntnisse über typische Schülerfehler besitzt und seinen Unterricht entsprechend gestaltet. Daher ist es äußerst wichtig, Lehrer für charakteristische Fehler und Schülerschwierigkeiten zu sensibilisieren.

4.9 Computer–Subtraktion

Das folgende Verfahren besitzt den großen *Vorteil*, daß es *nur auf der Addition* (und der Bildung der Gegenzahl) basiert. *Überträge*, die sonst bei der Subtraktion die meisten Fehler verursachen, treten daher in dieser Form *nicht* auf. Dennoch schlagen wir es *nicht* als leichteres Alternativverfahren vor, sondern nur zur *Ergänzung und Vertiefung.* Der Grund: Das Verfahren läßt sich leicht *rein mechanisch* ohne jedes Verständnis für die zugrundeliegende Subtraktion durchführen. Dies ist für den Einsatz im *Computer* ein *Vorteil*, für die Behandlung im *Unterricht* jedoch ein gravierender *Nachteil.*

Das Verfahren kann allgemein folgendermaßen beschrieben werden:

(1) Vereinheitliche die Anzahl der Ziffern bei Minuend und Subtrahend (sofern unterschiedlich).

(2) Bilde die Gegenzahl zum Subtrahend.

(3) Addiere sie zum Minuenden.

(4) Streiche die führende Ziffer und addiere sie zur Einerstelle (jeweils bei der Summe).

Beispiel:

$$
\begin{array}{cc}
5423 \\
-\ 965 \\
\hline
\end{array}
\xrightarrow{(1)}
\begin{array}{cc}
5423 \\
-\ 0965 \\
\hline
\end{array}
\xrightarrow{(2),(3)}
\begin{array}{cc}
5423 \\
+\ 9034 \\
\hline
14457 \\
\end{array}
\xrightarrow{(4)}
\begin{array}{cc}
\cancel{1}4457 \\
+\quad 1 \\
\hline
4458 \\
\end{array}
$$

also:
$$
\begin{array}{r}
5423 \\
-\ 965 \\
\hline
4458 \\
\end{array}
$$

Offensichtlich führt dieses Verfahren in diesem Beispiel zur gesuchten Differenz. Daß es *stets* funktioniert, verdeutlicht die folgende Rechnung:

$$5423 - 965 = 5423 + 9999 - 965 - 9999$$
$$= 5423 + 9034 - 10000 + 1$$

Werden die Zahlen im *Dualsystem* notiert, so kann der Weg offensichtlich *entsprechend* beschritten werden. Allerdings bietet das Dualsystem den großen *Vorteil*, daß sowohl die Addition wie die Bestimmung der Gegenzahl äußerst leicht durchzuführen ist. Daher benutzen Computer dieses Subtraktionsverfahren.

5   Multiplikation

5.1   Das Normalverfahren

Die in Deutschland heute übliche *Notationsform* des schriftlichen Multiplikationsverfahrens wird aufgrund eines Beschlusses der Kultusministerkonferenz in dieser Form schon seit den *fünfziger* Jahren verwendet. Die *Charakteristika* dieser normierten Schreibweise kann man dem folgenden Beispiel entnehmen:

$$\begin{array}{r} 321 \cdot 69 \\ \hline 1926 \\ 2889 \\ \hline 22149 \end{array}$$

Beide Faktoren stehen in derselben Zeile *nebeneinander.* Die *rechte* Zahl ist der Multiplikator, die *linke* der Multiplikand. Man beginnt die Multiplikation mit der *höchsten* Stelle des *zweiten* Faktors. Die *Teilprodukte* ordnet man jeweils ihrem Stellenwert entsprechend unter dem *zweiten* Faktor an und läßt die *zugehörigen* Endnullen fort.

Auf *andere* Möglichkeiten, das Verfahren der schriftlichen Multiplikation zu normieren, gehen wir im Abschnitt 5.3 näher ein.

5.2   Methodische Stufenfolge

Im Unterricht wird an das Normalverfahren *schrittweise* herangeführt. Man beginnt zunächst mit der Multiplikation mit *einstelligem* Multiplikator, wobei man häufig mit Aufgaben *ohne* Übertrag anfängt und dann sehr bald Aufgaben *mit* Überträgen bearbeitet. Es schließt sich die Multiplikation mit *Vielfachen von 10* an, und zwar zunächst mit *Zehnerpotenzen* und dann mit *beliebigen Vielfachen* von 10. Auf dieser Grundlage wird dann der *allgemeine Fall*, nämlich die Multiplikation mit gemischten zwei- und mehrstelligen Multiplikatoren, durch eine Zurückführung auf die *vorher* behandelten Fälle (Multiplikation mit Vielfachen von 10 sowie mit einstelligen Multiplikatoren) leicht eingeführt. Neben der Darstellung dieser *methodischen Stufenfolge* gehen wir in diesem Abschnitt ferner gezielt auf *Problembereiche*, auf Aufgaben zur *Festigung* des Multiplikationskalküls sowie auf die wichtige *Überschlags-* und *Proberechnung* ein.

Während dieser Abschnitt 5.2 in weiten Teilen nach dem Prinzip *zunehmenden Schwierigkeitsgrades* der Aufgaben aufgebaut ist, fordert Treffers (1983) im Kontrast hierzu eine Einführung in die schriftlichen Rechenverfahren auf der Grundlage *fortschreitender Schematisierungen.* Für genauere Details dieses Ansatzes sei an dieser Stelle auf die entsprechenden Arbeiten von Treffers (1983, 1987) verwiesen.

5.2.1 Multiplikation mit einstelligem Multiplikator

Die schriftliche Multiplikation mit *einstelligem* Faktor wird in Schulbüchern gelegentlich über das *halbschriftliche Multiplizieren* (vgl. III.3.6) eingeführt. In diesen Fällen wird aus dem *halbschriftlichen* Multiplizieren durch *Verkürzung* der Schreibweise schließlich die *übliche Kurzform* gewonnen, und zwar etwa in folgender Form (Beispiel: Leifhelm-Sorger, 4):

Halbschrift- liche Rechnung:	Verkürzt halb- schriftlich:	Schriftlich:	Sprich!
$728 \cdot 6 =$			Einer: $\quad 8 \cdot 6 = 48$, schreibe 8, merke 4 Zehner,
$\;8 \cdot 6 = \quad 48$	$7\,2\,8\;\cdot\,6$	$7\,2\,8\;\cdot\;6$	Zehner: $\;2 \cdot 6 = 12$, $12 + 4 = 16$,
$\;20 \cdot 6 = \quad 120$	$\qquad 4\,8$	$4\,3\,6\,8$	schreibe 6,
$700 \cdot 6 = 4\,200$	$\qquad 1\,2\,0$		merke 1 Hunderter,
$728 \cdot 6 = 4\,368$	$4\,2\,0\,0$		Hunderter: $7 \cdot 6 = 42$, $42 + 1 = 43$,
	$4\,3\,6\,8$		schreibe 43!

Dieser *direkte* Weg vom halbschriftlichen zum schriftlichen Multiplizieren ist jedoch *problematisch*; denn beim *schriftlichen* Multiplizieren fassen wir die Zahl *hinter* dem Multiplikationspunkt als *Multiplikator* auf, dagegen beim *mündlichen* Multiplizieren (und dazu zählt *auch* das *halbschriftliche* Multiplizieren) entsprechend dem alltäglichen Sprachgebrauch i.a. die Zahl *vor* dem Multiplikationszeichen. Obiger Weg verwischt diese Unterscheidungen jedoch zwangsläufig mit der Gefahr, daß hieraus leicht typische *Schülerfehler* resultieren.

Diese Problematik läßt sich durch eine Einführung der schriftlichen Multiplikation *ohne* expliziten Rückgriff auf die *halbschriftliche* Multiplikation vermeiden, indem man etwa wie *Palzkill–Rinkens* von einer *alltäglichen Sachsituation* ausgeht:

Ausgangspunkt ist das Anmieten eines Ferienhauses durch die Familie Meier. Der im Schulbuch beigefügten Abbildung lassen sich die Personenzahl sowie die Wochenmietpreise für verschiedene Ferienhäuser entnehmen.

Während der Preis für ein kleineres Haus *im Kopf* ausgerechnet werden kann (Aufgabe 1), wird in der 2. Aufgabe das Verfahren der *schriftlichen* Multiplikation folgendermaßen *motiviert*:

Für das Haus an der Nordsee rechnet Bärbel den Preis in der Stellentafel aus.

Bärbel schreibt:		

<table>
<tr><td>Bärbel
schreibt:</td><td>H Z E
5 3 2 · 3
   H Z E
      6</td><td>H Z E
5 3 2 · 3
   H Z E
    9 6</td><td>H Z E
5 3 2 · 3
T H Z E
1 5 9 6</td></tr>
<tr><td>Sie spricht:</td><td>3 · 2 E = 6 E</td><td>3 · 3 Z = 9 Z</td><td>3 · 5 H = 15 H</td></tr>
</table>

Es ist allerdings überlegenswert, ob man bei dieser *ersten* Einstiegsaufgabe nicht *statt* der Bündelungseinheiten E, Z, H zunächst 1-DM-Stücke, 10-DM-Scheine und 100-DM-Scheine als Bündelungseinheiten verwenden sollte.

Die vorstehende Aufgabe ist *besonders leicht*, da bei den Teilprodukten *kein Übertrag* erforderlich ist. Der *allgemeine* Fall, bei dem *Überträge* – hier auch Merkziffern oder Behalteziffern genannt – auftreten, läßt sich ebenso wie die bisher behandelten *Spezialfälle* durch Rückgriff auf die halbschriftliche Multiplikation oder *besser* durch die Lösung einer *Sachaufgabe* mit Hilfe einer Stellentafel einführen. So führen beispielsweise *Palzkill–Rinkens* in folgenden *drei Schritten* geschickt an die *Endform* der Notation heran:

1. Ausgangspunkt ist die folgende Sachaufgabe:
   Drei Freundinnen buchen ihren Urlaub gemeinsam. Sie wollen an einer Kreuzfahrt teilnehmen. Sie entscheiden sich für die Fahrt „Rund um Italien".

<table>
<tr>
<td>H Z E
9 8 5 · 3
T H Z E
   1 5

3 · 5 E = 15 E</td>
<td>H Z E
9 8 5 · 3
T H Z E
   1 5
  2 4
3 · 8 Z = 24 Z</td>
<td>H Z E
9 8 5 · 3
T H Z E
   1 5
  2 4
2 7
3 · 9 H = 27 H</td>
<td>H Z E
9 8 5 · 3
T H Z E
   1 5
  2 4
2 7
2 9 5 5</td>
</tr>
</table>

2. Den Übergang von der *ausführlichen* Notation zur *Kurzform* innerhalb der *Stellentafel* vermittelt die folgende Aufgabe:
   Udos älterer Bruder Horst reist in einer Gruppe von sieben Jungen. Die Fahrtkosten betragen für jeden 168 DM. Udo rechnet die Fahrtkosten für die Gruppe aus. Horst zeigt Udo, wie man die Rechnung verkürzen kann.

```
┌─────────────────┐  ┌──────────────┐  ┌──────────────┐  ┌──────────────┐
│ H Z E           │  │ H Z E        │  │ H Z E        │  │ H Z E        │
│ 1 6 8 · 7       │  │ 1 6 8 · 7    │  │ 1 6 8 · 7    │  │ 1 6 8 · 7    │
│   T H Z E       │  │   T H Z E    │  │   T H Z E    │  │   T H Z E    │
│       5 6       │  │         6    │  │       7 6    │  │   1 1 7 6    │
│     4 2         │  │              │  │              │  │              │
│   7             │  │ 7 · 8E = 56E │  │ 7 · 6Z = 42Z │  │ 7 · 1H =  7H │
│   1 1 7 6       │  │              │  │ 42Z + 5Z=47Z │  │ 7H + 4H = 11H│
│                 │  │ Schreibe  6E │  │ Schreibe  7Z │  │ Schreibe 11H │
│                 │  │ Merke     5Z │  │ Merke     4H │  │              │
└─────────────────┘  └──────────────┘  └──────────────┘  └──────────────┘
```

3. Durch Fortlassen der Stellenwertbezeichnungen (T, H, Z, E) wird schließlich die *übliche Endform* erreicht.

Die schriftliche Multiplikation kann auch aus der *schriftlichen Addition* abgeleitet werden (vgl. z.B. Jeziorsky (1960)). So läßt sich die Aufgabe 6 · 1234 folgendermaßen lösen:

$$
\begin{array}{r}
1234 \\
+\ 1234 \\
+\ 1234 \\
+\ 1234 \\
+\ 1234 \\
\underline{+\ 1234} \\
7404
\end{array}
$$

Die (mühsame) Addition *je Spalte* läßt sich jeweils durch eine *Multiplikation* abkürzen. So kann man beispielsweise in der *Einerspalte*, statt sechsmal die Zahl 4 zu addieren, einfacher 6·4 rechnen. Ganz natürlich und ohne Probleme werden so auch die *Überträge* (bei den Teilprodukten) automatisch *richtig* behandelt, *sofern* die schriftliche Addition mehrerer Summanden „sitzt". Das *umständliche* Aufschreiben der Summanden liefert ein *starkes Motiv*, dieses Verfahren zu *verkürzen*. So schreibt man in obiger Beispielaufgabe *zunächst* 1234 sechsmal untereinander, *danach* vielleicht nur noch zweimal und deutet die restlichen Summanden durch Punkte an, weist *schließlich* auf die eigentlich zu schreibenden Summanden nur noch *pantomimisch* hin und hat somit den *Übergang zum Normalverfahren* geschafft. Ein gut gelungenes Beispiel für die Einführung der schriftlichen Multiplikation über diesen Weg findet man bei *Griesel–Sprockhoff*:

Wir berechnen **schriftlich** das Produkt 4 · 3564.

A. Wir addieren:

ZT	T	H	Z	E
	3	5	6	4
	3	5	6	4
	3	5	6	4
	3	5	6	4
1	4	2	5	6

B. Statt die gleichen Zahlen zu addieren, **multiplizieren** wir die Einer, Zehner, Hunderter und Tausender mit 4.

Wir schreiben:

$$3\ 5\ 6\ 4 \cdot 4$$
$$1\ 4\ 2\ 5\ 6$$

Wir sprechen:

4 · 4 = 16   (E)
4 · 6 = 24, 25 (Z)
4 · 5 = 20, 22 (H)
4 · 3 = 12, 14 (T)

Die *Endform* des Multiplikationsalgorithmus ist offenbar selbst schon in dem bisher nur behandelten einfachen Fall (*einstelliger* Multiplikator) *sehr knapp und komprimiert*, wie eine Analyse des folgenden Beispiels belegt. So *überlagern* sich hierbei jeweils die *Rechenvorgänge* mit *zwei Merkprozessen*:

Beispiel:

$$658 \cdot 3$$
$$\overline{1974}$$

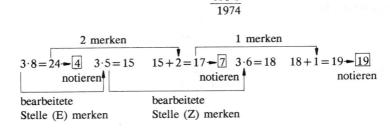

Daher ist bei dem komplexen Multiplikationsalgorithmus eine Entlastung *zumindest* der *schwächeren* Schüler durch eine *Notation der Behalteziffern* hilfreich. Allerdings weist Gerster (1984) zurecht darauf hin, daß eine *nicht* gut durchdachte Notation dieser Behalteziffern sehr leicht die *Quelle für Fehler* sein kann. Wichtig ist ein sinnvoll festgelegter Platz für das *Aufschreiben* der Behalteziffern (*links* neben der Aufgabe) sowie ihr *konsequentes* Durchstreichen *unmittelbar nach* der Benutzung, um so die irrtümliche, *mehrfache* Verwendung *einer* Ziffer zu vermeiden. Aus diesem Grund empfiehlt es sich, *anfangs* auch die *Stellenwerte* mitnotieren zu lassen, wie es das folgende Beispiel zeigt:

$$\text{1 H} \qquad \text{2 Z} \qquad \frac{658 \cdot 3}{1974}$$

Ein *Problem* im Zusammenhang mit den Behalteziffern bleibt allerdings die Abneigung vieler Schüler vor *zusätzlichem* Schreibaufwand. Deshalb empfiehlt Gerster (1982), die *Finger* der *linken* Hand für das Behalten der Behalteziffern zu benutzen; denn nur in *sehr wenigen* Fällen tritt eine Behalteziffer auf, die *größer* als 5 ist, für die also die Finger *einer* Hand *nicht* ausreichen.

Schon bei der Multiplikation mit *einstelligem* Multiplikator sollten bewußt Aufgaben mit einer (oder mehreren) *Nullen* im Multiplikand gerechnet werden, da hier sonst für manche Schüler erfahrungsgemäß leicht Probleme – und daraus resultierend typische Fehler – auftreten.

5.2.2 Multiplikation mit Vielfachen von 10

Wir beginnen mit dem *Sonderfall* der Multiplikation mit 10, 100 bzw. 1000, also der Multiplikation speziell mit *Zehnerpotenzen.* Eine *sorgfältige* Ableitung der entsprechenden Regel ist besonders wichtig, da sonst die Gefahr groß ist, daß sich hier die Schüler eine *rein formale* Nullanhängungsregel *ohne* jegliches *inhaltliches* Verständnis aneignen. Der im folgenden Beispiel beschriebene Weg mit Hilfe der *Stellentafel* ist zur Ableitung gut geeignet:

Beispiel:

357 · 10

Durch die Multiplikation mit 10 werden aus den Einern *Zehner*, aus den Zehnern *Hunderter*, aus den Hundertern *Tausender, jede* Ziffer wird also in der Stellentafel um *eine* Stelle nach *links* verschoben. Da die *Einerstelle* hierdurch zwangsläufig *leer* wird, müssen wir dies dort durch eine *Null* kenntlich machen. Die Regel für die Multiplikation mit 100 bzw. 1000 können wir anschließend entweder *völlig analog* gewinnen oder aber durch *zwei-* bzw. *dreimalige* Anwendung der Regel für die Multiplikation mit *10.*

Die Multiplikation mit Vielfachen von 10, die *keine* Zehnerpotenzen sind, wie z.B. mit 30 oder 200, geschieht durch eine *Rückführung* dieser Aufgaben auf die beiden schon behandelten *Sonderfälle,* nämlich 1. auf die Multiplikation mit *einstelligem* Faktor sowie 2. auf die Multiplikation mit *Zehnerpotenzen.*

Pfeildiagramme gestatten es, die Zerlegung in diese beiden Teilaufgaben *übersichtlich* aufzuschreiben, wie es das folgende Beispiel zeigt:

Die vorstehende Darstellungsform ist *vorteilhafter* als Schreibweisen, die das dieser Rechnung zugrundeliegende Assoziativgesetz *explizit* betonen (Beispiel: $378 \cdot 60 = 378 \cdot (6 \cdot 10) = (378 \cdot 6) \cdot 10$).

Die übliche *Kurzschreibweise* gewinnt man durch einen *Vergleich* zweier unterschiedlich eleganter Rechenwege.

Rechenweg 1	Rechenweg 2
$378 \cdot 6$	$378 \cdot 60$
2268	22680

$$2268 \cdot 10$$
$$22680$$

So können die Schüler die *Begründung* für die übliche Kurzschreibweise selbst finden. Entsprechend verfährt man bei Aufgaben mit *zwei oder mehr* Nullen als Endziffern im Multiplikator. Bei diesen Aufgaben müssen die Schüler volle *Einsicht* in das Verfahren gewinnen und dürfen nicht nur *rein mechanisch* Nullen anhängen. Nach Oehl (1962) kommen diese Aufgaben nämlich im Unterricht häufig *viel zu kurz,* da es bei *oberflächlicher* Betrachtung so scheint, als ob gegenüber der Multiplikation mit einziffrigem Multiplikator *nichts Neues* – außer dem Anhängen von Nullen – verlangt würde. Ohne ein volles *Verständnis* der Multiplikation mit Vielfachen von 10 kann aber nicht *einsichtig* an den allgemeinen Fall der Multiplikation mit zwei- oder mehrstelligen gemischten Zahlen herangeführt werden.

5.2.3 Multiplikation mit gemischten zwei- und mehrstelligen Multiplikatoren

Dieser Aufgabentyp wird durch die implizite Anwendung des *Distributivgesetzes* auf die schon behandelten leichteren Fälle der Multiplikation mit Vielfachen von 10 sowie mit einstelligen Multiplikatoren zurückgeführt. Hierbei beginnt man mit *zwei*stelligen Multiplikatoren, wobei *die* Aufgaben besonders leicht sind, bei denen der Multiplikator *kleiner* als 20 ist. Da die Multiplikation mit zwei- bzw. dreistelligen Multiplikatoren jedoch *keine* prinzipiellen Unterschiede aufweist, führen wir die Gewinnung der Endschreibweise im folgenden *nur* für den Fall *drei*stelliger Multiplikatoren am Beispiel 347 · 253 näher aus:

$$347 \cdot 253 = 347 \cdot (200 + 50 + 3) = 347 \cdot 200 + 347 \cdot 50 + 347 \cdot 3.$$

Zwei Schreibversionen sind zur Gewinnung der Endform in der Schulbuchliteratur üblich, und zwar die umständlichere *Version 1*:

$$347 \cdot 253 =$$

$347 \cdot 200$	$347 \cdot 50$	$347 \cdot 3$	69400
69400	17350	1041	+ 17350
			+ 1041
			87791

oder die unmittelbarer an der Endform liegende, elegantere *Version 2*, und zwar in der Form

$$347 \cdot 253 =$$
$$347 \cdot 200 = 69400$$
$$347 \cdot 50 = 17350$$
$$347 \cdot 3 = 1041$$
$$347 \cdot 253 = 87791$$

oder in der folgenden Form, die fast schon der Endversion entspricht:

	$347 \cdot 253$
das 200-fache	69400
das 50-fache	17350
das 3-fache	1041
	87791

Bei *beiden* Versionen schließt sich die Kurznotation *zunächst* mit *Endnullen* an, also die Schreibweise

$$
\begin{array}{r}
347 \cdot 253 \\
\hline
69400 \\
17350 \\
1041 \\
\hline
87791
\end{array}
$$

bevor dann schließlich die Endnullen *fortgelassen* werden und die *normierte Endversion* erreicht wird:

$$
\begin{array}{r}
347 \cdot 253 \\
\hline
694 \\
1735 \\
1041 \\
\hline
87791
\end{array}
$$

Bei dieser Endversion ist eine sorgfältige, *stellengerechte* Notation der *Teilprodukte* unerläßlich. Insbesondere für schwächere Schüler ist auch hier zur Erleichterung des komplexen Multiplikationskalküls das Aufschreiben der *Behalteziffern* empfehlenswert.

Zur Vermeidung von typischen Schülerfehlern (man vgl. 5.4) darf man allerdings die Endnullen nicht *zu früh* und *zu rasch* fortlassen; denn zu Recht argumentiert beispielsweise Karaschewski (1970, S. 90): „Durch vorzeitiges Weglassen der Endnullen wird alles verdorben und nichts außer einigen Sekunden gewonnen. Niemand versteht dann, weshalb die Endziffern beim Addieren genau untereinander geschrieben wurden, während jetzt konsequent gegen diese Regel verstoßen werden muß. Wer nicht weiß, weshalb er jeweils um eine Stelle ausrückt, hat das ganze Verfahren nicht verstanden und wird nur mit viel Glück richtig rechnen, sobald einige Zwischennullen auftreten, z.B.: 67548 DM · 7007070.“

5.2.4 Problembereiche

Nullen – insbesondere im Multiplikator, aber auch im Multiplikanden – sind besonders fehlerträchtig (vgl. 5.4). Daher sollten Aufgaben dieses Typs *gezielt* im Unterricht angesprochen werden. So muß insbesondere auf die *Schreibweise* sowie auf die *Begründung* für diese Schreibweise bei Aufgaben mit *Zwischennullen* im *Multiplikator* sorgfältig eingegangen werden.

Beispiel:

$$374 \cdot 208$$
$$\underline{74800}$$
$$\underline{2992}$$
$$77792$$

Durch Rückgriff auf die zugrundeliegende Vorgehensweise – die Bildung des 200-fachen und des 8-fachen – ergibt sich unmittelbar die inhaltliche Begründung dieser Schreibweise. Die formale Notation einer *Nullzeile* bei Aufgaben mit Zwischennullen, wie sie das folgende Beispiel verdeutlicht:

$$374 \cdot 208$$
$$\underline{748}$$
$$000$$
$$\underline{2992}$$
$$77792$$

lehnt zwar Oehl (1962) als *rein formale* Regelanwendung ab, sie scheint aber nach unseren Erfahrungen für die Schüler *hilfreich* zu sein (vgl. 5.4). Daß auf die Aufgaben mit Vielfachen von 10 – also mit *Endnullen* im *Multiplikator* – besonderer Wert gelegt und sie nicht in ihrem Schwierigkeitsgrad unterschätzt werden sollten, haben wir schon im Abschnitt 5.2.2 betont. Aber auch Aufgaben mit Zwischen- oder Endnullen im *Multiplikand* sollten bewußt behandelt werden, ebenso wie Aufgaben, bei denen *infolge der Rechnung* (beispielsweise bei Multiplikationen wie $8 \cdot 5$ oder $5 \cdot 6$) sich bei Teilprodukten *Endnullen* ergeben, die nach dem Motto „Endnullen weglassen" leicht zu Fehlern bei der *Staffelanordnung* führen können. Schließlich wird von Schülern gehäuft $a \cdot 0 = a$ bzw. $0 \cdot a = a$ gerechnet (vgl. 5.4). Daher muß auch dieser – scheinbar völlig triviale – Multiplikationsfall, der im täglichen Leben *fast nie*, bei *schriftlichen* Multiplikationen dagegen *durchaus nicht selten* auftritt, im Unterricht *explizit* angesprochen werden.

5.2.5 Überschlags- und Proberechnung

Die große Bedeutung gerade der *Überschlags-*, aber auch der *Proberechnung*, ist im Taschenrechner- und Computerzeitalter sicher *unbestritten*. Eine Durchsicht von Schulbüchern für die Grundschule zeigt jedoch, daß im Zusammenhang mit der Multiplikation zwar die *Überschlags*rechnung eigentlich *immer*, daß jedoch *Probe*rechnungen – etwa durch Umstellung der Faktoren – in diesen Büchern *seltener* thematisiert werden. Allerdings garantiert auch die *Erwähnung* der Überschlagsrechnung in *Schulbüchern* natürlich keineswegs, daß im *Unterricht* eine *gründliche Behandlung* erfolgt. So urteilt Blankenagel (1983, S. 283): „Dennoch, einfache Gründe sprechen für die Vermutung, daß es gegenwärtig auch in der Primarstufe mit den Fähigkeiten im Schätzen und Überschlagen ziemlich schlecht bestellt ist, daß die Behandlung dieses Gebietes in der gegenwärtigen Praxis viel zu wünschen übrig läßt."

Die Überschlagsrechnung wird in der Grundschule im wesentlichen nur in der *einfachen* Form der Rundung der Faktoren auf die *führende Ziffer* durchgeführt (Beispiel: Aufgabe: 396 · 78, Überschlag: 400 · 80 = 32000). Das *gegensinnige* Verändern der Faktoren bei Überschlagsrechnungen wird i.a. *nicht* angesprochen, obwohl es zu *besseren* Ergebnissen führt. Besonders wichtig ist es, die *Schüler* durch geeignete Maßnahmen dazu zu bewegen, die Überschlagsrechnung auch *stets wirklich* durchzuführen. Neben der Vorgabe eines *festen Platzes* für die Überschlagsrechnung im Rechenschema gehört dazu insbesondere auch die Behandlung von *Aufgaben*, bei denen die Benutzung der Überschlagsrechnung *erforderlich* ist bzw. den Schülern handfeste *Vorteile* bringt, wie etwa in den folgenden Aufgaben (vgl. Oehl-Palzkill, 4):

1. Vier Ergebnisse müssen falsch sein. Das kannst du durch Überschlagen herausfinden. Gib die richtigen Ergebnisse an.

$$4350 \cdot 6 = 16100 \qquad 4350 \cdot 6 = 26100$$
$$2548 \cdot 9 = 32932 \qquad 9017 \cdot 4 = 30668$$
$$6541 \cdot 7 = 54787 \qquad 4880 \cdot 5 = 24400$$

2. Welches Ergebnis liegt zwischen 40000 und 50000? Überschlage, dann rechne genau.

$$6594 \cdot 7 \qquad 4892 \cdot 9$$
$$1997 \cdot 19 \qquad 2573 \cdot 23 \qquad 807 \cdot 58$$
$$695 \cdot 69 \qquad 563 \cdot 92$$

3. Stelle dir selbst Aufgaben zusammen. Das Ergebnis soll zwischen 20000 und 40000 liegen. Wieviel Aufgaben findest du? Der Überschlag kann dir helfen.

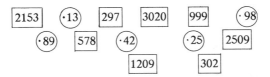

Natürlich ist es auch sehr wirkungsvoll, die Überschlagsrechnung in die *Notenfindung* einzubeziehen.

Eine wichtige *Zielsetzung* der Überschlagsrechnung ist es, Ergebnisse auf ihre *Richtigkeit* zu kontrollieren und so grobe Ungenauigkeiten rasch aufzudecken. Zu diesem Ziel führt auch die bei der Multiplikation naheliegende Ausnutzung des *Kommutativgesetzes* als *Rechenkontrolle*, also die Berechnung der *Tauschaufgabe* zu einer gegebenen Aufgabe. Allerdings ist dies *nur dann* naheliegend, wenn *beide* Faktoren zumindest im wesentlichen *gleich viele* Ziffern besitzen, nicht mehr hingegen, wenn der *eine* Faktor *wesentlich weniger* Ziffern aufweist, etwa gar einziffrig ist.

5.2.6 Aufgaben zur Festigung des Multiplikationskalküls

Gut zur Vertiefung des Verständnisses des Multiplikationskalküls sind auch hier die „*Klecksaufgaben*" geeignet.

Beispiele:

(1) $\begin{array}{r} 2\,3\,4\,\square\cdot 7 \\ \hline 1\,6\,4\,2\,2 \end{array}$

(2) $\begin{array}{r} 4\,\square\,2\,\square\cdot 4 \\ \hline 1\,7\,3\,1\,2 \end{array}$

(3) $\begin{array}{r} 2\,\square\square\,7\cdot 4 \\ \hline \square\,4\,2\,\square \end{array}$

(4) $\begin{array}{r} \square\,1\,\square\square\cdot 6 \\ \hline 2\,\square\square\,9\,0 \end{array}$

(5) $\begin{array}{r} \square\square\cdot\square \\ \hline 1\,3\,2 \end{array}$

(6)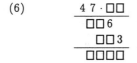

(7)
$$\begin{array}{r} \square\square\,7 \cdot 8\,\square\square \\ \hline 3\ 4\ 1\ \square \\ 4\ \square\square \\ \square\square\square\,1 \\ \hline \square\square\square\square\square\square \end{array}$$

Geht man die Beispiele durch, so erkennt man, wie ihr Schwierigkeitsgrad *stark unterschiedlich* ist. Entsprechend brauchbar sind diese Aufgaben auch für *Differenzierungsmaßnahmen*.

5.3 Multiplikationsverfahren im Ausland

Das in Deutschland eingeführte *Normalverfahren* stellt nur *eine* Möglichkeit dar, das schriftliche Multiplikationsverfahren zu *normieren*. Von den *verschiedenen* theoretischen Möglichkeiten sind – gerade mit Blick auf die nicht geringe Anzahl von *Gastarbeiterkindern* – die *beiden folgenden* Verfahren besonders interessant.

(1) In den USA und England, aber auch in vielen für den Unterricht wichtigen Gastarbeiterherkunftsländern, wie z.B. in der Türkei, Griechenland, Spanien, Portugal und – mit minimalen Modifikationen – auch in Italien ist die folgende Notationsform üblich (vgl. Ottmann (1982)).

$$\begin{array}{r} 753 \\ \times\ 495 \\ \hline 3765 \\ 6777 \\ 3012 \\ \hline 372735 \end{array}$$

Abweichend von dem in Deutschland üblichen Normalverfahren stehen hier die beiden Faktoren *untereinander*. Die untere Zahl ist der Multiplikator, die obere Zahl der Multiplikand. Man beginnt die Multiplikation mit den *Einern* des *zweiten* Faktors, entsprechend verläuft hier die „Staffel" der Teilprodukte von *rechts nach links*.

(2) Das in Jugoslawien verbreitete Verfahren stimmt – bis auf die Position bei der Anordnung der Teilprodukte – mit dem Normalverfahren in Deutschland überein

$$
\begin{array}{r}
753 \cdot 495 \\
\hline
3012 \\
6777 \\
3765 \\
\hline
372735
\end{array}
$$

Ein *Vergleich* dieser beiden Schreibweisen mit der in Deutschland üblichen Schreibweise dient – neben der Berücksichtigung der berechtigten Belange der Gastarbeiterkinder – zugleich einer tieferen Festigung des Multiplikationskalküls.

5.4 Typische Schülerfehler, mögliche Ursachen und Gegenmaßnahmen

Eine von uns kürzlich durchgeführte, *breite empirische Untersuchung*[4] über Schülerleistungen und typische Fehler bei der *schriftlichen Multiplikation* bildet – neben einer gründlichen Auswertung *einschlägiger* deutschsprachiger und anglo–amerikanischer Publikationen – die entscheidende *Grundlage* dieses Abschnittes (für weitere Details vgl. Stiewe/Padberg, 1986). In allen untersuchten Klassen wurde jeweils einheitlich *ein und dasselbe* Schulbuch (Oehl-Palzkill) benutzt. Für die Untersuchung erstellten wir einen *diagnostischen Rechentest*, mit dessen Hilfe Fehlermuster bei der schriftlichen Multiplikation erkannt, klassifiziert und typische Fehlerstrategien einzelner Schüler diagnostiziert werden konnten, um so diese Fehler gezielt *bekämpfen* zu können. Anregungen zur Konstruktion des Tests gaben uns die in der Literatur beschriebenen typischen oder systematischen Schülerfehler wie auch die diagnostischen Tests von Gerster (1982).

---

[4]Stichprobenumfang: 30 Klassen des vierten Schuljahres an 16 verschiedenen Grundschulen.

5.4.1 Schwierigkeitsdimensionen / Diagnostischer Test

Der von uns erstellte und in unserer Untersuchung benutzte Test besteht aus 12 Aufgaben und weist folgende *Charakteristika* auf:

- Der Zahlenraum reicht bis 300.000.
- Die Multiplikatoren sind zwei- bzw. dreistellig, die Multiplikanden i.a. dreistellig (einmal vier-, einmal zweistellig).
- Ein Teil der Aufgaben weist eine *Null* im Multiplikanden, Multiplikator bzw. in einem Teilprodukt auf. Dieses ist eine *sehr wichtige* Schwierigkeitskomponente, da Nullen eine Vielzahl von Fehlern auslösen.
- Die *Anzahl* der Behalteziffern je Teilprodukt schwankt zwischen null und zwei. Sie bilden eine weitere *bedeutende* Fehlerquelle, weil sich beim Rechnen mit ihnen mehrere *Merkprozesse* überlagern.
- Die Behalteziffern je Teilprodukt sind teils kleiner oder gleich 5 (niedrigere rechnerische Anforderungen, die Behalteziffern können mit Hilfe der Finger gemerkt werden), teils größer als 5 (höhere rechnerische Anforderungen, der Einsatz der Finger entfällt oder ist zumindest erschwert).

Die *Systematik* der Aufgabenkonstruktion sowie die konkret in unserer Untersuchung benutzten *Aufgaben* kann man der Tabelle 7 entnehmen.

Wegen *weiterer* Schwierigkeitsmerkmale sei an dieser Stelle auf die schon erwähnte Arbeit von Stiewe/Padberg (1986) verwiesen.

5.4.2 Die wichtigsten systematischen Fehler

Bezeichnen wir wiederum einen Fehler bei einem Schüler als *systematisch*, wenn er von dem betreffenden Schüler *mindestens bei der Hälfte* aller in Frage kommenden Aufgaben gemacht wird, so macht bei diesem Test, ähnlich wie schon bei der Subtraktion, etwa *jeder siebte Schüler* – also in einer Klasse von 30 Schülern im Durchschnitt 4 Schüler – *mindestens einen systematischen* Fehler. Nur einer kleinen Minderheit unterlaufen bei der Multiplikation zwei oder gar drei *verschiedene* systematische Fehler. Allerdings schwankt der Anteil der Schüler mit systematischen Fehlern *stark* von Klasse zu Klasse. So machten in zwei Klassen *über die Hälfte* aller Schüler *systematische* Fehler, während in anderen Klassen *keinem einzigen* Schüler *systematische* Fehler

Multiplikations- test	— Zahlenraum bis 300.000 — Multiplikator zwei- bzw. dreistellig — Faktoren beim Einmaleins beliebig — Behalteziffern auch größer als 5 — Addieren einer Behalteziffer kann Zehnerübergang erfordern		
	keine Null	Null im Multipli- kanden	Null im Multipli- kator
keine Behalteziffern	① $\underline{712 \cdot 23}$ 1424 2136 16376	② $\underline{620 \cdot 41}$ 2480 620 25420	③ $\underline{531 \cdot 30}$ 15930
eine Behalteziffer je Teilprodukt < 5	④ $\underline{282 \cdot 33}$ 846 846 9306	⑤ $\underline{905 \cdot 86}$ 7240 5430 77830	⑥ $\underline{627 \cdot 302}$ 18810 1254 189354
eine Behalteziffer je Teilprodukt (Aus- nahme 1. TP bei ⑧) mind. eine davon > 5	⑦ $\underline{47 \cdot 93}$ 423 141 4371	⑧ $\underline{380 \cdot 179}$ 380 2660 3420 68020	⑨ $\underline{281 \cdot 980}$ 2529 22480 275380
zwei beliebige Behal- teziffern je Teilpro- dukt	⑩ $\underline{275 \cdot 289}$ 550 2200 2475 79475	⑪ $\underline{1044 \cdot 86}$ 8352 6264 89784	⑫ $\underline{239 \cdot 400}$ 95600

Tabelle 7: Übersicht über die im Multiplikationstest enthaltenen Schwierigkeitsmerkmale

unterliefen. Hierbei ist die Aufdeckung und Bekämpfung *systematischer* Fehler durch die betreffenden Lehrer besonders wichtig: So drückt *ein einziger*
systematischer Fehler sehr stark die Anzahl richtig gelöster Aufgaben nach
unten (im Extremfall auf Null), während sich andererseits gerade diese Fehler
gut *gezielt bekämpfen* und so relativ rasch große *Erfolge* erzielen lassen.

Bei unserer Untersuchung identifizierten wir insgesamt *acht verschiedene* systematische Fehler, davon drei bei jeweils nur *einem* Schüler. Die fünf häufiger vorkommenden systematischen Fehler sind in der Tabelle 8 dargestellt.

Fehlerbeschreibung	Beispiel	Anteil der Schüler mit dem jeweiligen Fehler
Stellenwertbelegende Rolle der Null im 2. Faktor nicht beachtet	$\dfrac{531 \cdot 30}{1593}$	5 %
Stellenwertfehler durch falsche Anordnung der Teilprodukte	$\dfrac{712 \cdot 23}{1424}$ 2136	5 %
Einmaleinsfehler mit der Null im 2. Faktor	$\dfrac{531 \cdot 30}{1593}$ 531	3 %
Einmaleinsfehler mit der Null im 1. Faktor	$\dfrac{620 \cdot 41}{2484}$	1 %
Behalteziffern als zusätzliche Stelle im (Teil-)Produkt notiert	$\dfrac{282 \cdot 33}{6246}$	1 %

Tabelle 8: Liste der fünf häufigsten *systematischen* Fehler

Das Ergebnis macht deutlich, wie wichtig eine *sorgfältige* Beachtung der *Null* bei der schriftlichen Multiplikation ist, da allein 3 dieser 5 systematischen Fehler mit der Null zusammenhängen.

5.4.3 Die häufigsten Fehler und mögliche Ursachen

Läßt man *die* Fehler, die bei der *Addition* der Teilprodukte auftreten, *unberücksichtigt*, so kommen die in der Tabelle 9 ausgewiesenen Fehler am *häufigsten* vor. Hierbei fällt auf, daß eine weitgehende *Übereinstimmung* zwischen den häufigsten *systematischen* Fehlern und den *insgesamt häufigsten* Fehlern besteht, daß hier also *nicht* von den systematischen Fehlern völlig abweichende *andere* Fehler, etwa Flüchtigkeitsfehler, das Bild *grundlegend*

Fehlerbeschreibung	mögliche Fehlerursachen
Stellenwertfehler durch falsche Anordnung der Teilprodukte, z.B. Ausrücken nicht beachtet	Anwendung einer falschen bzw. keiner Regel für die Anordnung der Teilprodukte; Bedeutung des Ausrückens wurde nicht erfaßt bzw. vergessen, Anhängenullen wurden möglicherweise zu früh weggelassen.
Stellenwertbelegende Rolle der Null im 2. Faktor nicht beachtet	Methodische Stufe „Multiplikation mit Vielfachen von 10" nicht ausführlich genug behandelt; Nullanhängungsregel zu formal ohne Einsicht der Schüler eingeführt; Vielfache von 10 werden nicht als Ganzes aufgefaßt, sondern zerlegt (z.B. 40 in 4 und 0); zu wenig Übung und damit keine Regel für das Rechnen mit Nullen; zu früh auf das Notieren der Endnullen verzichtet.
Einmaleinsfehler mit der Null im – zweiten Faktor – ersten Faktor	Falsche Vorstellung, daß bei Multiplikationsaufgaben das Resultat größer als die Einzelfaktoren bzw. so groß wie der größere Faktor sein muß; Aufgaben mit Nullen beim Erarbeiten des Einmaleins zu wenig berücksichtigt; keine Unterscheidung zwischen der Rolle der Null bei der Addition und Multiplikation.
Einmaleinsfehler der Nähe (Beispiel: $8 \cdot 3 = 21$)	Zu starke Betonung des Aufsagens von Einmaleinsreihen, so daß sich die Schüler beim Abrufen des zu einem gegebenen Multiplikators gehörigen Produktes aus der auswendig gelernten Einmaleinsreihe leicht um ein Element vertun; Probleme beim ordinalen Zählen; Probleme durch das Zurückführen von Aufgaben auf sogenannte Königs- bzw. Stützaufgaben.
Einerstelle des vorangehenden Teilprodukts als Behalteziffer addiert (Beispiel: $\dfrac{126 \cdot 6}{\underline{1156}}$)	Produktziffer wirkt nach und setzt sich gegenüber der Behalteziffer durch (Perseverationsfehler); Verstärkung dieser Tendenz durch die Betonung der Produktziffer beim begleitenden Sprechen

Tabelle 9: Die fünf häufigsten Fehler sowie mögliche Fehlerursachen

verändern. Bei der Anordnung der fünf häufigsten Fehler innerhalb der Tabelle 9 haben wir die durchschnittliche Häufigkeit des einzelnen Fehlers *pro entsprechender Aufgabe* für die Rangfolge zugrundegelegt. Bei der Zuordnung von möglichen *Fehlerursachen* wie auch bezüglich Vorschlägen zum *Beheben* und *Vermeiden* von Fehlermustern sei an dieser Stelle nochmals auf den Band von Gerster über Schülerfehler bei den schriftlichen Rechenverfahren verwiesen, dessen Analysen sich in diesem Bereich mit unseren Befunden weitgehend decken.

5.4.4 Auswirkungen ausgewählter Faktoren auf die Rechenleistung

5.4.4.1 Behalteziffern

Der Algorithmus der schriftlichen Multiplikation ist *sehr komprimiert.* Neben dem eigentlichen Rechenvorgang, bei dem die Fakten des Kleinen 1 × 1 *sehr rasch* und *sicher* verfügbar sein müssen, sind zusätzlich noch *zwei verschiedene Merkprozesse* erforderlich (vgl. 5.2.1). Die Notiz von *Behalteziffern* könnte daher deutlich *entlastend* wirken. Obwohl jedoch viele der befragten Lehrer *keine* Bedenken haben, die Behalteziffern notieren zu lassen, macht der *überwiegende* Teil der von uns untersuchten Schüler von diesem Hilfsmittel *keinen* Gebrauch. Dabei ist nach unseren Befunden die *konsequente* Notation der Behalteziffern eine *sehr wirksame* Hilfe für die Schüler. So erzielen nämlich *die* Schüler, die die Behalteziffern *stets* mitschreiben, die *besten* Ergebnisse, mit Abstand gefolgt von denen, die sie nie oder nur manchmal notieren.

5.4.4.2 Endnullen

Rund die Hälfte der Schüler notieren in unserer Untersuchung konsequent die *Endnullen* beim Aufschreiben der Teilprodukte, die andere Hälfte benutzt die Kurzform *ohne* Endnullen. Die Schüler, die die Kurzform *ohne* Endnullen benutzen, machen hierbei *wesentlich mehr* Fehler. Das *konsequente* Notieren der Endnullen bei *allen* Aufgaben reduziert nämlich stark das Auftreten der entsprechenden systematischen Fehler.

5.4.4.3 Nullzeilen

Bei Aufgaben mit *Nullen* im *Multiplikator* notieren bei unserem Test knapp zwei Drittel der Schüler *fast immer* eine Nullzeile, ein Viertel wählt stets die eleganteste Form, nämlich die Nullen *ganz wegzulassen*. Der Rest schreibt die Nullzeilen *nur gelegentlich*, also bei ein oder zwei Aufgaben. Die Häufigkeit der Notation der Nullzeilen hat hierbei einen deutlichen *Einfluß* auf die *Anzahl* der Fehler: So weisen Schüler, die *immer oder fast immer* Nullzeilen schreiben, *deutlich bessere* Ergebnisse auf als solche, die das nie oder nur manchmal machen.

5.4.5 Schlußfolgerungen

Aus unserer Untersuchung wie auch aus der Analyse einschlägiger anglo-amerikanischer und deutschsprachiger Publikationen ergeben sich folgende *Schlußfolgerungen*:

– Die Multiplikation mit *Vielfachen von zehn* muß im Unterricht *gründlich* behandelt werden. Auf diese Phase ist *besonderes* Gewicht zu legen. Sie darf sich *nicht* im *Anhängen von Nullen* erschöpfen. Zum einen müssen ihr zahlreiche Übungen im mündlichen Rechnen vorausgehen, zum anderen sollte auch die Sprechweise sehr ausführlich sein. Ferner sind die Schüler immer wieder darauf hinzuweisen, daß sie mit 40 multiplizieren und nicht etwa mit 4 und 0.

– *Zumindest* in der Anfangsphase ist es angebracht, die *Behalteziffern* notieren zu lassen, damit sich die Schüler auf den Ablauf des Verfahrens konzentrieren können. Vielleicht wäre es sogar sinnvoll, diese Vorgehensweise *auch später* beizubehalten, zumal es bei der Addition und Subtraktion üblich ist, die Übertragsziffern schriftlich festzuhalten. Bei *besonders schwachen* Schülern bietet sich möglicherweise ein *Verzicht* auf das Normalverfahren und statt dessen der Einsatz eines Alternativverfahrens an (vgl. 5.5).

– Da das Mitschreiben der *Endnullen* einen positiven Einfluß auf die Anzahl der Stellenwertfehler ausübt, erweist es sich als günstig, die Nullen *länger* als bislang üblich notieren zu lassen, eventuell sogar auf Dauer, wie es schon in einigen der getesteten Klassen praktiziert wurde.

- Aufgaben mit *Nullen* sollten immer eingeschoben werden, um die systematischen Fehler „Stellenwertbelegende Rolle der Null im zweiten Faktor nicht beachtet" und „Einmaleinsfehler mit der Null" zu vermeiden. Für die Behebung des zuerst genannten Fehlers scheint besonders das Notieren von Nullzeilen vorteilhaft zu sein.

- Die *starken* Unterschiede im Anteil *richtiger* Lösungen wie auch beim Auftreten *systematischer* Fehler zwischen den einzelnen Klassen deuten darauf hin, daß für viele Lehrer Hinweise auf typische sowie auf systematische Fehler äußerst wichtig und hilfreich sind. So werden diese Lehrer für die entsprechenden Fehler sensibilisiert und können gezielt und wirkungsvoll hiergegen vorgehen.

5.5 Alternative – „leichtere" – Multiplikationsverfahren

Eine *Reduzierung* der Anforderungen gegenüber dem komplexen Normalverfahren der schriftlichen Multiplikation ermöglichen die folgenden drei alternativen Verfahren.

5.5.1 Das Verdoppelungs- / Halbierungsverfahren

Dieses Multiplikationsverfahren basiert auf dem Grundgedanken, daß ein Produkt aus zwei Faktoren *unverändert* bleibt, wenn *ein* Faktor *verdoppelt* und der *andere* Faktor zugleich *halbiert* wird. Das Verfahren ist schon seit langem als „Russisches Bauernmultiplizieren" bekannt. Das folgende Beispiel verdeutlicht die *Vorgehensweise* bei diesem Verfahren sowie eine mögliche *Notationsform* (vgl. auch Röhrl (1978)).

Beispiel: 346·36

$$346 \cdot 36$$
$$= \quad 692 \cdot 18$$
$$= \quad 1384 \cdot \ \ 9$$
$$> \quad 2768 \cdot \ \ 4 \Big\} +1384$$
$$= \quad 5536 \cdot \ \ 2$$
$$= \ 11072 \cdot \ \ 1$$

$$\begin{array}{r} 11072 \\ +\ \ 1384 \\ \hline 12456 \end{array}$$

also: $346 \cdot 36 \ = \ 12456.$

Der Multiplikand einer gegebenen Aufgabe wird Schritt für Schritt *verdoppelt*, der Multiplikator *halbiert*, bis die Zahl 1 erreicht wird. Während man *jede* Zahl verdoppeln kann, kann man *nur gerade* Zahlen halbieren. Ist der Multiplikator *ungerade*, so nimmt man die *benachbarte kleinere* – damit zwangsläufig *gerade* – Zahl, die halbiert werden kann. Das neue Produkt hat jedoch einen zu *kleinen* Wert. Deshalb wird der *Fehlbetrag*, der genau dem Multiplikanden der *vorhergehenden* Rechenzeile entspricht, an der Seite notiert (faktisch wird also im obigen Beispiel gerechnet: $1384 \cdot 9 = 1384 \cdot 8 + 1384 = 2768 \cdot 4 + 1384$). Die Addition sämtlicher *Fehlbeträge* zu dem *letzten* Multiplikand ergibt das gesuchte Produkt.

Kürzer ist die folgende Schreibweise (vgl. auch Schönwald 1986):

Beispiel:

$$346 \cdot 36$$
$$\cancel{346 \cdot 36}$$
$$\cancel{692 \cdot 18}$$
$$1384 \cdot \ \ 9$$
$$\cancel{2768 \cdot 4}$$
$$\cancel{5536 \cdot 2}$$
$$\underline{11072 \cdot \ \ 1}$$
$$12456$$

Hierbei wird bei jedem Verdoppeln des Multiplikanden der Multiplikator jeweils halbiert und das Ergebnis *ohne Rest* notiert, bis 1 erreicht wird. Alle Zeilen mit *geraden* Multiplikatorzahlen werden *gestrichen*, die übriggebliebenen Multiplikandenzahlen werden addiert und ergeben das gesuchte Produkt.

Röhrl (1978) hält den vorgestellten Algorithmus, bei dem *nur* das *Verdoppeln*, das *Halbieren* sowie die *schriftliche Addition* beherrscht werden müssen, für *so einfach*, daß er nicht nur in den *Computern* als Grundlage für das schriftliche Multiplizieren benutzt werden sollte, sondern er glaubt auch, daß dieser Algorithmus „mit dem Normalverfahren auch dann noch konkurrieren kann, wenn es darum geht, mit Bleistift und Papier zu rechnen".

5.5.2 Das Verdoppelungsverfahren

Bei diesem Verfahren[5] müssen die Schüler aus dem Kleinen 1 × 1 *nur das Verdoppeln* beherrschen sowie ferner ggf. das Multiplizieren mit *Zehnerpotenzen*. Das folgende Beispiel dient zur Verdeutlichung der *Vorgehensweise* und zeigt zugleich eine mögliche *Notationsform* auf:

Beispiel: 4379·86

⊙8	35032
⊙4	17516
⊙2	8758
⊙1	4379 · 86
	4379 · 80 = 350320
	4379 · 4 = 17516
	4379 · 2 = 8758
	4379 · 86 = 376594

Offensichtlich genügt die Bestimmung dieser *drei* Verdoppelungen des gegebenen *Multiplikanden*, um – durch *maximal drei* Additionen – *sämtliche* weiteren Vielfachen zwischen 1 und 9 zu gewinnen und um so leicht *sämtliche* Multiplikationen durchführen zu können. Durch Addition des 2- und

---

[5]Das Verfahren geht in der vorgestellten Form weithin auf Überlegungen von Herrn AOR Trauerstein, Bielefeld zurück.

8-fachen läßt sich die Verdoppelungstabelle jeweils leicht auf ihre *Richtigkeit* überprüfen. In Abhängigkeit von den vorkommenden Ziffern im *Multiplikator* kann die Verdoppelungstabelle auch *kürzer* sein (also etwa nur den Faktor 2 oder die Faktoren 2 und 4 umfassen), man kann sich aber auch *generell* bei der Verdoppelungstabelle auf die Faktoren 2 und 4 beschränken (und das 8-fache jeweils durch 2-fache Addition des 4-fachen gewinnen). Daneben kann man auch mit *anderen* Vielfachentabellen arbeiten, etwa mit den Faktoren 2, 3 ($= 1 + 2$) und 6 ($= 2 \cdot 3$).

5.5.3 Die Neperschen Streifen/Die Gittermethode

Die Neperschen Streifen, die jeweils sämtliche Zahlen einer 1×1–Reihe enthalten und leicht herzustellen sind (vgl. Winter 1985), eignen sich gut zur problemlosen Multiplikation größerer Zahlen insbesondere mit *einstelligen* Faktoren. Legt man beispielsweise die Neperschen Streifen von 3 und 7, die aus den Zahlen der 3er– und 7er–Reihe bestehen, nebeneinander, so kann man bei der in der folgenden Abbildung gezeigten Anordnung sämtliche Produkte von 73 mit einstelligen Faktoren bzw.

bei umgekehrter Anordnung sämtliche Produkte von 37 mit einstelligen Faktoren praktisch direkt ablesen. Dies beruht offensichtlich darauf, daß beispielsweise 73·5 folgendermaßen berechnet werden kann:

73 · 5 = 7 Z 3 E · 5 = 7 Z · 5 + 3 E · 5 = 3 5 Z + 1 5 E = 3 H 5 Z +
1 Z 5 E = 3 H 6 Z 5 E = 365. Infolge der durch die Schräglinien bei den
Neperschen Streifen bewirkten geschickten Anordnung der Überträge kann
man so also das Ergebnis praktisch unmittelbar (von rechts nach links) den
Streifen entnehmen. In einigen Fällen müssen allerdings weitere Überträge
berücksichtigt werden, wie z.b. bei 73 · 7 (73 · 7 = 7 Z 3 E · 7 = 7 Z · 7 +
3 E · 7 = 49 Z + 21 E = 4 H 9 Z + 2 Z 1 E = 4 H 11 Z 1 E = 5 H 1 Z 1 E
= 511)

Völlig analog können wir auch *drei– oder mehrstellige* Zahlen durch das Nebeneinanderlegen von 3 oder mehr entsprechenden Streifen der Einerstelle,
Zehnerstelle, Hunderterstelle der Ausgangszahl mit beliebigen *einstelligen*
Multiplikatoren problemlos multiplizieren. Nullen im *Multiplikand* bereiten
offensichtlich keinerlei Schwierigkeiten. Aber auch sämtliche Produkte mit
reinen Zehnerzahlen als Multiplikator können bei Kenntnis der Multiplikation mit Zehnerpotenzen leicht mittels der Streifen beherrscht werden. Auf
dieser Grundlage ist dann auch eine Multiplikation mit beliebigen *mehrstelligen* Multiplikatoren möglich, allerdings nur mittels der Addition der mit
Hilfe der Neperschen Streifen gefundenen Teilprodukte.

Der vorstehend skizzierte Weg eignet sich besonders gut für eine Behandlung
der Multiplikation unter dem Gesichtspunkt einer weitgehenden *Automatisierung von Rechnungen.* In diesem Sinne sind die Neperschen Streifen ein
„selbstgebauter und verständlicher *Computer* in der Grundschule" (Winter
1985, S. 4); denn im Gegensatz zum Taschenrechner hat dieser „Computer" den „Vorteil der vollkommenen Transparenz. Die Schüler können auf
besonders suggestive Weise *die* Strategie beim Multiplizieren großer Zahlen
erfahren: das stellengerechte Vorgehen in multiplikativen Teilschritten bei
gleichzeitigem Aufsummieren der Teilprodukte" (Winter 1985, S. 6).

Steht dagegen die *Berechnung* beliebiger *größerer Produkte* im Vordergrund,
so ist die eng mit den Neperschen Streifen zusammenhängende *Gittermethode*
empfehlenswerter. Auch hier werden die Merkziffern jeweils geschickt notiert
und müssen nicht im Kopf behalten werden.

Nach Befunden von Brousseau (1974) und von Burns/Hughes (1975) ist diese
Methode *weniger* fehleranfällig als jeweils das entsprechende Normalverfahren. Das folgende Beispiel verdeutlicht das *Prinzip* und eine mögliche *Notationsform.*

Beispiel: 753·492

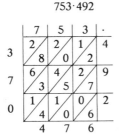

753·492 = 370476

Jede Ziffer des *einen* Faktors wird mit *jeder* Ziffer des *anderen* Faktors multipliziert. Da die *Reihenfolge* unerheblich ist, können *Rechenvorteile* ausgenutzt werden. Die *zwei*stelligen Ergebnisse – einstellige wie z.b. 3 · 2 = 6 werden auch hier als 06 geschrieben – werden jeweils in dem zugehörigen Feld des Gitters notiert. Das *Ergebnis* der Multiplikationsaufgabe erhält man, indem man *rechts unten* beginnend und *links oben* endend die Zahlen in den diagonalen *Streifen* jeweils addiert und eventuelle *Überträge* im *nächsten* Streifen berücksichtigt. (Die Zahlen im 2. Streifen der Beispielaufgabe sind 0 0 7, im 3. Streifen: 4 1 5 2 2). Damit das Verfahren richtig funktioniert, muß zunächst ein entsprechendes Gitter sorgfältig hergestellt werden. Insbesondere müssen – und hier können in der *Praxis* Probleme auftreten – die einzelnen *diagonalen* Streifen jeweils *eindeutig zu erkennen* sein, damit bei der Addition keine Fehler unterlaufen.

5.5.4 Abschließende Bemerkungen

Von den vorgestellten alternativen Verfahren weist nach unserer Einschätzung das *Verdoppelungsverfahren* die *meisten* Vorzüge auf. Der „Rechenstress" – und damit die Fehlerhäufigkeit – dürfte *deutlich geringer* sein als beim Normalverfahren. Die erforderlichen Anforderungen hinsichtlich des Kleinen Einmaleins (*nur* Verdoppelungen!) wie hinsichtlich der Merkziffern (*höchstens 1* als Merkziffer!) sind *stark reduziert*. Da die vom Ansatz her gut verständlichen Rechnungen *nicht* rein mechanisch durchzuführen sind, bleiben auch die beim Normalverfahren schwierigen Aufgaben mit *Nullen* in den Faktoren *unproblematisch*. Ferner bietet – wie erwähnt – die Verdoppelungstabelle jeweils eine gute *Kontrollmöglichkeit*. Ein *Nachteil* gegenüber dem Normalverfahren ist jedoch der wesentlich höhere Schreibaufwand beim Verdoppelungsverfahren. Allerdings ist nach einer Untersuchung von Trauerstein die *Bearbeitungszeit* schon bei drei- oder mehrstelligen Multiplikatoren praktisch gleich. Daher stellt das Verdoppelungsverfahren nach unserer Meinung eine sinnvolle *Ergänzung* zum Normalverfahren, jedoch *keine* echte Alternative für *durchschnittliche oder bessere* Schüler dar. Bei *rechenschwachen* Schülern ist allerdings zu überlegen, ob man im Taschenrechnerzeitalter bei ihnen nicht auf das Normalverfahren *verzichten* und sich auf eine gründliche Behandlung des *Verdoppelungsverfahrens* beschränken kann.

6 Division

6.1 Bemerkungen zum Normalverfahren

Im Gegensatz zur schriftlichen Multiplikation gibt es bei der schriftlichen Division *theoretisch kein* allgemein in Deutschland anerkanntes *Normalverfahren*. Dies hängt mit den in III.4.9 dargestellten Problemen bei der Schreibweise der *Division mit Rest* zusammen. So hat die Kultusministerkonferenz (KMK) 1976 durch einen Beschluß die *multiplikative* Schreibweise statt der bis dahin üblichen Divisionsschreibweise vorgeschrieben. Die folgenden beiden Beispiele verdeutlichen die starken, formalen *Gemeinsamkeiten*, aber auch die *Unterschiede* beider Schreibweisen:

Beispiel 1 (multiplikative Schreibweise)

$$2576 : 7$$
$$2576 = 7 \cdot 368$$
$$\underline{21}$$
$$47$$
$$\underline{42}$$
$$56$$
$$\underline{56}$$
$$0$$

Beispiel 2 (Divisionsschreibweise)

2576:7=368
<u>21</u>
47
<u>42</u>
56
<u>56</u>
0

Faktisch kann heute jedoch wieder die *Divisions*schreibweise (Beispiel 2) als
das Normalverfahren in Deutschland angesehen werden; denn die *multiplikative* Schreibweise wurde trotz des KMK-Beschlusses in der Folgezeit nur
von *wenigen* Bundesländern übernommen – und diese wenigen Länder haben sie seitdem weithin wieder *abgeschafft.* Für dieses Verhalten der Länder
gibt es gute Gründe; denn die multiplikative Schreibweise wirft eine Reihe
von *Problemen* auf (vgl. III.4.9.2). Wegen dieser Probleme, aber auch wegen
ihrer faktisch nur noch *geringen* Bedeutung beziehen wir uns im folgenden
ausschließlich auf die *Divisions*schreibweise. Eine *Übertragung* unserer Aussagen auf die *multiplikative* Schreibweise ist ggf. leicht zu realisieren. Auf
andere Möglichkeiten der Normierung der schriftlichen Division gehen wir
im Abschnitt 6.4 genauer ein.

6.2   Zur Komplexität des Normalverfahrens

Das schriftliche Dividieren, insbesondere durch *mehrstellige* Divisoren, wird
zu Recht als die *bei weitem komplizierteste* Grundrechnungsart angesehen.
Dies veranlaßt Müller-Wittmann (1977, S. 199) zu der folgenden Einschätzung, die wir allerdings in dieser pointierten Form nicht teilen: „...es stellt
sich mit Recht die Frage, ob sich die Mühe lohnt. (...) Es ist u.E. damit zu
rechnen, daß die Verfügbarkeit von Taschenrechnern in Zukunft die Erlernung
des Divisionsalgorithmus ganz entbehrlich macht."

Den hohen *Komplexitätsgrad* des Divisionsalgorithmus verdeutlicht sehr klar
das *Flußdiagramm* auf der folgenden Seite.[6]

---

[6]Die gegenüber den ersten Auflagen verbesserte Version des Flußdiagramms geht auf
Anregungen von Prof. Dr. Hestermeyer (Bielefeld) zurück.

232

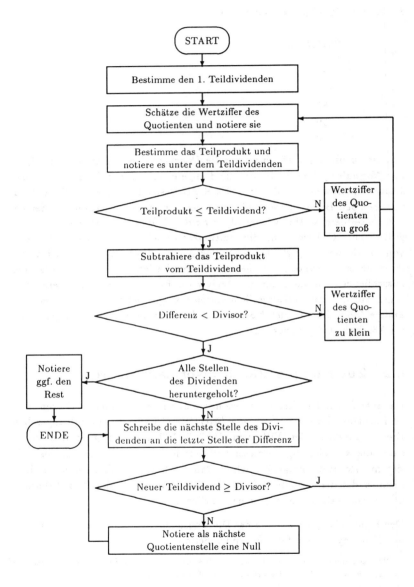

Folgende *Schrittfolge* wird im Prinzip *immer wieder* durchlaufen:

- Bestimmen des *(Teil-) Dividenden,*
- überschlagsmäßiges *Dividieren,*
- schriftliches *Multiplizieren,*
- schriftliches *Subtrahieren.*

Hierbei bereitet das *überschlagsmäßige Dividieren* – insbesondere schon das Auffinden geeigneter „*runder*" Zahlen – den Schülern erfahrungsgemäß die mit Abstand *größten* Schwierigkeiten. *Fehlerhafte* Überschläge an dieser Stelle bemerkt man nämlich erst nach erfolgter *Multiplikation* (falls die Quotientenziffer *zu groß* geschätzt wurde) bzw. sogar erst nach der anschließenden *Subtraktion* (falls die Quotientenziffer zu *klein* geschätzt wurde). *Erschwerend* kommt hinzu, daß die schriftliche Division durch *mehrstellige* Divisoren – im Gegensatz zu *allen anderen* Grundrechenarten – *nicht* vollständig auf die Anwendung von *Grundaufgaben* (also auf das Kleine 1 durch 1 bzw. auf das Kleine 1 × 1) reduziert werden kann, da *nur* der Dividend, *nicht aber* der Divisor bei dem Divisionskalkül *zerlegt* wird (vgl. auch Lorenz (1983)). Wichtig für das Verständnis des Divisionskalküls ist auch eine gründliche *Einsicht* in das *dezimale Stellenwertsystem.*

Als Folge dieses *hohen* Komplexitätsgrades der schriftlichen Division mit *zwei-* oder gar *drei*stelligen Divisoren, aber auch als Folge der weiten Verbreitung von *Taschenrechnern* ist bei *neueren* Grundschulrichtlinien vielfach die Tendenz zu erkennen, auf eine *verpflichtende* Behandlung der Division durch *mehr*stelligen Divisoren in der Grundschule zu *verzichten.* Stattdessen beschränkt man sich hier in der vierten Klasse auf eine *gründlichere* Behandlung der Division durch einstellige Divisoren sowie durch *Vielfache von zehn,* um an diesen – besser überschaubaren und zu handhabenden – Fällen das *Prinzip* des Divisionskalküls abzuklären und einzuüben.

6.3 Methodische Stufenfolge

Ähnlich wie schon bei der schriftlichen Multiplikation erfolgt auch bei der Division die Erarbeitung des Kalküls im wesentlichen in *drei Schritten*:

- Der Divisor ist *einstellig*
- Der Divisor ist ein *Vielfaches von zehn* („reine Zehnerzahl")

– Der Divisor ist eine *gemischte Zehnerzahl*

Auf Aufgaben, bei denen bei der Division ein *Rest* bleibt, gehen wir hier *nicht* gesondert ein, da wir diesen Problemkreis schon im Abschnitt III.4.9 ausführlich diskutiert haben. *Problembereiche* beim Divisionskalkül sowie die wichtige *Überschlags-* und *Proberechnung* besprechen wir in 6.3.4 bzw. 6.3.5.

Während dieser Abschnitt 6.3 – wie schon der entsprechende Abschnitt zur Multiplikation – weithin nach dem Prinzip *zunehmenden Schwierigkeitsgrades* aufgebaut ist, fordert Treffers (1987) eine Einführung gerade auch der Division auf der Grundlage *fortschreitender Schematisierungen.* Wir gehen hierauf im Abschnitt 6.6.2 etwas genauer ein.

6.3.1 Division durch einen einstelligen Divisor

Besonders leicht zu lösen sind Aufgaben wie 936:3, 484:4, oder 846:2, und zwar weil hier *jeder* Stellenwert *ohne Rest* teilbar ist. Daher beginnen einige Schulbücher mit diesem äußerst leichten Aufgabentyp. Nach unserer Einschätzung ist jedoch eine etwas komplexere Aufgabe als Einstieg in die schriftliche Division angemessener. Ein konkretes Anknüpfen an die Deutung der Division als Verteilen, wie es im auf S. 235 abgebildeten Schulbuchbeispiel (Griesel–Sprockhoff, 4) realisiert wird, ist hierbei ein gut geeigneter Weg.

Für ein volles Verständnis des Divisionskalküls ist es wichtig, daß die Schüler das Agieren auf der enaktiven bzw. ikonischen Ebene mit der Darstellung des Kalküls in einer Stellentafel in Beziehung setzen können. Insbesondere der Zusammenhang zwischen dem Geldwechseln und den Verwandlungen in der Stellentafel muß deutlich herausgestellt werden. Gute Hilfen hierzu kann das Schulbuchbeispiel auf S. 236 oben (Mathemax, 4) vermitteln.

Durch Verzicht auf die Stellenwertbezeichnungen und durch eine Verkürzung der Sprechweise wird die endgültige Sprech– und Schreibweise erreicht (Abb. S. 236 unten).

Vier Arbeitskollegen haben im Lotto 5284 DM gewonnen. Sie teilen den Gewinn gleichmäßig untereinander.
Lege mit Rechengeld wie im Bild.

Die Schüler der Heideschule wollen Kindern in Not helfen. Auf einem Schulfest, auf einem Basar und durch Sammlungen haben sie insgesamt 4 182 DM zusammenbekommen.
Sie wollen das Geld nun in gleichen Teilen an drei Hilfseinrichtungen weitergeben.
Überschlage vorher.

Lege nach. Wechsle um und verteile.

So rechnet Mathemax:

4 182 : 3 = 1 394
3
11
9
28
27
12
12
0

Sprich so:

4 : 3 ist 1, 1 bleibt übrig
11 : 3 ist 3, 2 bleiben übrig
28 : 3 ist 9, 1 bleibt übrig
12 : 3 ist 4, nichts bleibt übrig

Um Fehler beim „Herunterholen" der Ziffern zu vermeiden, ist es zusätzlich sinnvoll, die jeweils „heruntergeholte" Ziffer des Dividenden durch *Unterstreichen* kenntlich zu machen.

Im Vorfeld der schriftlichen Division empfehlen sich auch Notationen im Sinne

des halbschriftlichen Dividierens (vgl. auch III.4.7), wie es etwa das folgende
Beispiel zeigt:

$$
\begin{array}{rl}
3747 : 3 = & \\
\hline
3000 : 3 = & 1000 \\
600 : 3 = & 200 \\
120 : 3 = & 40 \\
27 : 3 = & 9 \\
\hline
3747 : 3 = & 1249
\end{array}
$$

Dabei ist eine Zerlegung in geeignete Divisorvielfache und nicht in Anlehnung
an die dekadische Struktur erforderlich. Die im vorigen Abschnitt erwähnten
Probleme mit der halbschriftlichen Multiplikation gibt es bei der schriftlichen
Division *nicht*.

Während bei den bisher dargestellten Beispielen die Ziffernanzahl des Dividenden und Quotienten jeweils übereinstimmt, gibt es offensichtlich auch
Aufgaben, bei denen der Quotient eine Ziffer *weniger* als der Dividend besitzt.

Beispiel:

T	H	Z	E				T	H	Z	E	
2	9	8	5	:	5	=	•	5	9	7	
2	5										
		4	8								
		4	5								
			3	5							
			3	5							
			0	0							

Hierbei macht die inhaltliche Spechweise (2 T:5) klar, daß im Quotient die
Tausenderstelle unbesetzt bleibt. Dies kann man zu Beginn etwa durch einen
Punkt oder Strich kenntlich machen.

Besondere Beachtung sollte schließlich auch schon bei der Division durch
einstellige Divisoren auf Aufgaben gelegt werden, die *Nullen* im Dividenden
oder Quotienten besitzen (vgl. 6.3.4), ebenso wie auf Aufgaben, die bei der
Division einen von Null verschiedenen *Rest* lassen (vgl. 6.5.2, 6.5.3).

6.3.2 Division durch ein Vielfaches von 10 („reine Zehnerzahl")

Hinweise zur Behandlung der Division durch *Zehnerpotenzen* haben wir schon im Abschnitt III.4.7 gegeben. Wir gehen hier auf die Division durch Vielfache von zehn, die *keine* Zehnerpotenzen sind, wie z.b. durch 20 oder durch 50, genauer ein. Aufgaben dieses Typs lassen sich, ähnlich wie bei der Multiplikation, auf zwei *schon behandelte* Aufgabentypen – auf die Division durch eine *Zehnerpotenz* sowie durch einen *einstelligen* Divisor – zurückführen. Im Gegensatz zu einer Schreibweise *mit Klammern* (Beispiel: 4800 : 60 = 4800 : (6·10) = (4800 : 6) : 10), die offenkundig recht problematisch und nur schwer verständlich zu machen ist, läßt sich dieser Aufgabentyp übersichtlich *mittels Pfeildiagrammen* darstellen:

Allerdings ist dieser Weg nur für einige, dann leicht im Kopf lösbare *Einstiegsbeispiele* zu empfehlen. Sehr bald sollte man diese Aufgaben im *Stellenwertschema* (s.u.) lösen, um an diesen überschaubaren Aufgaben den allgemeinen Fall (Division durch gemischte Zehnerzahlen) geeignet vorbereiten zu können.

Zusätzlich rechnet man bei diesen Aufgaben ständig mit *Vielfachen von zehn* als *Divisor*, so wie es bei den Aufgaben mit *mehr*stelligem Divisor bei der *Überschlagsrechnung* stets erforderlich ist.

Beispiel:

T	H	Z	E				T	H	Z	E
7	2	4	0	:	40	=	•	1	8	1
4	0									
3	2	4								
3	2	0								
		4	0							
		4	0							
		0	0							

Durch den Verzicht auf die Stellenwerttafel gelangt man auch hier unmittelbar zu der *Endform* des Divisionsverfahrens.

6.3.3   Division durch gemischte Zehnerzahlen

Dieser Aufgabentyp unterscheidet sich *im Prinzip* nicht von dem gerade besprochenen Typ. Auf eine Beispielaufgabe können wir daher verzichten. Allerdings bereitet der jeweils erforderliche *Überschlag* – wie schon einleitend erwähnt – große *Schwierigkeiten.* Entsprechend stuft man die Behandlung vielfach nach der *Art des Divisors* („zehnernahe" bzw. „zehnerferne" Vielfache von Zehn). So ist bei Divisoren, die *nahe* bei Vielfachen von Zehn liegen, wie z.B. bei 51, 52 oder 58, 59 die *Zweckmäßigkeit* des Überschlags bei der Bestimmung der Teilergebnisse am besten zu verstehen, daher der Beginn mit diesen „*zehnernahen*" Divisoren. Erst anschließend geht man auf die „*zehnerfernen*" Divisoren wie z.B. 45 oder 46 ein. Für genauere Hinweise zur Behandlung des für diese Aufgaben äußerst wichtigen *Überschlags* verweisen wir an dieser Stelle auf den Abschnitt 6.3.5.

Zur Vermeidung typischer *Schülerfehler* (vgl. auch 6.5) ist es notwendig, eine *Notationsform* für den – nicht seltenen – Fall zu vereinbaren, daß bei der Division eine Quotientenziffer *zu klein* oder *zu groß* geschätzt wird.

Folgende *Schreibweise* ist in diesem Fall *zweckmäßig* (vgl. auch Radatz/Schipper (1983)):

– Falls die geschätzte Ziffer *zu groß* ist:

$$
\begin{array}{l}
9\,8\,6\,4 : 3\,6 = 2\,\cancel{8}\,7\,4 \\
\underline{7\,2} \\
2\,6\,6 \\
\cancel{2\,8\,8} \\
\underline{2\,5\,2} \\
1\,4\,4 \\
\underline{1\,4\,4} \\
0
\end{array}
$$

– Falls die geschätzte Ziffer *zu klein* ist:

$$9\;8\;6\;4 : 3\;6 = 2\;\cancel{6}\;7\;4$$

```
9 8 6 4 : 3 6 = 2 ₆ 7 4
7 2
2 6 6
2̶ 1̶ 6̶
  5̶ 0̶
  2 5 2
    1 4 4
    1 4 4
        0
```

6.3.4 Problembereiche

Aufgaben mit Zwischen- oder End*nullen* im *Quotient* bereiten den Schülern die *meisten* Schwierigkeiten (vgl. 6.5) und führen vielfach zu einem *starken* Fehleranstieg. Daher muß auf *diese* Aufgabentypen im Unterricht *besonders* sorgfältig eingegangen werden. Nach Befunden von Barr (1983) nehmen diese Nullfehler im Verlauf der *weiteren* Schulzeit *keineswegs* automatisch ab, sondern eher noch *zu*.

Folgende Beispiele verdeutlichen einige *typische Konstellationen*, bei denen Zwischen- oder Endnullfehler auftreten (für einen vollständigen Überblick vgl. 6.5.3).

a) *Zwischennullen im Quotienten*

ausführliche Schreibweise

```
1 2 1 6 : 4 = 3 0 4
1 2
  0 1
  0
    1 6
    1 6
        0
```

Endform

```
1 2 1 6 : 4 = 3 0 4
1 2
  1 6
  1 6
      0
```

ausführliche Schreibweise

6 3 0 4 9 : 7 = 9 0 0 7
6 3
  0 0
   0
  0 4
   0
  4 9
  4 9
   0

Endform

6 3 0 4 9 : 7 = 9 0 0 7
6 3
  4 9
  4 9
   0

b) *Endnullen im Quotienten*

ausführliche Schreibweise

3 2 4 0 : 6 = 5 4 0
3 0
 2 4
 2 4
  0 0
   0
   0

Endform

3 2 4 0 : 6 = 5 4 0
3 0
 2 4
 2 4
  0

ausführliche Schreibweise

3 2 4 1 : 6 = 5 4 0 Rest 1
3 0
 2 4
 2 4
  0 1
   0
   1

Endform

3 2 4 1 : 6 = 5 4 0 Rest 1
3 0
 2 4
 2 4
  0 1

In entsprechenden Aufgaben lassen Schüler die Zwischen- oder Endnullen im Quotienten leicht aus. *Besonders* häufig geschieht dies, wenn die kurze Endform *zu rasch* eingeführt wird. Aber auch *laxe*, vom Lehrer tolerierte *Sprechweisen* wie im ersten Beispiel etwa: „1 durch 4 geht nicht, also hole ich die nächste Ziffer (6) herunter, 16:4 geht 4mal usw." – und damit ein Arbeiten nach der *Devise:* „Hole solange Ziffern herunter, bis es wieder geht" – lösen nach Beobachtungen von Gerster (1984) Fehler mit der Null im Quotienten aus. Eine Sprechweise wie etwa „1 durch 4 geht nullmal" könnte dagegen die

Chancen verbessern, daß im Quotient die Null notiert wird. Zur *Vorbeugung* bzw. *Bekämpfung* obiger Fehler sind wichtig

- eine sorgfältige *Sprechweise*,
- eine *nicht zu rasche* Einführung der knappen Kurzform, vielmehr zunächst bewußt ein mündliches Rechnen mit den Stellenwerten,
- eine *Vorausbestimmung* der Anzahl der Ziffern des Ergebnisses bzw. eine *Überschlagsrechnung*.
- eine Thematisierung dieser Problembereiche im Unterricht.

Ein überzeugendes Beispiel für den letzten Punkt findet man bei Keller–Pfaff. Durch gut erkennbares, farbiges Hochliften wird hier unter der Überschrift „Division – Schwierigkeiten mit der Null" der kritische Bereich jeweils deutlich sichtbar gemacht.

6.3.5 Überschlags- und Proberechnung

Der *Überschlagsrechnung* kommt bei der schriftlichen Division, insbesondere bei der Division durch *zwei-* oder *mehr*stellige Divisoren, eine zentrale Rolle zu; denn die *Teilquotienten* werden ja jeweils durch Probieren überschlagsmäßig bestimmt. Daneben ist aber auch ein Überschlag der vollständigen Aufgabe äußerst wichtig. In den Divisionskalkül gehen nämlich viele *Subtechniken* ein, die *je eine eigene* Fehlerrate haben und die dadurch *insgesamt* die Wahrscheinlichkeit eines Fehlers im Verlauf der Aufgabenlösung *massiv* erhöhen.

Ein Gefühl für die *Effizienz* des Überschlags, und damit eine gute Motivation, eine Überschlagsrechnung durchzuführen, kann etwa durch Aufgaben der folgenden Art vermittelt werden (vgl. Oehl-Palzkill, 4):

Die Kinder haben die Aufgabe 47 240 : 8 gerechnet. Sie nennen ihre Ergebnisse: Uli 595, Moni 6 905, Rolf 5 905, Susi 5 095. Die Lehrerin weiß sofort, welche Ergebnisse falsch sind. Sie hat überschlagen. Erkläre!

Einfacher als ein *vollständiger* Überschlag, aber auch schon *sehr wirksam* zur Bekämpfung der vielen Stellenwertfehler – also der Fehler, die die Anzahl der Stellen im Quotienten verändern (insbesondere also der Zwischennull- und der Endnullfehler; man vgl. 6.5) – ist die Bestimmung der *Stellenzahl des Quotienten*, und zwar *vor* Beginn der Rechnung. Ein gutes Beispiel in dieser Richtung vermittelt die folgende Aufgabe (man vgl. Picker, 4):

Bestimme die Stellenzahl des Quotienten mit Hilfe der Stellentafel.

T	H	Z	E
9	1	3	5

: 7 = □

9T : 7 ≈ 1T

Der Quotient beginnt mit der T-Stelle.
Er hat also ▨ Stellen.

T	H	Z	E
3	7	3	6

: 8 = □

3T : 8 ≈ 0T
37H : 8 ≈ 4H

Der Quotient beginnt mit der H-Stelle.
Er hat also ▨ Stellen.

Zur Bestimmung des Überschlags (insbesondere bei mehrziffrigen Divisoren) werden in der Literatur verschiedene *Überschlagstechniken* beschrieben. So unterscheidet etwa Gerster (1982, S. 189 ff) folgende Techniken:

„(1) Überschlagen mit Hilfe der führenden Ziffern (entspricht dem Weglassen der hinteren Stellen).

(2) Überschlagen durch Runden des Divisors und gleichsinniges Runden des Dividenden auf ein Vielfaches des Divisors.

(3) Überschlag durch Runden des Divisors und Feststellen, wie oft der geänderte Divisor in den (unveränderten) Dividenden paßt.

(4) Überschlag durch konsequentes Aufrunden des Divisors und Nachsehen, wie oft der gerundete Divisor in den (unveränderten) Dividenden paßt.

(5) Überschlagstechnik ohne einheitliches Regelsystem."

Hierbei versteht Gerster unter (5) eine *flexible* Verwendung *verschiedener* Strategien je nach den spezifischen Gegebenheiten der einzelnen Aufgabe.

Unter den aufgeführten Techniken hält Gerster die Techniken (3) und (4) für am ehesten geeignet, wobei die Technik (4) nach seiner Meinung den besonderen Vorteil aufweist, daß hierbei die Quotientenziffern *nie zu groß* geschätzt werden.

Praktikabler und rechnerisch leichter scheint uns eine Vorgehensweise im Sinne der Technik (2) von Gerster zu sein, wenn man diese Technik etwas *modifiziert*, etwa im Sinne der Vorschläge von Radatz/Schipper (1983, S. 101), die ein zweischrittiges Vorgehen empfehlen:
„1. Schritt: Runden nach den Rundungsregeln,
2. Schritt: Leicht lösbare Überschlagsrechnung suchen (Dividend ist Vielfaches des Divisors) und dabei berücksichtigen, in welche Richtung und wie ‚kräftig' der Divisor gerundet worden ist. Kräftiges Aufrunden (von 5 oder 6) oder Abrunden (von 4) des Divisors fordert auch kräftiges Auf- bzw. Abrunden des Dividenden in die gleiche Richtung."

Beispiel: Überschlagsrechnung für die Bestimmung eines Teilquotienten

$$322764 : 45$$

Von 322:45 Übergang zunächst zu 320:50 (Schritt 1), dann weiterer Übergang (rein mündlich) zu 350:50=7 (Schritt 2).

Die Tatsache, daß bei der Division – im Unterschied zur Multiplikation! – *nicht* ein *gegensinniges*, sondern ein *gleichsinniges* Verändern von Dividend und Divisor zu *besseren* Überschlagsergebnissen führt, läßt sich – außer durch die Untersuchung konkreter Beispiele – folgendermaßen allgemein begründen: Bei der Subtraktion ändert sich die Differenz nur kaum oder sogar überhaupt nicht, wenn wir beide Zahlen möglichst gleichmäßig in die *gleiche* Richtung verändern (eine Tatsache, die ja bei der *schriftlichen* Subtraktion in Form der *Erweiterungstechnik* ausgenutzt wird). Deuten wir die *Division* als *wiederholte Subtraktion*, so entspricht dem Runden des Dividenden bzw. des Divisors ein *einmaliges* Runden des *Minuenden* und ein mehrfaches – nämlich bei *jeder* Teilsubtraktion wirksam werdendes – Runden des *Subtrahenden*. Daher muß auch bei der *Division* in die *gleiche* Richtung gerundet werden, jedoch – im *Unterschied* zur Subtraktion! – bei Dividend und Divisor stark *ungleichmäßig*. Bei einem zweckmäßigen Runden muß dieser Gesichtspunkt, der in den beiden oben erwähnten Schritten von Radatz/Schipper nicht genannt wird, unbedingt beachtet werden.

Es liegt in der Natur eines Überschlags, daß die gewonnenen Überschlagsziffern teils *nach oben*, teils *nach unten* von der gesuchten Quotientenziffer abweichen können. So liefert nach McKillip (1981) die (in den USA) „übliche Schätzprozedur" für Quotientenziffern in 24 % aller Fälle die *falsche* Ziffer. Daher ist es äußerst wichtig, diesen Fall mit den Schülern gründlich zu besprechen und eine passende Schreibweise zu vereinbaren (vgl. 6.3.3), um hier unnötige Fehlerquellen auszuschließen. Auch sollte man die Schüler *schrittweise* an die Überschlagstechnik heranführen, also zunächst Aufgaben mit *reinen* Zehnerzahlen als Divisor, dann mit *zehnernahen* Divisoren auswählen, bevor man zu Aufgaben mit *zehnerfernen* Divisoren übergeht, wo aufgrund der kräftigen Auf- bzw. Abrundungen beim Überschlag im ersten Anlauf gehäuft zunächst fehlerhafte Ergebnisse anfallen.

Wegen des hohen Komplexitätsgrades der schriftlichen Division ist eine *Probe* unbedingt empfehlenswert, und zwar zumindest durch einen Vergleich des gefundenen Ergebnisses mit dem *Überschlag*, besser aber auch noch zusätzlich durch die *Multiplikation* des Quotienten mit dem Divisor (wobei ein eventueller Rest noch hinzuaddiert werden muß).

6.4 Divisionsverfahren im Ausland

Rein *formal* sehen zwar die Divisionsverfahren in wichtigen *Gastarbeiter-herkunftsländern* anders aus als das Normalverfahren in Deutschland, unter *inhaltlichen* Gesichtspunkten sind die Unterschiede jedoch nur *minimal*. Allerdings benutzt man in all diesen Ländern *auch* bei der schriftlichen Division eine Schreibweise *ohne* Gleichheitszeichen, wie wir es in Deutschland von den *übrigen* Grundrechenarten her ebenfalls gewohnt sind. Daher gibt es dort auch *keine* Probleme bei der Schreibweise von Divisionsaufgaben *mit Rest*. Am Beispiel der Aufgabe 318:15 sollen im folgenden nach Ottmann (1982) die verschiedenen Verfahren dargestellt werden:

Griechenland / Türkei

$$
\begin{array}{r|l}
318 & 15 \\
-\ 30 & \overline{21} \\
\hline
018 & \\
-\ 15 & \\
\hline
03 &
\end{array}
$$

Bemerkung: Eine gründliche Schilderung des methodischen Weges zur schriftlichen Division (und auch zur schriftlichen Multiplikation) in der Türkei – insbesondere auch im Vergleich zu dem in Deutschland üblichen Weg – findet man in Glumpler (1986).

Spanien / Portugal / Italien (z.T.)

$$318 \ : \ 15$$

$$
\begin{array}{r|l}
318 & 15 \\
018 & \overline{21} \\
03 &
\end{array}
$$

Ein Vergleich mit der Schreibweise in Griechenland und der Türkei zeigt, daß die Teilprodukte hier *nicht* notiert, sondern die Differenzen sofort *im Kopf* berechnet werden.

Jugoslawien

$$318 : 15 = 21 \text{ R } 3$$
$$\underline{30}$$
$$18$$
$$\underline{15}$$
$$3$$

6.5 Typische Schülerfehler, mögliche Ursachen und Gegenmaßnahmen

Eine von uns kürzlich durchgeführte, *breite empirische Untersuchung*[7] bildet auch hier – neben einer gründlichen Auswertung deutschsprachiger und anglo–amerikanischer Publikationen – die entscheidende Grundlage dieses Abschnittes (vgl. Bathelt/Post/Padberg (1986)). Hierbei untersuchten wir für unsere Aussagen über Aufgaben mit *einstelligem* Divisor eine größere Anzahl von Grundschulklassen (4. Schuljahr) sowie für die Aussagen über Aufgaben mit *zweistelligem* Divisor eine entsprechende Anzahl von Realschulklassen (5. Schuljahr).

6.5.1 Schwierigkeitsdimensionen / Diagnostischer Test

Unser Test für die vierten Schuljahre umfaßt 17 Aufgaben mit *einstelligem* Divisor (sowie 5 in die Auswertung nicht einbezogene Aufgaben mit *zweistelligem* Divisor) je Testversion. Folgende Schwierigkeitsmerkmale werden bei dem Test berücksichtigt:

- Größe des *Divisors* (kleiner oder gleich 5 bzw. größer 5)
- Größe der *Quotientenziffern* (kleiner oder gleich 5 bzw. größer 5)
- Anzahl der *Verwandlungen* pro Aufgabe
- Anzahl der *Zehnerüberschreitungen* beim Bestimmen der Teildifferenzen
- *Relation* der Anzahl der Dividendenstellen zur Anzahl der Quotientenstellen (gleiche Anzahl bzw. größer)

---

[7]Stichprobenumfang: 11 Klassen des vierten Schuljahres aus 6 verschiedenen Grundschulen sowie 11 Klassen des fünften Schuljahres aus 5 verschiedenen Realschulen

- *Wiederholtes* Herunterholen *derselben* Ziffer oder der Null
- *Null* im Quotienten (mittig oder am Ende) als Folge einer „*aufgegange-nen*" Teildivision sowie des anschließenden „Herunterholens" einer Ziffer, die *kleiner* als der Divisor ist
- Wiederholt *gleicher* Rechenschritt
- Mit bzw. ohne *Rest*

Bei dem Test für die fünften Klassen (18 Aufgaben je Testversion) kommt bei der Konstruktion der Aufgaben mit *zweistelligem* Divisor *neben* den gerade genannten Schwierigkeitsdimensionen zusätzlich nur die *Größe* des Divisors als wichtiger Faktor hinzu:

- Der Divisor liegt zwischen 10 und 20
- Der Divisor ist ein *Vielfaches* von 10 („reine Zehnerzahl")
- Der Divisor ist eine *gemischte Zehnerzahl*
    - zehnernah
    - nicht zehnernah und kleiner als 50
    - nicht zehnernah und größer als 50

Das *prinzipielle* Problem beim Erstellen der Tests liegt jedoch darin, daß wir aus Gründen des Testumfangs nicht von *jedem* Aufgabentyp *mehrere* gleich-schwere Aufgaben in den Test aufnehmen können. So haben wir versucht, Aufgaben zusammenzustellen, die die fehlerauslösenden Schwierigkeitsmerk-male noch *genügend* oft beinhalten, um *zufällige* von *systematischen* Fehlern unterscheiden zu können.

Die beiden Tabellen 10 und 11 vermitteln einen ersten groben *Überblick* über die in den beiden Tests enthaltenen *Schwierigkeitsmerkmak*. Ein *vollständi-ger* Überblick über *sämtliche* in den Tests benutzten *Aufgaben* befindet sich am Ende dieses Bandes (siehe Anhang).

	Der Quotient besitzt gleich viele Stellen wie der Dividend	Der Quotient besitzt weniger Stellen als der Dividend
keine Null	9548 : 7 = 1364 7 25 21 44 42 28 28 0	34884 : 4 = 8721 32 28 28 08 8 04 4 0
Null im Dividend	6030 : 3 = 2010 6 00 0 03 3 00	63049 : 7 = 9007 63 00 0 04 0 49 49 0
Null in-mitten des Quotienten	9408 : 9 = 1045 R 3 9 04 0 40 36 48 45 3	4035 : 5 = 807 40 03 0 35 35 0
Null am Ende des Quotienten	5722 : 4 = 1430 R 2 4 17 16 12 12 02 0 2	5225 : 6 = 870 R 5 48 42 42 05 0 5

Tabelle 10: Grobe Übersicht über die im Divisionstest (Aufgaben mit *ein-stelligem* Divisor) enthaltenen Schwierigkeitsmerkmale

	1. Teildividend ist zweistellig	1. Teildividend ist dreistellig
keine Null	439299 : 19 = 23121 38 59 57 22 19 39 38 19 19 0	
Null im Dividend	65960 : 18 = 3664 R 8 54 119 108 116 108 80 72 8	1249600 : 53 = 23577 R 19 106 189 159 306 265 410 371 390 371 19
Null in- mitten des Quotienten	810011 : 67 = 12089 R 48 67 140 134 601 536 651 603 48	231246 : 33 = 7007 R 15 231 246 231 15
Null am Ende des Quotienten	55004 : 44 = 1250 R 4 44 110 88 220 220 04	2817180 : 47 = 59940 235 467 423 441 423 188 188 0

Tabelle 11: Grobe Übersicht über die im Divisionstest (Aufgaben mit *zwei*-stelligem Divisor) enthaltenen Schwierigkeitsmerkmale

6.5.2 Die wichtigsten systematischen Fehler

Die Kenntnis *systematischer* Schülerfehler ist für Therapiemaßnahmen besonders wichtig. Hierbei werten wir in *dieser Untersuchung* einen Fehler als *systematisch*, wenn er im Rahmen unseres Tests von einem einzelnen Schüler *mindestens dreimal* gemacht wird. In diesem Sinn unterläuft 22 % aller Schüler der vierten Klassen und 25 % aller Schüler der fünften Klassen *mindestens ein* systematischer Fehler. Mehr als zwei *verschiedene systematische* Fehler kommen *äußerst selten* vor. Allerdings ist der Anteil der Schüler, die *systematische* Fehler begehen, in den einzelnen Klassen *stark unterschiedlich*, und zwar schwankt der Anteil bei den Klassen des vierten Schuljahres zwischen 6 % und 50 %, bei den Klassen des fünften Schuljahres zwischen 10 % und 44 %.

Rund die Hälfte der von uns insgesamt identifizierten 38 (einziffriger Divisor) bzw. 40 (zweiziffriger Divisor) *Fehlermuster* werden auch *systematisch* gemacht. Tabelle 12 sind die häufigsten systematischen Fehler zu entnehmen. Eventuelle systematische Fehler im Zusammenhang mit der *Subtraktion* und *Multiplikation* werden an dieser Stelle *nicht* berücksichtigt.

Die Tabelle macht deutlich, daß gerade die Aufgaben, mit einer *Zwischen- oder Endnull* im Quotienten *besonders* sorgfältig im Unterricht behandelt werden müssen.

Fehlermuster	Anteil der Schüler mit dem jeweiligen systematischen Fehler (in %)	
	4. Klassen / einziffriger Divisor	5. Klassen / zweiziffriger Divisor
Endnull fehlt	9	7
Fehlen des letzten Divisionsschrittes, da der letzte Teildividend sofort und nur als Rest identifiziert wird (wichtige Ursache für Endnull-Fehler)	4	5
Zwischennullfehler, bedingt durch: − die vorhergehende Teildivision liefert eine Null und die „herunterzuholende" Ziffer ist kleiner als der Divisor (2 Nullen hintereinander im Quotienten)	3	4
− die vorhergehende Teildivision geht auf und die „heruntergeholte" Ziffer ist kleiner als der Divisor	5	2
− die vorhergehende Teildivision läßt einen Rest, der kleiner als der Divisor ist und die „herunterzuholende" Ziffer Null wird einfach ignoriert	1	5
mehrere Ziffern werden gleichzeitig heruntergeholt	8	0
mehrmalige Division in derselben Stellenwertspalte, obwohl die Teildifferenz kleiner als der Divisor ist (Effekt: zusätzliche Null im Quotienten)	1	3

Tabelle 12: Die häufigsten *systematischen* Fehler

6.5.3 Die häufigsten Fehler und mögliche Ursachen

Zwischen den im vorigen Abschnitt dargestellten häufigsten *systematischen* Fehlern und den hier dargestellten *häufigsten* Schülerfehlern besteht ein *enger* Zusammenhang, wie man den Tabellen 13 und 14 entnehmen kann.

Fehlermuster	Anteil an der Gesamtfehlerzahl (in %)
Endnull fehlt	15
Fehler in der Staffel, jedoch ohne Einfluß auf das Ergebnis	10
Fehlerhaft subtrahiert	10
Zwischennull fehlt	9

Tabelle 13: Die häufigsten Fehlermuster im Test mit *ein*stelligen Divisoren

Fehlermuster	Anteil an der Gesamtfehlerzahl (in %)
– Subtraktionsfehler	14
– Zwischennullfehler	12
– Multiplikationsfehler	10
– Endnull fehlt	7
Fehlen des letzten Divisionsschrittes, da der letzte Teildividend sofort und nur als Rest identifiziert wird	6

Tabelle 14: Die häufigsten Fehlermuster im Test mit *zwei*stelligen Divisoren

Zwischennullfehler treten besonders leicht bei folgenden Konstellationen auf:

– Die *vorhergehende* Teildivision *geht* auf und die „heruntergeholte" Ziffer ist *kleiner* als der Divisor.

– Die *vorhergehende* Teildivision liefert eine *Null* als Quotientenziffer und die „heruntergeholte" Ziffer ist *kleiner* als der Divisor (2 Nullen hintereinander).

– Die *vorhergehende* Teildivision läßt einen *Rest*, der *kleiner* als der Divisor ist, und die „herunterzuholende" Ziffer *Null* wird einfach ignoriert.

Endnullfehler basieren im wesentlichen auf folgenden Ursachen:

– Der *letzte* Divisionsschritt wird *nicht* durchgeführt, da der letzte Teildividend *sofort und nur* als Rest notiert wird (Hauptursache).

– Der Dividend besitzt als letzte Stelle eine *Null*, diese wird *nicht* heruntergeholt.

Neben den in den Tabellen 13 und 14 erwähnten Fehlermustern spielen noch *folgende Fehler* eine *größere* Rolle:

– *Mehrere* Ziffern werden beim Kalkül fälschlich *gleichzeitig* heruntergeholt.

– In *derselben* Stellenwertspalte wird *mehrmals* dividiert, und zwar bedingt durch *folgende Situationen*:

 – Die berechnete Teildifferenz ist *größer oder gleich* dem Divisor, daher erfolgt eine *erneute* Division innerhalb dieser Spalte.

 – Die berechnete Teildifferenz ist *größer oder gleich* dem Divisor, dennoch wird rein formal die *nächste* Ziffer „*heruntergeholt*" mit dem Effekt, daß der so berechnete Teilquotient *zweiziffrig* wird.

 – Die berechnete Teildifferenz ist *kleiner* als der Divisor, dennoch wird diese Differenz *nochmals* durch den Divisor dividiert und liefert so eine *zusätzliche* Null im Quotienten.

Wegen Hinweisen zum *Schwierigkeitsgrad* der einzelnen benutzten Testaufgaben sei an dieser Stelle auf die schon erwähnte Arbeit (Bathelt/Post/Padberg (1986)) und wegen weiterer Überlegungen zu *Fehlerursachen* auf Gerster (1983) verwiesen.

6.5.4 Schlußfolgerungen

Aus unserer Untersuchung sowie aus der Analyse einschlägiger Publikationen ergeben sich folgende *Schlußfolgerungen* für die Behandlung der schriftlichen Division:

Die Vielzahl der von uns beobachteten *Stellenwertfehler* – also der Fehler, die eine Veränderung in der *Anzahl* der Ziffern im Quotienten bewirken, – macht deutlich, daß ein Großteil der untersuchten Schüler keine *wirklich* fundierten Kenntnisse über das von uns benutzte *dezimale Stellenwertsystem* besitzt bzw. die eventuell vorhandenen Kenntnisse *nicht* anwendet oder anwenden kann. Dieses dezimale Stellenwertsystem ist aber die Grundlage allen schriftlichen Rechnens. Fehlt bereits *diese* Basis, so kann ein Rechenverfahren *nicht einsichtig* vermittelt werden. Daher ist eine *sehr anschauliche* Erarbeitung des dezimalen Stellenwertsystems unbedingt notwendig. Hierbei sollte gerade auch die Rolle und Funktion der *Null besonders* betont werden.

Die *Verbindung* zwischen dem formalen *Kalkül* und den zugrundeliegenden inhaltlichen *Begründungen* der einzelnen Teilschritte muß bei den Schülern *sehr anschaulich* hergestellt und im späteren Verlauf durch das Einstreuen entsprechender Aufgaben bzw. Fragestellungen *erhalten* bleiben. Das *rein formale* Abarbeiten eines Kalküls *ohne* die Möglichkeit des Rückgriffs auf *inhaltliche* Begründungen leistet nämlich (systematischen) Fehlern Vorschub und verhindert eine Entdeckung und Bekämpfung dieser Fehler durch den einzelnen Schüler. Daher sollte für *schwächere* Schüler auch *später noch* die Möglichkeit offenbleiben, bei der Lösung von Divisionsaufgaben beispielsweise die *Stellenwerttafel* zu verwenden. Ferner sollte während der Einführungsphase im vierten Schuljahr bewußt auf eine exakte und ausführliche *sprachliche Formulierung* geachtet werden. Hilfreich für ein vertieftes Verständnis des Divisionskalküls sind auch die schon erwähnten „*Klecks*"-*Aufgaben*.

Bei der Ableitung und späteren Einübung des Divisionskalküls sollten *die* Bereiche, die *stark fehleranfällig* sind, *besonders sorgfältig* behandelt werden. Entsprechend unseren Befunden sollte daher gezielt auf

- die Rolle der *Null inmitten* des Quotienten,
- die Rolle der *Null* am *Ende* des Quotienten (insbesondere in Verbindung mit einem auftretenden Rest),
- das *Abschätzen der Quotientenziffern* und
- das *genaue Einhalten* der einzelnen Verfahrensschritte eingegangen werden,

wobei auch die verschiedenen Formen der einzelnen Fehlermuster in der Auswahl der Aufgaben berücksichtigt werden sollten.

Hilfreich sind auch *fehlerhaft gelöste Aufgaben*, in denen die Schüler nach den Fehlern suchen und die Ursache für diese Fehler finden sollen. Ferner ist es sinnvoll, auf die *verkürzte* Schreibweise, bei der *die* Zwischenschritte, die eine *Null* im Quotienten liefern, *nicht* mehr mitgeschrieben werden, bei der Einführung *so lange wie möglich* zu verzichten. Das *Fehlen einer Null* im Ergebnis ergibt sich nämlich bei *ein*stelligen Divisoren häufiger als Folge des Fehlermusters „mehrere Stellen gleichzeitig heruntergeholt". Den Schülern sollte daher zumindest klar gemacht werden, daß hier eine potentielle Fehlerquelle liegt.

Die *Überschlagsrechnung* sollte bei der schriftlichen Division als Hilfe und zur Selbstkontrolle in großem Umfang verwandt werden. Ein *gezieltes* Einüben und Anwenden des Überschlags ist besonders wichtig, da das planmäßige Runden und Überschlagen in diesem Fall *besonders schwierig* ist. Viele *Stellenwertfehler* können durch einen sinnvollen Überschlag rechtzeitig aufgedeckt werden, so insbesondere auch die häufigen Fehler mit fehlenden Zwischen- oder Endnullen im Quotienten (vgl. auch 6.3.5).

6.6 Alternative – „leichtere" – Divisionsverfahren

Eine *Reduzierung* des hohen Komplexitätsgrades der schriftlichen Division ermöglichen die folgenden Verfahren.

6.6.1 Das Subtraktionsverfahren

Bei dieser u.a. von McDonald (1977) und Swart (1972) propagierten Methode werden – im Gegensatz zum Normalverfahren – die Vielfachen des Divisors in ihrer wirklichen *Größe* subtrahiert. *Verschiedene* Lösungswege sind jeweils möglich, da jeder Schüler die *Anzahl* der Schritte pro Aufgabe *selbst* bestimmen kann.

Beispiel: 128:4

```
128 : 4            oder   128 : 4          oder   128 : 4
- 8    2 Vierer          - 40   10 Vierer         - 8    2 Vierer
120                      88                       120
-20    5 Vierer          - 40   10 Vierer         -120   30 Vierer
100                      48                       0      32 Vierer
- 40   10 Vierer         - 40   10 Vierer
60                      8
- 40   10 Vierer         - 8    2 Vierer
20                      0      32 Vierer
-20    5 Vierer
0      32 Vierer
```

Die Schreibweise läßt sich *verkürzen*, wenn man darauf verzichtet, die Bündeleinheiten (hier Vierer) jeweils explizit aufzuschreiben. Durch die Subtraktion von *möglichst vielen* Bündeln in *möglichst wenigen* Schritten ist ein allmählicher *Übergang* zum *Normalverfahren* möglich.

Das Subtraktionsverfahren ist beispielsweise in der Türkei zur Vorbereitung der dortigen Endform (vgl. 6.4) in den Lehrplänen ausdrücklich vorgesehen (für konkrete Beispiele aus türkischen Schulbüchern vergl. man Glumpler (1986), S. 309 f).

Eine interessante *Variante* dieses Verfahrens, welche die bei der Multiplikation üblichen Punktmuster zur Veranschaulichung benutzt, beschreibt Bidwell (1987).

6.6.2   Das Verfahren zunehmender Schematisierung (Wiskobas)

Das *Verfahren zunehmender Schematisierung* der niederländischen Wiskobas-Gruppe läßt sich nach Treffers (1987, S. 143) folgendermaßen kurz kennzeichnen:

- *Sachsituationen* dienen als Ausgangspunkt für die Algorithmen (bessere Motivation, gute Orientierungsgrundlage für das Erlernen und Ausführen der Algorithmen, leichtere Anwendung der Algorithmen).
- Die *informellen Methoden*, die Schüler bei der Lösung von Sachproblemen benutzen, werden bewußt berücksichtigt und diskutiert. Die Algorithmen entwickeln die Schüler Schritt für Schritt.

- Von Anfang an werden Sachprobleme mit *relativ großen Zahlen* eingesetzt, welche die Schüler auf sehr verschiedene Arten lösen.

- Im weiteren Verlauf des Unterrichts werden die Operationen und ihre Notation zunehmend *stärker schematisiert* und *abgekürzt.*

- Die *Endform* des betreffenden Algorithmus kann je nach Schüler *unterschiedlich* sein. Die standardisierte, sehr knappe Endform muß von den Schülern bei der Multiplikation und Division *nicht* erreicht werden.

Das Verfahren *zunehmender Schematisierung bei der Division* soll im folgenden nach Treffers (1987, S. 131 f) am Beispiel einer konkreten Aufgabe verdeutlicht werden. Schüler benutzen als informelle Strategien bei Divisionsproblemen die *wiederholte Subtraktion* (bzw. das wiederholte Addieren). Beim schrittweise Heranführen an die Division führt dies zunächst zu einer längeren Staffel von Rechnungen, die durch die schrittweise Vergrößerung der zu verteilenden Anzahlen (z.B. Zehner, Hunderter usw.) kürzer wird. Treffers geht von folgender Aufgabenstellung aus: „Verteile 324 Streichholzschachteln an 4 Kinder (Sjoerd, Bauke, Bart, Jan). Wieviel Schachteln bekommt jedes Kind?" und unterscheidet im Verlauf des Unterrichts zur Division insgesamt vier verschiedene Phasen.

Phase 1: Die Division wird *konkret* durchgeführt: zunächst indem Stück für Stück verteilt wird, aber schon bald durch eine gleichmäßige Verteilung größerer Stückzahlen.

Phase 2: Die Division wird *im Kopf* durchgeführt und auf Papier etwa in der folgenden Art festgehalten:

	Sjoerd	Bauke	Bart	Jan
324				
40	10	...	...	...
284				
40	10	...	...	...
244				
...	...	...	...	...

Phase 3: Die jeweils zu verteilenden Mengen werden größer und die Art der Notation wird zunehmend schematisierter und kürzer.

$$
\begin{array}{ll}
324 & \\
\underline{200} & 50 \\
124 & \\
\underline{120} & 30 \\
4 & \\
\underline{4} & \underline{1} \\
0 & 81
\end{array}
$$

Phase 4: Bei jeder Runde wird jeweils die *höchstmögliche* Anzahl von Zehnern und danach von Einern verteilt – auf jeden Fall so gut wie es nach der Schätzung jeweils möglich ist; Fehler können korrigiert werden. Die Notation nähert sich der standardisierten Endform.

$$
\begin{array}{ll}
324{:}\,4 & \\
\underline{320} & 80 \\
4 & \\
\underline{4} & \underline{1} \\
0 & 81
\end{array}
$$

Die weitere Verkürzung des Verfahrens *muß nicht* für *jeden* Schüler zum Standardalgorithmus führen. So könnte für manche Schüler auch schon die Phase 3 die Endform der Division darstellen.

Nach Untersuchungsbefunden der niederländischen Wiskobas–Gruppe erbringt das von ihr verfochtene Konzept *zunehmender Schematisierung* im Bereich der *Division* im Vergleich zu konventionellen Kursen folgende *Vorteile*:

- *Weniger Zeitaufwand* (insbesondere bei Verzicht auf ein Erreichen der normierten Endform durch alle Schüler, aber nicht nur dann).

- Deutlich *höhere Erfolgsquoten* bei Divisionsaufgaben (insbesondere bei schwächeren Schülern), weniger *typische Fehler* (z.B. Nullfehler im Quotient).

- Deutlich bessere Leistungen bei *Anwendungen*.

Ein erfolgreicher Unterricht im Sinne des Konzepts der Wiskobas–Gruppe stellt jedoch zweifelsohne sehr hohe Anforderungen an den unterrichtenden Lehrer.

6.6.3 Das Verdoppelungsverfahren

Analog wie bei dem entsprechenden Verfahren bei der schriftlichen *Multiplikation* wird auch hier die Lösung *beliebiger* Divisionsaufgaben durch die vorhergehende Bildung *einiger weniger Verdoppelungen* des Divisors wesentlich vereinfacht. Genauere Details verdeutlicht das folgende Beispiel (man vgl. auch Simpson (1978), Goor (1976)oder für eine im alten Ägypten übliche, vergleichbare Rechnung Powarzynski (1986)):

Beispiel:

$$
\begin{array}{llll}
 & & & 1 \\
37 & \textcircled{1} & 17686 : 37 & = 468 \\
74 & \textcircled{2} & \underline{148} & = 478 \\
148 & \textcircled{4} & 288 & \\
(\ 222 & \textcircled{6}) & \underline{222} & \\
296 & \textcircled{8} & 66 & \\
 & & \underline{37} & \\
 & & 296 & \\
 & & \underline{296} & \\
 & & 0 &
\end{array}
$$

Entsprechend wie bei der Multiplikation könnte man sich auf *drei Verdoppelungen* (2-faches, 4-faches, 8-faches des Divisors) beschränken. (Auch hier bietet die Addition des 2- und 8-fachen wieder eine gute *Kontrollmöglichkeit*.) Die *zusätzliche* Benutzung des 6-fachen des Divisors *erleichtert* jedoch die Gewinnung sämtlicher benötigter Vielfachen. So läßt sich jeweils leicht das *größte* Vielfache des Divisors bestimmen, das *gerade noch kleiner* ist als der jeweilige Teildividend und so sukzessive die gegebene Aufgabe lösen. Von den vier Schritten des Normalverfahrens „Bestimmen des (Teil)dividenden – überschlagsmäßiges Dividieren – schriftliches Multiplizieren – schriftliches Subtrahieren" werden so die beiden *fehlerträchtigen* und *schwierigen* Zwischenschritte (überschlagsmäßiges Dividieren; schriftliches Multiplizieren) *wesentlich entschärft*. Das obige Beispiel zeigt zugleich eine *Korrekturmöglichkeit* auf, falls der Quotient im Lösungsverlauf aufgrund fehlender Zwischenschritte in der Vielfachentabelle *zunächst zu klein* geschätzt wird.

Das vorgestellte Verdoppelungsverfahren steht in engem *Zusammenhang* zum Normalverfahren. Gleichzeitig ist jedoch der Komplexitätsgrad *deutlich reduziert*.

6.6.4   Die Neperschen Streifen

Die in 5.5.3 besprochenen Neperschen Streifen können auch bei der Division durch *mehrstellige* Divisoren gut eingesetzt werden, während sie bei der Division durch *einstellige* Divisoren keine Vorteile bringen. Da die Streifen nur *Vielfache* enthalten, muß die Divisionsaufgabe jeweils über die *zugehörige Multiplikationsaufgabe* gelöst werden (vgl. Winter 1985, S. 5).

Beispiel: 16826 : 47

Durch das Nebeneinanderlegen eines 4er– und 7er–Streifens können wir direkt die Vielfachen von 47 bis zum 9–fachen ablesen und so Schritt für Schritt die zu obiger Aufgabe gleichwertige Frage beantworten: Wie oft ist 47 in 16826 enthalten?

$$
\begin{array}{rcl}
16\,826 & & \\
\underline{14\,100} & = & 47 \cdot 300 \\
2\,726 & & \\
\underline{2\,350} & = & 47 \cdot 50 \\
376 & & \\
\underline{376} & = & 47 \cdot 8 \\
0 & &
\end{array}
$$

Also: $16\,826 = 47 \cdot 358$

bzw. $16\,826 : 47 = 358$

Die Neperschen Streifen *erleichtern* stark das übliche Divisionsverfahren, da sie bei den beiden schwierigsten Teilschritten, nämlich beim Bestimmen des Teildividenden und des Teilquotienten, helfen. Ein *Nachteil* des Verfahrens ist allerdings, daß diese Streifen ständig verfügbar sein bzw. jeweils angefertigt werden müssen.

6.6.5 Das schwedische Divisionsverfahren

Wir sind schon in III.4.9.4 bei der Division mit Rest auf das „schwedische"
Divisionsverfahren eingegangen und stellen es hier in diesem Zusammenhang
noch einmal kurz dar. Bei diesem Verfahren wird allerdings der *Komplexitätsgrad* nur geringfügig – wenn überhaupt – verringert. Sein *Vorteil* ist, daß
die stellenwertgleichen Ziffern des Dividenden und Quotienten jeweils *direkt
übereinander* notiert werden und daher die häufigen *End–* und *Zwischennullfehler* bei der Division den Schülern unmittelbar auffallen (müßten).

Beispiele:

$$
\begin{array}{ll}
\quad 207 & \quad 1130 \\
\overline{5796 : 28} & \overline{9040 : 8} \\
\underline{56} & \underline{8} \\
\quad 19 & \quad 10 \\
\underline{\quad 0} & \underline{\quad 8} \\
\quad 196 & \quad 24 \\
\underline{\quad 196} & \underline{\quad 24} \\
\qquad 0 & \qquad 00 \\
 & \underline{\qquad 0} \\
 & \qquad 0
\end{array}
$$

V Üben im Arithmetikunterricht

Das Üben bildet einen *wichtigen* Bestandteil des Mathematikunterrichts. Der *weitaus größte* Teil der Unterrichtszeit wird hierauf verwandt. So verhält sich nach Schätzungen von Winter (1984) der Anteil von *Übungs*stunden zu Stunden, die der *Neueinführung* eines Unterrichtsstoffes dienen – je nach Stoffgebiet und Klassenstufe – wie etwa 3:1 bis 5:1 . *Diese* starke Bedeutung des Übens für die Unterrichtspraxis spiegelt sich allerdings *nicht* in einer *entsprechend hohen* Zahl von Publikationen wider. In den *siebziger Jahren* wurde sogar – im Zusammenhang mit der „Neuen Mathematik" – der quantitative wie qualitative *Umfang der Übungen* wegen der Vermehrung des Unterrichtsstoffes und wegen des stark erhöhten Aufwandes für Neueinführungen *beachtlich zurückgenommen.* Nach einer Untersuchung von Radatz (1981) ging zu dieser Zeit beispielsweise die Anzahl der Übungsaufgaben im ersten Schuljahr zur Addition und Subtraktion im Zahlenraum bis 20 von einem Umfang von ca. 2.000 bis 2.500 Aufgaben *vor* Einführung der „Neuen Mathematik" auf im *Extremfall* unter 400 (!) Aufgaben zurück. *Seither* hat sich das Übungsangebot in den Schulbüchern allerdings wiederum deutlich *erhöht.* Zugleich kann man in den letzten Jahren auch wieder eine *stärkere* Beachtung der Übung in der mathematikdidaktischen Literatur feststellen.

1 Übungsformen

Die äußerst *unterschiedlichen Vorstellungen* vom Üben im Mathematikunterricht (man vergleiche beispielsweise Wagemann (1985) und Wittmann in Wittmann/Müller (1990)) hängen eng mit verschiedenen möglichen Standpunkten und Schwerpunktsetzungen zusammen. So ergeben sich *deutliche Unterschiede bei der Konzeption* von Übungen – darauf weist Floer (1988, S. 14) zu Recht hin – je nachdem

  – „ob pädagogische oder mathematische Fragen im Mittelpunkt stehen,

- ob man von *Stefanie* ausgeht, die auch nach langen Bemühungen noch immer nicht das Einmaleins kann oder von einem Kind, das Freude daran hat, Probleme zu lösen (und dazu auch schon in der Lage ist)
- ob die Lehrerin mit 28 Wochenstunden nach Übungen sucht oder jemand einen Aufsatz über Konzepte des Übens schreibt".

Das *breite Spektrum* möglicher Übungsangebote unterteilt man nach unserer Einschätzung am zweckmäßigsten *idealtypisch* in zwei Übungsformen, nämlich in das *automatisierende Üben* und in das *operative Üben*. In der unterrichtlichen Realität gibt es natürlich eine Reihe von *Zwischenformen*, die jeweils *unterschiedliche* Anteile dieser *beiden* Übungsformen aufweisen.

Die vorstehende Typisierung sollte allerdings *nicht* zu dem *Mißverständnis* Anlaß geben, daß man in weiten Bereichen des Übens *völlig ohne Einsicht* auskommen könnte. Automatisieren bedeutet nämlich *nicht* – so Floer (1988, S. 16) zu Recht – „daß Fertigkeiten losgelöst von Einsicht entwickelt werden, sondern daß das Kind am Ende auch ohne explizite Hilfen schnell und sicher zum Ziel kommt. Es ist der letzte Schritt auf dem Weg vom konkreten Handeln über vorstellendes Rechnen zum (verständigen) Umgang mit Zeichen."

1.1 Automatisierendes Üben

Das *automatisierende* Üben steht bei der Einübung von *Fertigkeiten* im Vordergrund, also im Bereich der Arithmetik insbesondere beim Kleinen $1 + 1$, Kleinen 1×1 sowie bei den schriftlichen Rechenverfahren. Das *Ziel* des automatisierenden Übens ist das *immer schnellere und sichere* Beherrschen der betreffenden Fertigkeit, ist eine „*automatische*" Beherrschung des Verfahrens „*wie im Schlaf*". Hierdurch kann das Gedächtnis bei *komplexen* Sachverhalten von Routineaufgaben *entlastet* werden, und man kann sich auf die *neuen* Inhalte konzentrieren. Allerdings muß man die *Gefahren* im Auge behalten, die beim automatisierenden Üben auftreten können (vgl. auch 3.8): Setzen die automatisierenden Übungen *zu früh* ein, bevor die Schüler eine *gründliche Einsicht* in den betreffenden Sachverhalt gewonnen haben, so resultieren hieraus leicht typische *Fehler*. Ferner bringt automatisierendes Üben bei *gleichförmiger* Vorgehensweise etwa in Form des „*Päckchenrechnens*" leicht die Gefahr von *Langeweile* wie auch die Gefahr des Einschleifens *starrer*, wenig flexibler *Lösungsschemata* im Sinne Luchins („Luchins-Effekt") mit sich (vgl. V. Weis (1970)). Daher gehen wir im *dritten* Abschnitt auf eine Vielzahl verschiedener, *abwechslungsreicher* Beispiele zum automatisierenden Üben *ausführlich* ein.

1.2 Operatives Üben

Der *Begriff* der *operativen* Übung geht auf Aebli und Fricke (vgl. Fricke (1970)) zurück. *Psychologischer* Hintergrund ist bei beiden die genetische Erkenntnistheorie von *Piaget*. Während die *automatisierende Übung* zur Einübung von *Fertigkeiten* die entscheidende Rolle spielt, wird die *operative* Übung eher zum Erwerb von *Wissensnetzen* und *Fähigkeiten* eingesetzt. Durch die operative Übung soll „neben der Erhöhung der Rechenfertigkeit ... das bewegliche mathematische Denken im Erkennen von Zusammenhängen und Anwenden von Gesetzmäßigkeiten aktiviert werden." (Fricke (1970), S. 109). *Ziel* ist eine Förderung des *flexiblen Denkens*. Statt *isolierter* Kenntnisse durch eine Betonung des Prinzips von der *Isolierung der Schwierigkeiten* mit der hieraus leicht resultierenden „*Mechanisierung isolierter Gewohnheiten*" (Fricke (1970), S. 111) steht das Erkennen von *Zusammenhängen* bei dieser Form der Übung im Vordergrund. Kennzeichnend für die operative Übung ist die Suche nach *verschiedenen Lösungswegen* und Kontrollen, die *Umkehrung* der Fragestellung sowie die *Variation* aller in die Rechnung eingehender Größen (vgl. Fricke (1970), S. 111). Auf der *Ebene von Aufgaben* bedeutet dies u.a. das Herstellen, Erkennen und Anwenden vielfältiger Beziehungen, Abhängigkeiten und Zusammenhänge durch:

- Umkehren (Umkehraufgabe, Probeaufgabe)
- Vertauschen (Tauschaufgabe)
- Bildung benachbarter Aufgaben
- Bildung analoger Aufgaben
- Zerlegung von Aufgaben in Teilschritte
- Zusammensetzen von Teilschritten zu *größeren* Komplexen
- Beschreiten *verschiedener* Lösungswege (*andere* Reihenfolge der Einzelschritte, Umwege gehen, Wege verkürzen, vorteilhaft zusammenfassen u.a.)
- Variation von Daten

Bevor wir im *vierten* Abschnitt *ausführlich* Möglichkeiten zum operativen Üben beschreiben, sei hier am Beispiel der *Subtraktion* demonstriert, wie wir von *einer* Aufgabe ausgehend gleichartige Übungsaufgaben durch *systematische Variation der Daten* erzeugen können, um so *Gesetzmäßigkeiten* und *Zusammenhänge* entdecken zu lassen (vgl. Winter (1984)). So gewinnen wir neue Aufgaben u.a. durch:

- Vergrößerung der *ersten* Zahl und unverändertes Beibehalten der *zweiten* Zahl
- Verkleinerung der *ersten* Zahl und Beibehalten der *zweiten* Zahl
- Beibehalten der *ersten* Zahl und Vergrößerung bzw. Verkleinerung der *zweiten* Zahl
- *Gleichgerichtete* Vergrößerung bzw. Verkleinerung *beider* Zahlen um denselben Betrag
- *Entgegengesetzte* Veränderung *beider* Zahlen um denselben Betrag.

Im Zusammenhang mit der Lösung so *variierter* Aufgaben sollte man auf die *Veränderung* des Ergebnisses durch diese Variation sowie auf die *beobachteten Zusammenhänge* eingehen.

2 Übungsgrundsätze

Um beim Üben möglichst *erfolgreich* zu sein, ist die Beachtung verschiedener Grundsätze oder Prinzipien hilfreich. Die folgende Auswahl soll *einige Anregungen* vermitteln:

- Die Grundlage des Übungserfolges ist (natürlich!) die *Übungsbereitschaft* auf Seiten der Schüler. Hierzu kann – neben den in den folgenden Punkten angesprochenen Gesichtspunkten – die Einsicht in die *Notwendigkeit des Übens* durch das Aufzeigen von *Kenntnislücken*, die Vermittlung von *Erfolgserlebnissen* sowie eine *entspannte, angstfreie Atmosphäre* durch eine „*spielerische*" Gestaltung der Übungen gut beitragen. Ein Anknüpfen an der *Erfahrungswelt der Schüler* liefert ebenfalls vielfältige Übungsmotive.
- Das Abarbeiten von umfangreichen, gleichförmigen *Aufgabenplantagen* bewirkt Langeweile und Einschleifeffekte im Sinne des „Luchins-Effekts".

Die *Übungsformen* sollten daher *variiert*, die *Übungsinhalte abwechslungsreich* gestaltet werden.

- Der Übungserfolg hängt stark von der *Anzahl und Verteilung der Übungen* ab. So gelangt Dahlke auf der Grundlage des Studiums einer großen Anzahl empirischer Untersuchungen zu folgendem Schluß (Dahlke (1976), S. 192): „Dabei erwies sich *massiertes* Üben als überlegen für *kurzfristiges Behalten* (man denke an das Lernen vor Prüfungen mit kurzfristigem Erfolg, aber schnellem Vergessen), für *langfristiges Behalten* war dagegen das *verteilte* Üben überlegen." (Heraushebungen durch den Verfasser). Daher sind mehrere – über einen Zeitraum verteilte – kleinere Übungen effektiver als eine oder wenige lange Übungseinheiten.

- Das Üben sollte in sinnvollen *Zusammenhängen* erfolgen und *nicht* in der Form *isolierter Einzelfakten*. Dies führt zu einem *besseren Behalten* und reduziert die Gefahr von *Verwechslungen*.

- Übungen sollten — wenn möglich — im Umkreis von *übergeordneten Fragestellungen und Problemen* angesiedelt sein. Folgendes *Beispiel* zur Übung der schriftlichen Division verdeutlicht diesen Gesichtspunkt (vgl. Winter (1984), S. 10 f): Statt eine Vielzahl von Divisionsaufgaben *ohne weitere Motivation* lösen zu lassen, kann man die Aufgabe stellen: Ist 1003 eine *Primzahl*? Zur Beantwortung dieser Frage müssen *zwangsläufig* eine größere Anzahl von Divisionen durchgeführt werden (dazu noch an einer Zahl wie 1003 mit *Nullen*; dies ist wegen der Gefahr von systematischen Fehlern gerade bei *dieser* Art des Dividenden *günstig* (vgl. IV.6.5)). In diesem Fall stehen die einzelnen Aufgaben jedoch *nicht* isoliert da, sondern werden durch die vorgegebene Fragestellung zusammengehalten. *Zusätzlich* gibt es hier starke Anreize zu einem *vorausschauenden, nicht mechanischen* Rechnen, da dies die Anzahl der zu lösenden Aufgaben stark *reduzieren* hilft. So sind Divisionen durch 4, 6, 9 usw. überflüssig. Bei der *Begründung* dieser Aussagen ergeben sich reichhaltige Gelegenheiten zum Einüben des *Argumentierens*. Gleichzeitig kann man bei der vorgegebenen Fragestellung vielfältiges arithmetisches Wissen (Primzahl, Teiler, Teilbarkeitsregeln u.a.) *vorbereiten* oder *auffrischen*.

- *Selbsttätigkeit* der Schüler zahlt sich durch ein *besseres Behalten* des betreffenden Stoffgebietes aus. Dieser Gesichtspunkt hängt mit dem von Winter (1984, S. 112) so genannten *Prinzip des produktiven Übens* eng zusammen: „Wo immer es möglich erscheint, soll das Üben mit der Herstellung von Gegenständen – Figuren, Zahlen, Termen, Zeichen – verbunden werden."

– Beim Üben sollte die Möglichkeit zur *Differenzierung* u.a. durch die entsprechende Zusammenstellung von *Übungsgruppen*, sowie durch den *Umfang* oder die *Auswahl* von Aufgaben (Aufgaben, die auf verschieden „eleganten" Wegen gelöst werden können, „offene" Aufgaben mit vielen Lösungen, Frage der Benutzung von Lernmaterial u.a.) genutzt werden, um den schnell *wie auch* den langsam Lernenden *Erfolgserlebnisse* zu vermitteln (vgl. auch die Hinweise bei einigen der folgenden Beispiele).

– Das *Übungsergebnis* sollte *möglichst rasch* als richtig oder als falsch bestätigt werden, damit sich falsche Rechenwege gar nicht erst „*einschleifen*" können und so die Motivation der Schüler durch Erfolge *verstärkt* wird. Bei der Überprüfung der Aufgaben ist frühzeitige „*Selbstkontrolle*" der Kontrolle durch den Lehrer vorzuziehen. (Hierbei sind wir uns der Problematik dieser *Bezeichnung* für die hierunter üblicherweise verstandenen Kontrollformen durchaus bewußt, daher die Anführungsstriche.) Auf verschiedenartige *Kontrollmöglichkeiten* gehen wir bei vielen Beispielen des nächsten Abschnittes näher ein.

– Die Übungen sollten so angelegt sein, daß die Schüler auf längere Sicht lernen, „*bewußt zu üben*, d.h. lernen, das erforderliche Üben *selbst zu organisieren und zu steuern*" (Wagemann, 1985, S. 349).

3 Beispiele zum automatisierenden Üben

Aus der Fülle von *abwechslungsreichen* Möglichkeiten zum *automatisierenden* Üben stellen wir im folgenden exemplarisch einige Beispiele für verschiedene Typen von Übungen vor. Durch leichte *Abänderungen* lassen sich die vorgestellten Übungen oder Spiele leicht im Schwierigkeitsgrad *unterschiedlich* gestalten (*Differenzierung*) und auf *andere* Stoffgebiete übertragen. Wegen *weiterer* abwechslungsreicher Übungen zum automatisierenden wie zum Teil auch zum operativen Üben vergleiche man beispielsweise Floer (1988), Krampe/Mittelmann/Kern (1983 a, 1983 b, 1983 c, 1983 d), Krampe/Mittelmann (1984 a, 1984 b), Leutenbauer (1980, 1991), Lichtenberger/Mittrowann (1985), Radatz/Schipper (1983) und Vortmann/Schmid (1975).

3.1 Spiele im Spielkreis

Aus der großen Anzahl von attraktiven Spielen im Spielkreis beschreiben wir die Spiele *„Mein rechter, rechter Platz ist leer"* (Berge (1980)) und *„Bim Bam"*.

Mein rechter, rechter Platz ist leer

Die Kinder sitzen im Spielkreis. Jedes Kind erhält eine Zahl (etwa von 1 bis 20). *Ein* Stuhl bleibt leer. Der Mitspieler, der diesen leeren Platz neben sich hat, sagt z.B.: „Mein rechter, rechter Platz ist leer, ich wünsche mir die $3 \cdot 4$ her." Der Schüler mit der Zahl 12 sagt: „$3 \cdot 4 = 12$" und wechselt den Platz. Das Spiel sollte *zügig* durchgeführt werden. Zur Steigerung des Tempos kann der die Aufgabe stellende Mitspieler laut bis fünf zählen. Erfolgt bis dahin *keine* Antwort, ruft er „Aus!" und stellt eine *neue* Aufgabe. Antwortet ein Mitspieler mit einer *anderen* Zahl, muß er ein Pfand geben (oder erhält einen Strafpunkt).

Sind die Zahlen auf Umhängekärtchen notiert, kann man diese Karten im Spielverlauf mehrfach *austauschen* lassen. Je nach Auswahl der Zahlen eignet sich das Spiel für *verschiedene* Klassenstufen.

Bim Bam

Die Kinder sitzen im Spielkreis und zählen der Reihe nach 1, 2, 3, 4,.... Bei allen Vielfachen etwa von 3 müssen sie jedoch „Bim" sagen, also zählen: 1, 2, Bim, 4, 5, Bim, 7, 8, Bim usw. Der Schwierigkeitsgrad erhöht sich deutlich, wenn die Schüler *zwei* Einmaleinsreihen *gleichzeitig* beachten müssen, beispielsweise die Dreierreihe (Bim) und die Siebenerreihe (Bam). Sie zählen dann: „1, 2, Bim, 4, 5, Bim, Bam, 8, Bim,10, 11, Bim, 13, Bam, Bim, 16,...". Vorwärtszählen in Zweierschritten oder Rückwärtszählen erhöht ebenfalls deutlich den Schwierigkeitsgrad.

3.2 Wegespiele

Sehr *einfach* herzustellen und nach leichter Variation bei den *verschiedensten* Stoffgebieten so wie in *verschiedenen* Klassenstufen einsetzbar sind die Spiele Rechenschlange (Vortmann/Schmid (1975)) und Freund-Ärgere-Dich-Nicht (Krampe (1983)):

Rechenschlange

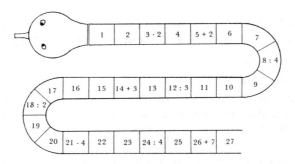

Freund-Ärgere-Dich-Nicht

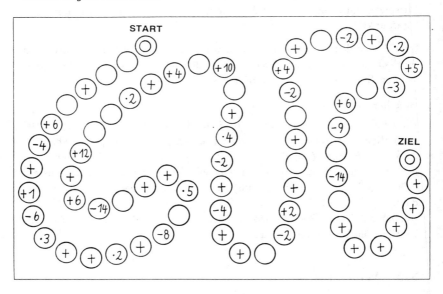

Bei beiden Spielplänen benötigen wir pro Mitspieler eine *Spielfigur* (z.B. eine Halmafigur) und einen *Würfel*. Am günstigsten werden beide Spiele jeweils von zwei Schülern, also in *Partnerarbeit*, gespielt. Man würfelt *abwechselnd* und rückt entsprechend der Augenzahl vor. Kommt ein Spieler auf ein Feld

mit einer Aufgabenstellung, so muß er bei der *Rechenschlange* beispielsweise
vom 8. Feld wegen 8:4=2 auf das 2. Feld zurückgehen oder darf vom 3. Feld
wegen $3 \cdot 2 = 6$ auf das 6. Feld weiterrücken.

Kommt ein Spieler beim *Freund-Ärgere-Dich-Nicht-Spiel* beispielsweise auf
ein Feld „+6" oder „−4", so muß er seine Spielfigur um 6 Züge *weiter-* bzw.
um 4 Züge *zurück*setzen, bei „·3" darf er seine Spielfigur um das *dreifache*
seines Wurfes weiterziehen. Um das Spiel *variabler* zu gestalten und auch im
Schwierigkeitsgrad stärker *differenzieren* zu können, sind die Felder mit dem
+-Zeichen gedacht. Kommt ein Spieler auf ein entsprechendes Feld, so stellt
ihm der Gegenspieler eine Aufgabe von einem Aufgabenblatt. Löst der Spieler
die Aufgabe *richtig* (die Kontrolle erfolgt durch den Gegenspieler anhand des
Aufgabenblattes mit Lösungen), so darf er – ganz nach Wunsch – um 1 bis 3
Felder weiterziehen, bei *falscher* Lösung muß er um 3 Felder zurückgehen.

3.3 Kartenspiele

Aus der Vielzahl möglicher Kartenspiele zur Einübung arithmetischer Inhalte
seien im folgenden das *Schnapp* (Eccarius (1983)) und das *Schnipp-Schnapp*
(Radatz/Schipper (1983)) näher beschrieben:

Schnapp

Das Kartenspiel besteht aus 18 selbstgefertigten Karten sowie 8 weiteren
Auftragskärtchen:

Auftragskärtchen:

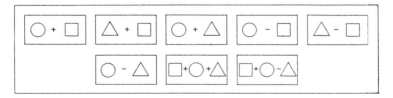

272

Karten:

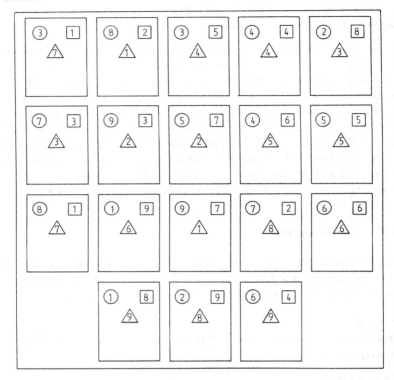

Es kann im 1./2. Schuljahr als *Gruppenspiel* mit drei oder vier Spielern gespielt werden (wegen *weiterer* Spiele mit diesen Karten wie Duett, Ordnungs-
memory, Memory, Kette und Duoskat vgl. gegebenenfalls Eccarius (1983)).
Geübt wird die Addition und Subtraktion bis 19 sowie die Zehnerergänzung.

Spielkarten und Auftragskärtchen werden gemischt und verdeckt als Stapel
in die Mitte gelegt. Wird zu *viert* gespielt, fungiert ein Spieler als Spiellei-
ter. Dieser dreht das jeweils oberste Auftragskärtchen um und gibt jedem
Spieler eine Karte. (Wird zu *dritt* gespielt, geschieht dies reihum durch die
Spieler.) Der Spieler mit der *größten* Summe bzw. Differenz entsprechend der
Aufgabenstellung auf dem Auftragskärtchen erhält *alle drei* Karten.

Beispiel:

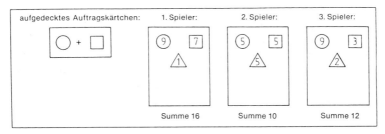

Der erste Spieler „schnappt" den Stich und bekommt alle drei Karten. Haben zwei Spieler *gleichzeitig* dasselbe – größte – Ergebnis erhalten, wird zur Entscheidung eine *weitere* Runde gespielt. Bei *jeder* Runde wird ein *neues* Auftragskärtchen aufgedeckt. *Gewonnen* hat, wer zum Schluß die *meisten* Karten besitzt.

Eine anspruchsvollere *Variante:* Jeder der drei Spieler erhält sofort seine 6 Spielkarten und nimmt diese auf. Je nach Auftragskärtchen sucht jeder Spieler die für ihn beste Karte aus und legt sie offen vor sich hin.

Schnipp-Schnapp

Gespielt wird mit selbstgefertigten Quartettkarten. Je vier Karten haben den *gleichen Wert* (Beispiel: 12+7, 28−9, 6+13, 31−12). Die konkrete Ausgestaltung der Quartettkarten hängt von dem gerade einzuübenden Stoff ab. Die Karten werden gemischt, verteilt und verdeckt vor jedem Spieler gestapelt. Auf das Kommando „schnipp" des Spielführers hin decken alle Spieler ihre *oberste* Karte auf. Wer *zuerst* entdeckt, daß zwei (oder mehr) Karten *denselben Wert* haben und „schnapp" ruft, darf *alle* Karten einsammeln. Sind alle Karten *verschieden*, sagt der Spielführer erneut „schnipp", und alle Spieler decken die *nächste* Karte offen auf. Bei „schnapp" gewinnt der betreffende Spieler alle offenliegenden Karten. Sieger ist, wer am Schluß die *meisten* Karten hat.

3.4 Dominospiele

Aus der Fülle verschiedener Dominospiele erläutern wir im folgenden das *Domino-Memory* (Eccarius (1984)) sowie das *Sechseck-Domino* (Krampe (1983)). Während man beim *ersten* Spiel auf die vertrauten 28 schwarzen Dominosteine mit den Würfelmustern zurückgreifen kann (für weitere Übungsspiele mit Dominosteinen vgl. man z.b. Eccarius (1984)), benötigt man für das *Sechseckdomino* selbst hergestellte Kärtchen.

Domino-Memory

Das Spiel ist zur Einübung der Addition und zum Ergänzen auf 12 im 1./ 2. Schuljahr gut geeignet. Vier (oder mehr) Spieler spielen jeweils zusammen. Die 28 Dominosteine werden *verdeckt* in 4 Reihen zu je 7 Steinen hingelegt. Der erste Spieler deckt *zwei* Steine auf. Beträgt die *Augensumme* insgesamt 12, so kann er diese beiden Steine *wegnehmen. Andernfalls* werden beide Steine wieder umgedreht. Die nächsten Spieler verfahren entsprechend. *Gewonnen* hat, wer zum Schluß die *meisten* Steine besitzt. Das Spiel ist *reizvoller* als das übliche Bilder-Memory, da es zu einem ersten aufgedeckten Stein i.a. *mehrere* passende zweite Steine gibt.

Beispiel:

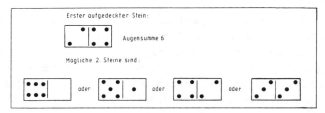

Sechseck-Domino

Das Sechseckdomino besteht aus 19 sechseckigen Kärtchen, die jeweils drei Zahlen und drei Aufgaben enthalten.

Beispiel (Endanordnung der Kärtchen):

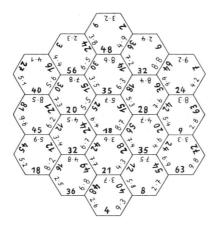

Das Spiel wird am günstigsten in Gruppen- oder Partnerarbeit durchgeführt. Die Kärtchen müssen nach Art des Dominospiels richtig angeordnet werden, wobei es jeweils nur *eine* Anordnungsmöglichkeit gibt.

Beispiel:

Da jedoch einige Zahlen *mehrfach* vorkommen, müssen in *diesen Fällen* zunächst mehrere Rechnungen an verschiedenen Ecken des Kärtchens durchgeführt werden, bis bekannt ist, welches Kärtchen das *richtige* ist. Das Spiel läßt sich vereinfachen, wenn die *Randkarten* am *äußeren* Rand *keine* Zahlen bzw. Aufgaben enthalten und so sofort als Randkarten identifizierbar sind.

3.5 Würfelspiele

Aus dem reichen Repertoire an Würfelspielen seien hier „*Die böse Eins*" und „*Himmel und Hölle*" (Radatz/Schipper (1983)) genannt.

Die böse Eins

Jeder Spieler darf *solange* mit einem Würfel würfeln, bis eine *Eins* kommt. Die erwürfelten Augenzahlen (einschließlich der Eins) werden *addiert*. *Sieger* der jeweiligen Runde ist *der* Spieler bzw. sind *die* Spieler, die die *höchste* Summe erreicht haben. Pro Sieg gibt es einen Punkt. Wer erreicht als Erster 10 Punkte?

Himmel und Hölle

Bei diesem Spiel wird *gleichzeitig* mit *zwei* Würfeln gespielt. Nach jedem Wurf werden die beiden *obenliegenden* Augenzahlen als Zehnerzahlen („Himmel") und die *untenliegenden* Zahlen als Einer („Hölle") aufgefaßt und *addiert* (Beispiel: oben 3 und 6, unten 4 und 1, also 30+60+4+1=95). Der Spieler mit der *größten* Zahl gewinnt.

3.6 Puzzle

Soll mit Puzzles beispielsweise das Kleine 1×1 eingeübt werden, so benötigen wir zunächst ein *Aufgabenblatt*.

$9 \cdot 8$	$6 \cdot 6$	$5 \cdot 6$	$9 \cdot 9$
$5 \cdot 9$	$6 \cdot 4$	$7 \cdot 5$	$7 \cdot 8$
$8 \cdot 5$	$9 \cdot 7$	$8 \cdot 4$	$9 \cdot 6$
$7 \cdot 7$	$8 \cdot 8$	$6 \cdot 7$	$6 \cdot 8$

Ferner benötigen wir *Puzzleteile*, die in bunt durcheinandergewürfelter Reihenfolge auf einem weiteren Blatt aufgetragen sind, wie das folgende Beispiel zeigt (Krampe (1983)):

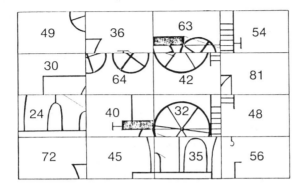

Die Schüler (bzw. der Lehrer) schneiden zunächst die Puzzleteile aus. Das „Puzzlen" geht dann folgendermaßen: Der einzelne Schüler sucht eine *beliebige* Aufgabe des Aufgabenblattes aus und löst diese. Danach sucht er *das* Puzzleteil, das die gefundene Lösung enthält, und legt dieses auf die betreffende Aufgabe. Findet der Schüler *kein* geeignetes Puzzleteil, so hat er sich verrechnet und muß die betreffende Aufgabe *nochmals* rechnen. Entsprechend verfahren wir mit den übrigen Aufgaben und Puzzleteilen. Bei *richtiger* Lösung ergibt sich ein *vollständiges* Bild:

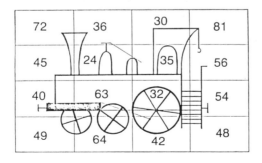

Statt Bestandteile eines Bildes kann man auch *Buchstaben* oder Buchstaben*teile* auf die Puzzleteile notieren, so daß sich nach der Fertigstellung ein
sinnvoller *Text* ergibt. Auf diese Art besteht für die Schüler eine Möglichkeit
zur selbständigen Kontrolle („*Selbstkontrolle*"). Um ein Raten (ohne Rechnen) bei den *letzten* Aufgaben nach Möglichkeit zu *vermeiden*, empfiehlt es
sich, *mehr* Puzzleteile als erforderlich herzustellen.

Eine *Differenzierung* ist beim Puzzlen u.a. durch folgende *Maßnahmen* möglich:

- *Unterschiedlich* schwierige Aufgabenblätter, die sich die Schüler selbst
  aussuchen dürfen oder die vom Lehrer gezielt verteilt werden.
- Unterschiedlicher *Umfang* der Aufgabenblätter.
- Statt direkt über das Ergebnis müssen die Schüler die Zuordnung zwischen Puzzleteilen und Aufgaben über passende Additions- bzw. Subtraktionsaufgaben finden (Beispiel: Auf das Aufgabenfeld $6 \cdot 7$ muß das
  Puzzleteil mit $36+6$ gelegt werden).

Bücher mit *Kopiervorlagen* (vgl. die Literaturangaben zu Beginn dieses 3.
Abschnittes) ermöglichen eine leichte Herstellung des erforderlichen Materials.

3.7 Bilder aus Punkten

Einen guten Eindruck von *dieser* Form der Übung mit *Selbstkontrolle* vermittelt das folgende Beispiel (Goldinger (1983)), durch das die schriftliche
Addition eingeübt werden soll.

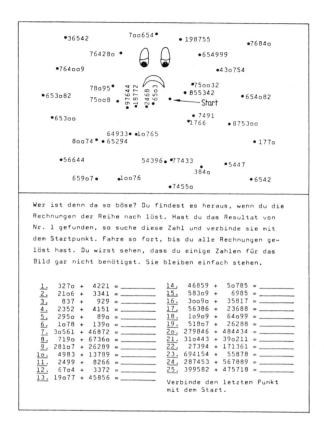

Wer ist denn da so böse? Du findest es heraus, wenn du die
Rechnungen der Reihe nach löst. Hast du das Resultat von
Nr. 1 gefunden, so suche diese Zahl und verbinde sie mit
dem Startpunkt. Fahre so fort, bis du alle Rechnungen ge-
löst hast. Du wirst sehen, dass du einige Zahlen für das
Bild gar nicht benötigst. Sie bleiben einfach stehen.

<u>1.</u> 327o + 4221 = _____
<u>2.</u> 21o6 + 3341 = _____
<u>3.</u>   837 + 929 = _____
<u>4.</u> 2352 + 4151 = _____
<u>5.</u> 295o + 89o = _____
<u>6.</u> 1o78 + 139o = _____
<u>7.</u> 3o561 + 46872 = _____
<u>8.</u> 719o + 6736o = _____
<u>9.</u> 281o7 + 26289 = _____
<u>1o.</u> 4983 + 13789 = _____
<u>11.</u> 2499 + 8266 = _____
<u>12.</u> 67o4 + 3372 = _____
<u>13.</u> 19o77 + 45856 = _____

<u>14.</u> 46859 + 5o785 = _____
<u>15.</u> 583o9 + 6985 = _____
<u>16.</u> 3oo9o + 35817 = _____
<u>17.</u> 56386 + 23688 = _____
<u>18.</u> 1o9o9 + 64o99 = _____
<u>19.</u> 518o7 + 26288 = _____
<u>2o.</u> 279846 + 484434 = _____
<u>21.</u> 31o443 + 39o211 = _____
<u>22.</u> 27394 + 171361 = _____
<u>23.</u> 694154 + 55878 = _____
<u>24.</u> 287453 + 567889 = _____
<u>25.</u> 399582 + 475718 = _____

Verbinde den letzten Punkt
mit dem Start.

Um ein „*Mogeln*" zu verhindern, sind bewußt wesentlich *mehr* Zahlen, als zur
Lösung erforderlich sind, in dem Bild notiert. Nach der *vollständigen* Lösung
entsteht folgendes Bild:

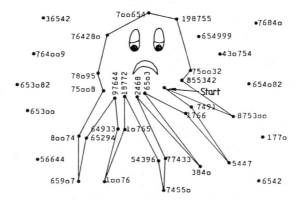

3.8 Ausmalen

Ein möglichst *ansprechendes* Bild ist in verschiedene Teilflächen untergliedert, in denen die *Ergebnisse* der zu lösenden Aufgaben stehen. Aufgrund der *Farbangaben* bei den einzelnen Aufgaben entsteht durch das Lösen und anschließende Ausmalen bei *richtiger* Lösung ein hübsches *Bild*, wie das folgende Beispiel zur Subtraktion mit Zehnerüberschreitung verdeutlicht (Krampe (1985 a)):

11 − 5 =			rot
12 − 4 =			grün
18 − 9 =			orange
12 − 5 =			blau
14 − 9 =			gelb
14 − 7 =			blau
13 − 8 =			gelb
11 − 4 =			blau
17 − 9 =			grün
13 − 6 =			blau
14 − 8 =			rot
11 − 3 =			grün
15 − 8 =			blau
11 − 6 =			gelb
16 − 9 =			blau
15 − 6 =			orange
14 − 8 =			rot

Floer (1988, S. 61) weist allerdings zu Recht auf einige *Schwächen* dieser Übungsform in der vorstehenden Ausgestaltung hin, die entsprechend auch bei weiteren Übungsformen dieses Abschnittes vorhanden sind:

- Die Übungsform ist ziemlich *eng* und *starr*, operative Elemente können nur schwer hineingebracht werden.
- Das Malen hilft *nicht, Einsicht* in die betreffenden arithmetischen Sachverhalte zu gewinnen.
- Das Malen kostet *mehr Zeit* als das zu übende Rechnen.

Diese Übungsform – und entsprechendes gilt für weitere Übungsformen dieses Abschnittes – besitzt aber auch u.a. folgende *Vorzüge*:

- Sie ist *praktikabel* und leicht zu erstellen.
- Die *Ergebniskontrolle* ist einfach.
- Das Malen macht den Schülern *Spaß*.

Daher plädiert Floer für eine *Weiterentwicklung* unter besonderer Berücksichtigung der Auswahl und Zusammenstellung der Aufgaben, der Art der Zuordnung von Ergebnissen und Farben sowie der Gestaltung der Bilder.

Das folgende Beispiel (Floer 1988, S. 62) verdeutlicht gut diese Vorstellungen:

Rechne an der Zahlenkette. Die Farben findest du bei den Ergebnissen.

Aufgaben mit der 9

9 + 7 = ☐	9 + ☐ = 10
9 + 8 = ☐	9 + ☐ = 12
9 + 6 = ☐	9 + ☐ = 13
9 + 10 = ☐	9 + ☐ = 16
17 – 9 = ☐	11 – 9 = ☐
18 – 9 = ☐	5 + 9 = ☐
19 – 9 = ☐	9 + 4 = ☐
20 – 9 = ☐	14 – 9 = ☐

Zahlenkette:
| 1 ge | 2 rt | 3 bl | 4 gr | 5 bl | 6 rt | 7 ge | 8 gr | 9 rt | 10 bl | 11 ge | 12 gr | 13 rt | 14 bl | 15 gr | 16 ge | 17 rt | 18 bl | 19 gr | 20 ge |

Stern mit Zahlen: 1, 5, 11, 2, 17, 15, 4, 3, 10, 19, 8, 13, 9, 16, 14, 7

Die Auswahl der Aufgaben ermöglicht verschiedene *arithmetische Entdeckungen*. Die Zuordnung von Zahlen und Farben erfolgt durch eine *Zahlenkette*, die von den Schülern als *Rechenhilfe* benutzt werden kann. Es wird nicht ein schon vorher erkennbares Bild willkürlich buntgemalt, sondern es entsteht bei richtiger Lösung eine *symmetrische Figur*.

Eine interessante *Variante* zeigt das folgende Aufgabenblatt (Floer 1988, S. 64) auf:

Welche Häuser sind gleich?

5 · 6 = ☐	rt	3 · 6 = ☐	gr	10 · 7 = ☐	ge	5 · 7 = ☐	ge
6 · 6 = ☐	gr	4 · 6 = ☐	rt	9 · 7 = ☐	rt	4 · 7 = ☐	gr
10 · 6 = ☐	bl	8 · 6 = ☐	ge	8 · 7 = ☐	gr	2 · 7 = ☐	bl
9 · 6 = ☐	ge	7 · 6 = ☐	bl	7 · 7 = ☐	bl	6 · 7 = ☐	rt

Häuser: 60, 14, 36, 48 | 63, 53, 42, 28 | 30, 70, 49, 18 | 42, 24, 56, 35

3.9 Geheimschrift

Den Buchstaben von A bis Z ist jeweils genau eine *Zahl* etwa zwischen 1 und 26 zugeordnet (z.B. A sei 1, Z sei 26 zugeordnet). Durch die *richtige* Lösung der Aufgaben kann man einen in „Geheimschrift" vorgegebenen Text *entschlüsseln*. Neben der starken *Motivation*, die von einer Geheimschrift ausgeht, wissen die Schüler so *unmittelbar*, ob sie sämtliche Aufgaben richtig gelöst haben. Das folgende *Beispiel* (Krampe (1985 b)) vermittelt einen genaueren Eindruck von dem Verfahren.

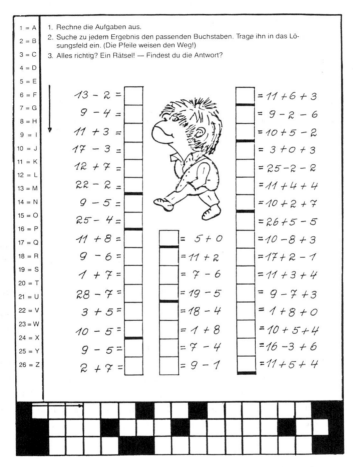

Reizvoll ist es auch, einen vorgegebenen Text durch die Schüler in „Geheimschrift" übertragen zu lassen oder in Partnerarbeit Mitteilungen zu verschlüsseln und zu entschlüsseln.

3.10 Kreuzzahlrätsel

Der Anreiz, der von Kreuzworträtseln ausgeht, soll hierdurch für Übungen im Rechnen ausgenutzt werden. Das Kreuzzahlrätsel entspricht im Prinzip völlig dem Kreuzworträtsel: Nur stehen hier anstelle von Buchstaben Ziffern. Das folgende *Beispiel* diene zur Verdeutlichung (Homann (1984)):

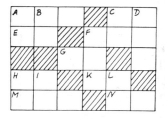

Waagerecht	Senkrecht
A 485 – 362	A 64 – 48
C 26 + 19	B 14 + 13
E 100 – 33	C 248 – 199
F 356 + 542	D 252 + 333
G 48 + 28	F 457 + 405
H 222 – 179	H 84 – 42
K 810 – 789	I 123 – 90
M 158 + 76	L 609 – 594
N 302 – 246	

Zur zusätzlichen Kontrolle der ausgeführten Rechnungen kann die Angabe einer *Lösungszahl* dienen, die etwa der Summe aller eingetragenen Ziffern entspricht. Aufwendiger und anspruchsvoller als das Lösen ist das *Erstellen* eines Kreuzzahlrätsels. Hierzu sind *wesentlich mehr* Rechnungen erforderlich.

Eine *anspruchsvolle Weiterführung* vorstehender Kreuzzahlrätsel – Eccarius (1985, S. 340) nennt diese zutreffender *Kreuzzahlrechnungen*, da bei ihnen nichts rätselhaft, sondern alles berechenbar ist – durch Verzicht der Vorgabe der Stellenanzahl und des Notationsortes der Lösungen im Rätselgitter stellt Eccarius (1985) vor. Diese Art von Kreuzzahlrätsel ermöglicht neben der Einübung von rechnerischen Fertigkeiten gerade auch ein gezieltes Üben des überschlägigen Rechnens, des Auf- und Abrundens sowie des Rechnens mit gerundeten Zahlen.

4 Beispiele zum operativen Üben

Nachdem wir im vorigen Abschnitt eine große Anzahl verschiedenartiger Möglichkeiten zum *automatisierenden* Üben vorgestellt haben, gehen wir hier zum Abschluß dieses Kapitels auf Beispiele ein, die den Zielsetzungen des *operativen* Übens (vgl. 1.2) *möglichst umfassend* gerecht werden. Wir beginnen zunächst mit *einfachen* Übungen.

4.1 Rechenpyramide

In der Literatur ist hierfür auch die Bezeichnung Zahlenturm, Ziegelmauer, Turmrechnen u.a. gebräuchlich.

Das folgende, *besonders einfache* Beispiel verdeutlicht das *Prinzip* dieser Übung:

Am Ende soll auf *jedem* „Stein" der Pyramide eine *Zahl* stehen. Durch *Addition* der Zahlen auf den *beiden unteren* Steinen gewinnen wir die Zahl auf dem *zugehörigen oberen* Stein. Wir erhalten so folgende Lösung:

```
        | 60 |
     | 31 | 29 |
  | 18 | 13 | 16 |
```

Je nach *Höhe* der Pyramide, *Größe* der vorgegebenen Zahlen und insbesondere je nach ihrer *Verteilung* innerhalb der Pyramide können die entsprechenden Übungen stark im Anspruchsgrad *abgestuft* werden. Bei der Rechenpyramide können Prinzipien des operativen Übens gut zum Tragen kommen, wie die folgenden drei *Beispiele* belegen:

286

Beispiel 1:

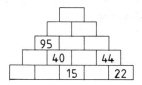

Beispiel 2:

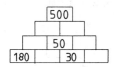

Beispiel 3:

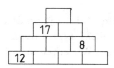

Bei den Beispielen 1 bis 3 müssen Addition und Subtraktion *kombiniert* eingesetzt werden, beim Beispiel 3 existiert *mehr* als eine Lösung. Sehr reizvoll ist es auch, Schüler Pyramiden in *Partnerarbeit* wechselweise erstellen und ausfüllen zu lassen.

Interessante Vorschläge zur Ausgestaltung dieser Übungsform als *Doppelpyramide* mit einem Additionsteil (nach oben) und einem Subtraktionsteil (nach unten) sowie als *Multiplikations-* bzw. *Divisionspyramide* – nebst guten Hinweisen zur Gestaltung dieser Pyramiden mit Aufgaben unterschiedlichen Schwierigkeitsgrades – findet man bei Leutenbauer (1991).

4.2 Zahlenfeld

Bei dieser Übung müssen die Schüler zu *jeder* Zahl des ersten Feldes eine geeignete Zahl des zweiten Feldes finden, so daß die *Summe* der beiden Zahlen im dritten Feld liegt.

Beispiel:

+			=			
32	18	47	17	62	47	54
28		26		49		
36	27	12	36	85	31	
38		29		48	60	58
19	41	13	16	45	64	
24	29	25	31	53	41	

$$32 + 17 = 49$$

Bei der Lösung dieser Übung sind *vielfältige* Überlegungen und Rechnungen erforderlich. *Überschlags*rechnungen wie auch das Beachten der *Endziffern* sind sehr hilfreich. Im rechten Feld sind bewußt *mehr* Zahlen als erforderlich aufgelistet, um bei den letzten Aufgaben die Gefahr des Ratens zu vermindern.

Durch die *Auswahl* der Zahlen ergeben sich offenbar *Differenzierungsmöglichkeiten*. Neben der Addition können entsprechende Übungen auch zu den *übrigen* Grundrechenarten gebildet werden.

4.3 Rechenspinne / Zauberquadrate

Bei einer *Rechenspinne* sollen nach Karaschewski (1970) gegebene Zahlen so auf die Kreise und die Radien verteilt werden, daß die *Summe* sowohl längs der Kreise wie auch längs der Radien jeweils *dieselbe* feste Zahl ergibt:

Beispiel einer Rechenspinne:

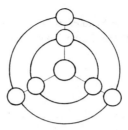

Bei der Aufgabe, die Zahlen 1 bis 7 so anzuordnen, daß die Summe jeweils 12 ergibt, erhalten wir folgende *Lösung*:

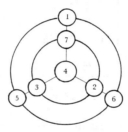

Hierbei notiert man die Zahlen 1 bis 7 zweckmäßigerweise auf *Spielmarken* und verschiebt diese solange, bis man die *passende* Anordnung gefunden hat.

Vergrößert man die einzelnen Zahlen auf den Spielmarken jeweils um 10 bzw. 20 usw., so erhält man unmittelbar und leicht *folgende Variationen* der ersten Aufgabe:

Zahlen 11 bis 17, Summe 42

Zahlen 21 bis 27, Summe 72 usw.

Weitere *Zahlen* wie auch andere *Formen* der Rechenspinne kann man bei Karaschewski (1970, S. 82 f) finden.

In engem Zusammenhang mit der Rechenspinne stehen Aufgaben an einfachen *Zauberquadraten* oder *magischen Quadraten*.

Beispiel:
Trage die Zahlen 1 bis 9 *so* in das folgende Quadrat ein, daß die *Summe* in
den drei Zeilen, in den drei Spalten sowie in den beiden Diagonalen *jeweils*
15 ergibt.

Lösung:

4	9	2
3	5	7
8	1	6

Zur Lösungsfindung notiert man auch hier die gegebenen Zahlen zweckmäßigerweise auf Spielmarken.

Verkleinert man die Zahlen auf jedem *Feld* jeweils um 1 oder *vergrößert* sie
jeweils um 1, 2,..., so erhält man folgende *Varianten* dieses Zauberquadrates:

Variante 1: Einzutragende Zahlen 0 bis 8, Summe jeweils 12

Variante 2: Einzutragende Zahlen 2 bis 10, Summe jeweils 18

Variante 3: Einzutragende Zahlen 3 bis 11, Summe jeweils 21

Multiplizieren wir jede Zahl eines Zauberquadrates mit einer *festen* Zahl (z.B.
2, 3, 4,...), erhalten wir *weitere* Zauberquadrate. So erhalten wir beispielsweise durch die Multiplikation sämtlicher Zahlen in unserem einleitend vorgestellten Zauberquadrat mit 2 folgendes neues Zauberquadrat:
Einzutragende Zahlen: 2, 4, 6, 8, 10, 12, 14, 16, 18, Summe jeweils 30.

4.4 Hasenjagd

Während bei den bisherigen Übungen jeweils *eine* Rechenoperation (z.T. einschließlich der zugehörigen Umkehroperation) benutzt wird, werden hier und bei den meisten folgenden Übungen *alle vier* Grundrechenarten benötigt und eingeübt.

Bei der *Hasenjagd* hat der Jäger beispielsweise folgende *Schüsse* zur Verfügung: 8, 6, 7, 5, 3, 4. Hiermit soll er *möglichst viele* Hasen, etwa alle zehn Hasen 81, 82, . . . , 90 eines Jagdreviers, zur Strecke bringen. Mit *jedem* Schuß muß *genau einmal* geschossen (gerechnet) werden. Hierbei hat der Schüler die freie *Auswahl* zwischen den vier Grundrechenarten. Ein Hase ist getroffen, wenn *zum Schluß* eine „Hasenzahl" herauskommt.

Beispiel:

Matthias schießt:

$5 \cdot 7 = 35$
$35 - 8 = 27$
$27 : 3 = 9$
$9 \cdot 6 = 54$
$54 + 4 = 58$
Matthias hat <u>keinen</u>
Hasen getroffen

Anja schießt:

$7 \cdot 6 = 42$
$42 : 3 = 14$
$14 \cdot 5 = 70$
$70 + 8 = 78$
$78 + 4 = 82$
Hurra, Anja hat den
Hasen 82 <u>getroffen</u>

Wer schießt die *meisten* Hasen?
Um sicherzustellen, daß *jeder* Schuß *genau einmal* benutzt wird, *notiert* man zweckmäßigerweise alle Schüsse und *unterstreicht* die *verbrauchten* Schüsse (oder streicht sie durch).

Beispiele für *weitere* Schüsse und Hasen:

Schüsse: 9, 10, 5, 4, 2, 3
9, 8, 4, 6, 7, 5
5, 6, 7, 12, 14, 15
5, 3, 7, 11, 8, 18

Hasen: 71, 72,. . . , 80
85, 86, . . . , 95
120, 121, . . . , 130
200, 201, . . . , 210

Die Hasenjagd bietet äußerst *motivierende* Möglichkeiten zur Einübung der Addition, Subtraktion, Multiplikation und Division, und zwar *nicht isoliert*, sondern jeweils in *engem Zusammenhang*.

4.5 Kreiseltreiben

Dieses Spiel unterscheidet sich durch die „*Verpackung*", durch die *Anzahl* der zu treffenden Zahlen (im Unterschied zur Hasenjagd gibt es hier nur *eine* Zielzahl), durch die vorgeschriebene *Reihenfolge* und die erlaubte *mehrfache* Benutzung der gegebenen Zahlen von der Hasenjagd. Das folgende *Beispiel* (Karaschewski (1970)) diene zur Erläuterung:

Bei der Zahl mit dem Punkt – also hier bei 13 – wird angefangen. Indem man geschickt mit den Zahlen des Kreisels in der vorgegebenen Reihenfolge rechnet (alle vier Grundrechenarten sind in beliebiger Reihenfolge erlaubt), soll die Zahl in der Mitte des Kreises – also die Zahl 60 – getroffen werden. Gewonnen hat *entweder*, wer als *erster oder* wer mit den *wenigsten* Rechnungen (unabhängig von der benötigten Zeit) die Zahl 60 erreicht.

Beispiele:

Versuch 1:

$$13 - 9 = 4$$
$$4 \cdot 7 = 28$$
$$28 + 4 = 32$$
$$32 + 13 = 45$$
$$45 - 9 = 36$$
$$36 + 7 = 43$$
$$43 + 4 = 47$$
$$47 + 13 = 60$$

Versuch 2:

$$13 + 9 = 22$$
$$22 - 7 = 15$$
$$15 \cdot 4 = 60$$

Schließt man die Addition oder die Subtraktion als Rechenoperation aus, wird die Übung wesentlich *schwieriger*.

4.6 Zaunkönig

Es besteht eine enge *Verwandtschaft* zwischen dieser Übung und den beiden vorher beschriebenen Rechenspielen. Allerdings ist hier *keine* feste Zielzahl vorgegeben, sondern es soll aus den gegebenen Zahlen durch geschicktes Operieren die *kleinste*, mögliche Zahl – „der Zaunkönig" – bestimmt werden.

Die „*Hecke*", in der sich der Zaunkönig verbirgt, besteht aus Zahlen, und zwar etwa aus den Zahlen 7, 3, 5, 11, 8 und 18 (vgl. Karaschewski (1970), S. 75 ff, insbesondere wegen der zugehörigen Zaunköniggeschichte und der umfangreichen Analyse dieses Rechenspiels). *Jede* Zahl der Hecke muß bis zum Ende des Spiels *genau einmal* benutzt werden. Die Reihenfolge ist *beliebig*, *ebenso* die benutzte Rechenoperation. Nichtaufgehende Divisionen und negative Rechenergebnisse sind *nicht* erlaubt. Null darf nur als *End-*, nicht als *Zwischen*ergebnis vorkommen. Nach dem Durchsuchen der *kompletten* Hecke, also *nach* der Benutzung *aller gegebenen Zahlen*, muß als *Endergebnis* eine *möglichst kleine* Zahl herauskommen.

Beispiele:

Versuch 1	Versuch 2	Versuch 3
3 · 7 = 21	11 + 8 = 19	18 : 3 = 6
21 − 18 = 3	19 − 18 = 1	6 · 8 = 48
3 + 5 = 8	1 + 7 = 8	48 + 7 = 55
8 : 8 = 1	8 − 5 = 3	55 : 11 = 5
1 · 11 = 11	3 : 3 = 1	5 − 5 = 0

11 ist bestimmt nicht der Zaunkönig, daher unternehmen wir einen neuen Versuch.

1 könnte der Zaunkönig sein. Eventuell könnte aber auch 0 erreicht werden, daher ein weiterer Versuch.

Null ist der Zaunkönig.

4.7 Zahlenfussball

Auch der Zahlenfußball beruht auf dem Grundgedanken, eine oder mehrere *Zielzahlen* aus *gegebenen* Zahlen unter Benutzung der *vier Grundrechenarten* zu erhalten. *Abweichend* von den bisher beschriebenen Rechenspielen „spielen" hier zwei Mannschaften *abwechselnd* auf zwei *verschiedene* Zielzahlen, wobei *beide* Zielzahlen *gleichzeitig* im Auge behalten werden müssen.

Beispiel:

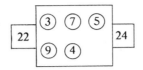

1. Mannschaft		2. Mannschaft
$7 \cdot 4 = 28$		$28 + 3 = 31$
$31 - 7 = 24$	Tor!, 1:0	
$3 \cdot 9 = 27$		$27 - 5 = 22$
	Tor!, 1:1	$9 \cdot 5 = 45$
$45 : 3 = 15$		$15 + 7 = 22$
	Tor!, 1:2	

Das Spiel wird in *Partnerarbeit* durchgeführt. Als Bälle stehen die Zahlen im Spielfeld zur Verfügung. Tore sind beispielsweise die Zahlen 22 bzw. 24. Alle Zahlen dürfen *beliebig oft* und in *beliebiger Reihenfolge* benutzt werden. Jede Mannschaft muß versuchen, mit Hilfe der vier Grundrechenarten das Tor der Gegenmannschaft zu treffen. Beide Mannschaften schießen *abwechselnd*. Nach der Halbzeit werden die Seiten, also die Tore, *gewechselt*. Nach einem Tor hat die *siegreiche* Mannschaft den „Anstoß".

Gegenüber den bisherigen Rechenspielen kommt hier *erschwerend* hinzu, daß beide Mannschaften das gegnerische Tor *und* gleichzeitig das eigene Tor im Auge behalten müssen. Es muß also *im voraus* überlegt werden, was die gegnerische Mannschaft mit einer gelieferten „Vorlage" anfangen kann.

4.8 Gleichungen raten

Dieses Spiel können zwei bis maximal vier Schüler zusammen spielen. Ziel ist das möglichst *rasche* und *geschickte* Erraten einer Gleichung (vgl. Trauerstein (1981)). Das Spiel ist im Schwierigkeitsgrad stark *variierbar*.

Ein Spieler denkt sich eine Gleichung, z.B. $4 \cdot 5 + 17 = 37$, aus und notiert für die Mitspieler _ _ _ _ _ _ = _ _ . Jede Ziffer und jedes Rechenoperationszeichen der Aufgabe wird also durch einen Strich gekennzeichnet. Die Mitspieler nennen nun jeweils eine Zahl oder ein Rechenoperationszeichen. Jede richtig geratene Lösung wird eingetragen, allerdings nur an *einer* Stelle, auch wenn die betreffende Ziffer bzw. das Operationszeichen an *mehreren* Stellen der Gleichung vorkommt. Für jedes erfolglose Raten gibt es einen Minuspunkt. Bei *acht* Minuspunkten haben die ratenden Spieler *verloren*. Statt die Punkte zu zählen, ist es motivierender, bei jedem Minuspunkt schrittweise eine *Figur* zu zeichnen, z.B. ein Gesicht. Beim 8. Minuspunkt malt man eine herausgestreckte Zunge (Beispiel: 😛).

4.9 Kommissar Rechenfix

Zwei Mannschaften spielen gegeneinander. Eine Mannschaft denkt sich eine Zahl aus. Die andere Mannschaft versucht, durch geschickte Fragen diese Zahl in möglichst wenigen Schritten zu erraten. Es darf *nicht* direkt nach einzelnen Ziffern gefragt werden etwa in der Form: „Ist die letzte Ziffer eine vier?" Beispiele für Fragen:

- Ist die Zahl größer als 50?
- Ist die Zahl zweistellig?
- Ist die Zahl gerade?
- Ist die Zahl eine Quadratzahl?
- Ist die Zahl ein Vielfaches von drei?
- Ist die Quersumme kleiner als vier?
- Hat die Zahl zwei gleiche Ziffern?
- Ist die Zehnerziffer größer als die Einerziffer?

u.a.

Errät die fragende Mannschaft die Zahl innerhalb einer festgelegten Zeit (z.B. 3 Minuten) oder mit einer festgelegten Höchstzahl von Fragen (z.B. 20), so erhält sie einen Punkt, anderenfalls erhält sie keinen Punkt. Die Rollen werden vertauscht. *Sieger* ist die Mannschaft, die zuerst z.B. 5 Punkte erreicht (vgl. auch Lichtenberger/Mittrowann (1985)).

4.10 Sprengen der Bank

Im *Unterschied* zu den vorher beschriebenen Übungen steht bei dem zum Abschluß dieses Kapitels hier vorgestellten Sprengen der Bank *nicht* so sehr die Einübung der *einen* Grundrechenart (Addition bzw. Subtraktion) als vielmehr die *Entdeckung einer geeigneten Gewinnstrategie* im *Vordergrund* des Interesses. Dabei handelt es sich bei diesem Spiel um eine elementare Variante des bekannten *NIM-Spiels*.

Beim Sprengen der Bank nimmt man nach Vortmann/Schmid (1975, S. 106 f) etwa 100,– DM als „*Startkapital*" für die Bank. Zwei Schüler heben *abwechselnd* beliebige ganzzahlige Beträge zwischen 1 DM und 10 DM ab. *Sieger* ist, wer noch als *letzter* Geld von der Bank abheben kann, wer also die Bank „*sprengt*". Das folgende *Beispiel* für einen möglichen Spielverlauf zwischen den beiden Spielern Anna und Bernd diene zur Verdeutlichung:

A: $100 - 10 = 90$
B: $90 - 8 = 82$
A: $82 - 9 = 73$
B: $73 - 5 = 68$
A: $68 - 10 = 58$
B: $58 - 3 = 55$ (!)
A: $55 - 10 = 45$
B: $45 - 1 = 44$ (!)
A: $44 - 2 = 42$
B: $42 - 9 = 33$ (!)
A: $33 - 1 = 32$
B: $32 - 10 = 22$ (!)
A: $22 - 1 = 21$
B: $21 - 10 = 11$ (!)
A: $11 - 1 = 10$
B: $10 - 10 = 0$ (Sieger)

Aus dieser Protokollierung des Spielverlaufs ergibt sich, daß Bernd *gewonnen* hat, weil er im *vorletzten* Schritt *genau* 11 DM für Anna zurückließ. Gleichgültig, *welchen* Betrag Anna hiervon nimmt, *stets* gewinnt Bernd. Bernd bereitet diesen Sieg schon an *der* Stelle vor, als er für Anna 55 DM übrig läßt. Von *dieser* Stelle aus kann er es nämlich über die *Zwischenbeträge*

44 DM, 33 DM und 22 DM erreichen, daß er *garantiert* auf diesen entscheidenden Betrag von 11 DM gelangt. Offenkundig kann man sogar schon durch den *ersten* Schritt bei der Spieleröffnung seinen Sieg *sichern.* Wenn daher *beide* Spieler die Strategie kennen, ist der *Reiz* dieses Spiels vorbei, da dann der Sieg *nur noch* davon abhängt, welcher Spieler *beginnt.*

Zur *Einführung* des Spiels spielt der *Lehrer* zweckmäßigerweise gegen eine Gruppe von *guten* Rechnern aus der Klasse. Die Tatsache, daß der Lehrer hierbei ständig *gewinnt,* liefert ein starkes Motiv, hinter sein *Geheimnis* zu kommen. Dazu spielen die Schüler dieses Spiel anschließend je paarweise. Ist die Gewinnstrategie *entdeckt,* kann man durch eine *Abänderung* der Höhe der möglichen Ausgangsbeträge zu *erneutem* Nachdenken anregen. (Beispiele: Es dürfen nur 2 DM, 3 DM, 4 DM und 5 DM oder 2 DM, 4 DM, 6 DM, 8 DM, 10 DM oder ... ausgezahlt werden.)

Statt eine Bank zu sprengen, kann man auch abwechselnd innerhalb gegebener Grenzen festgelegte Geldbeträge *einzahlen. Sieger* ist im diesem Fall, wer die *letzte* Einzahlung zur Erreichung des vorgegebenen Zielbetrages (z.B. 100,– DM) vornimmt.

Weitere elementare Varianten des NIM-Spiels findet man z.B. bei Karaschewski (1970) unter den Bezeichnungen Wettspringen und Haschen.

VI Taschenrechner und Computer im Arithmetikunterricht?

Blicken wir ins *Ausland*, beispielsweise in die USA, so stellen wir fest, daß dort *Taschenrechner wie auch Computer* im Mathematikunterricht *auch der Grundschule* schon *häufig* eingesetzt werden. Ganz *anders* ist dagegen die Situation in *Deutschland: Taschenrechner* werden hier nur *äußerst selten* und *Computer überhaupt nicht* eingesetzt. Verschlafen wir in Deutschland eine *sinnvolle Veränderung* in der Gestaltung des Mathematikunterrichts oder gibt es *berechtigte Argumente* für *dieses* Verhalten? Auf diese und weitere Fragen gehen wir in den folgenden beiden Abschnitten gründlich ein.

1 Taschenrechner

1.1 Einsatz im Arithmetikunterricht?

Die Reaktion der Öffentlichkeit wie auch von Lehrern gegenüber der Frage des Einsatzes von Taschenrechnern im Arithmetikunterricht der Grundschule ist *oft skeptisch* oder *vielfach sogar ablehnend* (vgl. auch Floer (1990), Lörcher/Rümmele (1986), Spiegel (1988)). So führe – wird argumentiert – der Taschenrechner zu einer *Verkümmerung der Rechenfertigkeiten.* Er schädige das *Kopfrechnen*, verhindere, daß Schüler das wichtige *Überschlagen* und *Schätzen* lernen und bewirke, daß die *schriftlichen Rechenverfahren* wegen der bequemen Einsatzmöglichkeiten von Taschenrechnern nicht mehr (richtig) gelernt werden. Er bewirke ferner, daß die Schüler *hilflos* den (hoffentlich richtigen!) *Taschenrechnerergebnissen* ausgeliefert und davon *abhängig* seien, daß jeweils ein Taschenrechner *verfügbar* sei. Daher gehöre der Taschenrechner *nicht in die Grundschule*:

Ist diese Skepsis und Ablehnung *berechtigt*? Werfen wir zur Beantwortung zunächst einen Blick auf die Situation im *Ausland*, beispielsweise auf *England* und die *USA*. Dort ist die Frage, ob der Taschenrechner in der Grundschule eingesetzt werden soll, *längst positiv beantwortet*. Diskutiert wird zu Recht nur noch über *besonders gut* geeignete Formen seines Einsatzes. So formuliert die einflußreiche Organisation *National Council of Teachers of Mathematics* (NCTM) schon 1980 in ihrer *Agenda for Action*: „mathematics programs must take *full advantage* of the power of calculators and computers at *all grade level*" und bekräftigt diese Empfehlung 1986 in einem Positionspapier mit dem Titel *Calculators in the Mathematics Classroom* mit dem zusätzlichen Hinweis: „that publishers, authors and test writers integrate the use of the calculator into their mathematics materials *at all levels*" (zitiert nach Dick (1988), S. 37; Heraushebungen durch den Verfasser).

Bislang vorliegende *empirische Untersuchungen* stützen ebenfalls *nicht* die Skepsis und Ablehnung gegenüber dem Taschenrechner, *im Gegenteil!* So ergab eine *1982* von *Suydam* publizierte *zusammenfassende Auswertung* von *fast 100 empirischen Untersuchungen in den USA* (untersuchte Klassen: Kindergarten (K) bis zur 12. Klasse) in rund der *Hälfte der Fälle keine Unterschiede*, in *45% der Fälle signifikante Unterschiede zugunsten* der Schüler, die beim Erwerb ihrer Rechenkenntnisse *Taschenrechner* benutzt hatten und *nur in 5% der Fälle zuungunsten des Taschenrechnergebrauchs* (vgl. Lörcher/ Rümmele (1986), S. 36). Die *1986* von *Hembree* und *Dessart* in der Zeitschrift *Journal for Research in Mathematics Education* der amerikanischen Organisation NCTM publizierte *Metaanalyse* auf der Grundlage von *79 verschiedenen Studien der letzten Jahre* (untersuchte Klassen: Kindergarten (K) bis Klasse 12) lieferte folgende Ergebnisse: "A use of calculators can *improve* the average student's *basic skills with paper and pencil*, both in *basic operations* and *problem solving*. ...Students using calculators possess a *better attitude toward mathematics* than noncalculator students". Die Verfasser *empfehlen* abschließend den *Einsatz von Taschenrechnern* in *allen Klassenstufen* (Kindergarten (K) bis Klasse 12) und formulieren: „It no longer seems a question of *wether* calculators should be used along with basic skills instruction, but *how*" (zitiert nach Dick (1988), S. 39; Hervorhebungen z.T. durch den Verfasser).

Wie sieht es demgegenüber mit dem *Einsatz von Taschenrechnern im Arithmetikunterricht der Grundschule in Deutschland* aus? Laut einer Ende 1985 durchgeführten Umfrage der Zeitschrift *Grundschule* bei den *Kultusministe-*

rien der Bundesländer ergab sich, daß nirgends Daten zur *Verbreitung des Taschenrechners bei Grundschülern* vorliegen, daß bislang *keine speziellen Fortbildungsveranstaltungen* zum Taschenrechnereinsatz in der Grundschule und auch *keine Schulversuche* – mit Ausnahme zweier kleinerer Versuche ohne Publikation der Ergebnisse – zu diesem Thema stattfanden, und daß die *Richtlinien nur in Nordrhein–Westfalen* die *Möglichkeit der Taschenrechner–Verwendung in der Grundschule vorsehen*, während in allen übrigen Ländern der Taschenrechner in der Grundschule *nicht zugelassen* ist oder *nicht verwendet* wird sowie auch nirgends Änderungen für die *Zukunft* geplant sind (vgl. Lörcher/Rümmele (1986), S. 36).

Wir konzentrieren uns im folgenden auf das Aufzeigen von *Einsatzmöglichkeiten* des Taschenrechners sowohl beim *automatisierenden* wie gerade auch beim *operativen Üben*. Auf weitere wichtige Einsatzmöglichkeiten wie insbesondere beim *Sachrechnen* oder beim Entdecken von *mathematischen Gesetzmäßigkeiten* gehen wir hier *nicht* näher ein. Im Zusammenhang mit dem Üben betrachten wir im folgenden zwei wichtige Problemkreise genauer, nämlich das *Kopfrechnen* und das *Überschlagsrechnen und Schätzen*.

1.2 Kopfrechnen

Zum *automatisierenden Üben* der vier Grundrechenarten gibt es – die Schüler stark anregende – *spezielle Taschenrechner* wie beispielsweise den *Mathe–Fix* oder den *Little Professor* (von Texas Instruments). Beide Rechner stellen Kopfrechenaufgaben zu den vier Grundrechenarten in 3 bzw. 4 verschiedenen Schwierigkeitsstufen. Der Schüler tippt jeweils seine Lösung ein. Bei *richtiger* Lösung wird die nächste Aufgabe gestellt, bei *fehlerhafter* Lösung die Aufgabe bis zu dreimal – für jeweils neue Lösungsversuche – wiederholt. Im Unterschied zum Little Professor ist der Mathe–Fix ein *sprechender* Rechentrainer.

Allerdings kann man das Kopfrechnen mit *normalen Taschenrechnern* mindestens ebenso gut – und insgesamt variationsreicher – einüben. Hierbei ist die *Konstantenrechnung* der Taschenrechner sehr hilfreich. Gibt man beispielsweise 7 als *konstanten Summanden* ein, so läßt sich gut das 1×7 – und entsprechendes gilt für *alle* 1×1–Reihen – durch Rückgriff auf die wiederholte Addition gewinnen. Die Schüler sagen jeweils die nächste Zahl voraus und drücken dann die Gleich-Taste. Das 1 × 1 läßt sich auch gut – nach Vorschlägen von Lörcher/Rümmele (1986) – mit zwei Taschenrechnern in *Partnerarbeit* erarbeiten: Anja gibt auf ihrem Taschenrechner zunächst die Zahl 7 als *konstanten Faktor* ein, dann eine Zahl z.B. 6. Bernd rechnet im Kopf 6 · 7 und tippt das Ergebnis in den Rechner ein. Anschließend drücken beide auf die Gleich-Taste. Bei Anja erscheint das richtige Ergebnis, Bernd kann vergleichen. Nach 10 Rechnungen werden die Rollen getauscht. Ähnlich lassen sich beispielsweise auch Aufgaben zum 1 + 1, zum Verdoppeln oder Halbieren u.a. lösen.

Hierbei bietet der Taschenrechner jeweils den Vorteil der *unmittelbaren Kontrolle*. Fehler – insbesondere beim 1 + 1 und 1 × 1 – werden *nicht eingeschliffen*. Beim Taschenrechner ist darüber hinaus auch vorteilhaft, daß die Fehler *nur* auf dem Taschenrechner erscheinen, aber *nicht vom Lehrer* registriert werden. Daher können Fehler vom Schüler *riskiert* werden, ohne daß sie sich in *schlechten Noten* niederschlagen. Durch die *sofortige Aufdeckung* kann der Schüler – darauf weisen Lörcher/Rümmele (1986) zu Recht hin – *aus den Fehlern lernen*, wird zu *neuen Rechenversuchen* motiviert, und gleichzeitig wird seine *Angst vor Fehlern* reduziert.

Im Bereich der *Addition* lassen sich beispielsweise auch die wichtigen *Ergänzungsaufgaben* zu 10, 100 oder 1000 mit dem Taschenrechner geschickt einüben. So können Schüler eine Aufgabe wie 547 + □ = 1000 durch systematisches Einsetzen lösen. Vorteilhaft ist hier zusätzlich, daß die Schüler dem Taschenrechner unmittelbar entnehmen können, ob ihre Lösung *richtig* ist, die Lösung aber *nicht* (bei ausschließlicher Benutzung der Plus-Taste) direkt mit dem Taschenrechner berechnet werden kann.

Die Schüler sollten im Arithmetikunterricht ferner durch geschickte Aufgabenauswahl ein Gespür dafür vermittelt bekommen, wann es vorteilhaft ist, eine *Aufgabe im Kopf* zu rechnen anstatt den *Taschenrechner* zu benutzen. Meißner (1978) hat hier mit *Wettkämpfen* „Kopfrechner" gegen „Taschenrechner-Rechner" gute Erfahrungen gesammelt.

1.3   Überschlagsrechnung/Schätzen

Die Überschlagsrechnung bereitet im Arithmetikunterricht schon seit langem *größere Probleme* (vgl. auch IV.5.2.5). Die Schüler sehen oft *keinen Sinn* darin – und sind vielfach auch *zu bequem* –, neben der *exakten* Rechnung noch eine *ungenaue* Überschlagsrechnung durchzuführen. Dies gilt erst recht beim Einsatz von – gegenüber den schriftlichen Rechenverfahren mit *viel größerer Sicherheit arbeitenden* – Taschenrechnern. Zum Training des Schätzens und der Überschlagsrechnung muß daher die *Aufgabenstellung* entsprechend *abgeändert* werden: Das Überschlagen erfolgt nicht *vor* dem Rechnen von Aufgaben, sondern ist das *Ziel* dieser Aufgaben. Der Taschenrechner hat dabei die Funktion, die Fähigkeit zum Überschlagen zu trainieren (vgl. auch Meißner (1978)) und übernimmt das sonst recht mühsame genaue Rechnen.

Die *folgenden vier Beispiele* verdeutlichen gut diese Zielsetzung: Sie sind offenkundig insbesondere bezüglich der ausgewählten Zahlen, bezüglich des Zahlenraumes und auch bezüglich der Rechenoperationen *leicht zu variieren*. Die Aufgaben sind so ausgewählt, daß *blindes Probieren* nicht zum Ziel führt. Vielmehr muß man durch *Überschlagsrechnungen* zunächst versuchen, *möglichst nahe* an das *gewünschte Ziel* heranzukommen.

Beispiel 1: Tic–Tac–Toe–Variante

1640	3125	2221	(22)	(53)	(68)
1300	2105	4010	[31]	[42]	[59]
925	2860	685			

Der jeweilige Spieler wählt eine rund und eine eckig eingeklammerte Zahl aus. Er ermittelt ihr Produkt mit dem Taschenrechner und belegt *die* Zahl in dem 3×3–Feld mit seinem Plättchen, die am nächsten an diesem Produkt ist – *sofern* dort nicht schon ein Plättchen seines Gegenspielers liegt. *Der* Spieler, der zuerst drei Plättchen in einer Reihe (waagerecht, senkrecht oder diagonal) liegen hat, hat gewonnen.

302

Beispiel 2: Zusammen 100

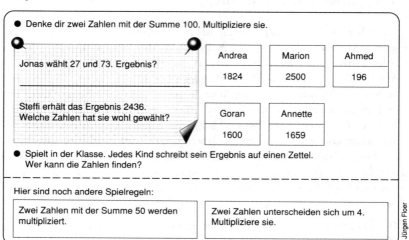

● Denke dir zwei Zahlen mit der Summe 100. Multipliziere sie.

Jonas wählt 27 und 73. Ergebnis?

Andrea	Marion	Ahmed
1824	2500	196

Steffi erhält das Ergebnis 2436.
Welche Zahlen hat sie wohl gewählt?

Goran	Annette
1600	1659

● Spielt in der Klasse. Jedes Kind schreibt sein Ergebnis auf einen Zettel.
Wer kann die Zahlen finden?

Hier sind noch andere Spielregeln:

Zwei Zahlen mit der Summe 50 werden multipliziert.

Zwei Zahlen unterscheiden sich um 4.
Multipliziere sie.

Beispiel 3: Große Produkte

● Spielt zu zweit. Ein Kind braucht
rote Plättchen, das andere blaue.

50	45	11	26	75
84	22	30	57	19
39	70	27	63	36
55	40	99	43	51
17	71	55	30	18

Spielregel

1. Jedes Kind sucht sich in dem Feld zwei
Nachbarzahlen aus (waagerecht, senkrecht
oder schräg) und multipliziert sie mit dem
Taschenrechner. Das Ergebnis soll möglichst
groß sein.

2. Wer das größte Ergebnis erreicht, belegt die beiden Zahlen mit seinen Plättchen.
Haben beide Kinder dasselbe Ergebnis,
darf jedes Kind eine Zahl belegen.

㉚ 57
27 ㊳

3. In der nächsten Runde geht es genau
so. Jede Zahl darf nur einmal verwendet
werden. Wer hat am Ende die meisten Zahlen
belegt?

● Schreibt selbst ein Feld mit anderen Zahlen auf und spielt damit.

Beispiel 4: Nachbarzahlen

- Denke dir zwei Nachbarzahlen und multipliziere sie.

  Kai wählt 83 und 84. Welches Ergebnis erhält er?

- Macht das Ratespiel in der Klasse. Jeder versteckt zwei Nachbarzahlen in einem Briefumschlag. Auf den Umschlag schreibt er das Produkt. Wer kann die Zahlen finden?

  Lia erhält das Ergebnis 1406. Welche Zahlen hat sie gewählt?

- Auch mit diesen Regeln könnt ihr Nachbarzahlen raten.

  − *Drei* aufeinanderfolgende Zahlen *multiplizieren.*

  − *Drei* aufeinanderfolgende Zahlen *addieren.*

  − *Drei* aufeinanderfolgende Zahlen:
  Die beiden ersten Zahlen multiplizieren, die dritte Zahl zu dem Ergebnis addieren.

  − *Vier* aufeinanderfolgende Zahlen *addieren.*

© Jürgen Floer

Hinweis: Das Beispiel 1 stammt aus Spiegel (1988, S. 180), die Beispiele 2, 3 und 4 aus Floer (1990,S. 50, S. 52, S. 54).

Offensichtlich bieten Aufgaben der vorgestellten Art *reichhaltige Möglichkeiten* zum Üben des Überschlags. Dabei kommt dem Überschlagsrechnen gerade im Taschenrechner– und Computerzeitalter ein *wesentlich höherer Stellenwert* zu als bisher; denn nur durch den Aufbau der *Überschlagsrechnung als unabhängiges Kontrollsystem* des Schülers gegenüber den Taschenrechnerberechnungen kann – so konstatieren Lörcher/Rümmele (1986, S. 37 f) zu Recht – seine Abhängigkeit von und seine Hilflosigkeit gegenüber den vom Rechner gelieferten Ergebnissen abgebaut werden.

1.4 Resümee

Der Taschenrechner kann – wie die vorgestellten Beispiele schon gut verdeutlichen – *sinnvoll* in den *Arithmetikunterricht der Grundschule integriert werden.* Dies kann allerdings *nur dann gelingen,* wenn man den Taschenrechner im Unterricht *nicht einseitig* in nur *einer* möglichen Funktion einsetzt, nämlich um die *Ergebnisse von Rechenaufgaben statt* durch Kopfrechnen oder

durch die schriftlichen Rechenverfahren *jetzt mit Hilfe des Taschenrechners*
zu ermitteln, wie Spiegel (1988, S. 178) zutreffend bemerkt. Auch Floer (1990,
S. 27) bringt das Problem gut auf den Punkt: „Das Problem mit dem Taschenrechner im Unterricht ist kein Problem des Taschenrechners, sondern
des Unterrichts. In einem starren und einfallsarmen Unterricht wird auch der
Taschenrechner kaum die Wende zum offenen und entdeckenden Lernen bringen. In einem guten Unterricht dagegen lassen sich viele Möglichkeiten finden, den Taschenrechner anregend einzubeziehen. Der Taschenrechner kann
ja nur ein *Werkzeug* sein, für dessen vernünftigen Einsatz wir verantwortlich
sind", ein Werkzeug, das gezielt zum Erlernen und Trainieren der *Grundre-
chenfertigkeiten* und insbesondere auch zur Verbesserung des *Kopfrechnens*
eingesetzt werden sollte.

2 Computer

In Teilen des Auslands, so zum Beispiel in den *USA, Frankreich* oder *Großbritannien*, spielen Computer schon eine *große Rolle im Unterricht der verschiedensten Schulstufen.* So werden in den USA *jährlich* 1500 bis 2400 *neue*
Software–Produkte für den Unterricht angeboten (Krauthausen (1990, S. 8).
Hierbei soll die Software u.a. helfen, Unterrichtsinhalte *anschaulicher* zu gestalten, Inhalte mit *neuen* (besseren) *Methoden* darzubieten und sie *gründlicher* und *tiefergehend* zu behandeln. Die Unterrichtssoftware soll auch dabei
behilflich sein, *Wissen* einfach, schnell und umfassend *verfügbar* zu machen.
Blickt man dagegen in die *deutschen Grundschulen,* so findet man dort *keine*
Computer für diese Zielsetzungen vor. Sind wir dabei, eine für die Grundschule wichtige Entwicklung zu *verpassen*? Ist es *höchste Zeit,* daß bei uns
endlich entsprechende Schritte zum Computereinsatz auch in Grundschulen
unternommen werden?

Zur Beantwortung dieser Fragen gehen wir in 2.1 zunächst auf *Kriterien* ein,
mit deren Hilfe man Unterrichtssoftware beurteilen kann. Grundlegend für
diesen Abschnitt ist das gerade erschienene Heft „Computer und Grundschule-
Software. Neue Medien in der Grundschule 1991" der Beratungsstelle für
neue Technologien am Landesinstitut für Schule und Weiterbildung (LSW)
in Nordrhein–Westfalen in Soest (im folgenden kurz zitiert als: LSW (1991))

Wegen einer *detaillierten Beschreibung* vergleichbarer Kriterien für die *natur-wissenschaftlichen* Fächer (programmtechnischer Standard, fachdidaktischer Standard, interaktiver Standard) verweisen wir auf *Lauterbach* (1989, S. 703 f). Beachtenswert ist in diesem Zusammenhang auch der zehn Punkte umfassende Forschungsfragenkatalog von *Hermann* (1989, S. 145).

2.1 Bewertungskriterien von Unterrichtssoftware

Das Landesinstitut für Schule und Weiterbildung in Nordrhein–Westfalen unterscheidet programmtechnische, fachdidaktische und mediendidaktische Bewertungskriterien (LSW (1991), S. 7).

Die *programmtechnischen Bewertungskriterien* sollen hierbei sicherstellen, daß Lehrer und Schüler vor dem Einsatz der Unterrichtssoftware *nicht zunächst einen Computerkurs* durchlaufen müssen. Sie enthalten *notwendige*, aber *keinesfalls schon hinreichende* Bedingungen für den Einsatz in der Grundschule (für Details vergleiche man LSW (1991), S. 7 f).

Wesentlich wichtiger und entscheidender sind die *mathematikdidaktischen Bewertungskriterien*. Diese Bewertung „soll z.B. Aussagen darüber enthalten, ob die fachlichen Intentionen, die mit dem Einsatz der Software verfolgt werden, *erreichbar* bzw. in welcher *pädagogischen Umgebung* sie erreichbar sind und ob diese pädagogische Umgebung *fachdidaktisch sinnvoll* ist. Unter *strengen Maßstäben* müßte der Einsatz von Unterrichtssoftware gewährleisten, daß die zu vermittelnden fachlichen Ziele und Inhalte *besser erreichbar* werden als mit herkömmlichen Medien [oder] daß [sie] *überhaupt erst* [...] erreichbar werden ...“ (LSW (1991), S. 8, Hervorhebungen durch den Verfasser).

Auch die *mediendidaktische Bewertung* spielt eine besondere Rolle. Hier sollte u.a. die *Interaktivität* (für *entdeckendes Lernen wichtig*) und die *Einsatzbreite* der Software bewertet werden. Ein wesentliches Bewertungskriterium ist schließlich noch die *Erprobung in der Schulpraxis – nach* positiven Antworten bei den drei übrigen Kriterien.

11*

2.2 Ergebnisse

Der *weitaus größte Teil* der gegenwärtig für die Grundschule angebotenen Software ist zum *Üben* konzipiert. Vorherrschend sind hier „*mechanisierende Übungen*, die weit *hinter* dem zurückbleiben, was z.b. in der modernen Mathematikdidaktik unter „*produktivem Üben*" verstanden und so auch in den Richtlinien und im Lehrplan [in Nordrhein–Westfalen] gefordert wird" (Krauthausen (1990), S. 9; Hervorhebungen durch den Verfasser). Frappierende – negativ zu bewertende — Parallelen zum *Programmierten Unterricht der 60er Jahre* sind deutlich erkennbar (Krauthausen (1991b, S. 36; 1992, S. 3–8). Nach den an der Beratungsstelle für neue Technologien (BfNT) in Soest dokumentierten Erfahrungen ist festzustellen, „daß die Mehrzahl der derzeit verfügbaren Programme für die Grundschule den Grundintentionen der Richtlinien und Lehrplänen dieser Schulstufe in Nordrhein–Westfalen *nicht annähernd gerecht wird* ... [und] daß die Mehrzahl der bisher an der BfNT gesichteten deutschsprachigen Unterrichtssoftware *günstigstenfalls auf einem recht bescheidenen Niveau* anzusiedeln, *oft aber pädagogisch* und/oder *fachdidaktisch kaum vertretbar ist*" (LSW (1991), S. 38 und S. 43; Hervorhebungen durch den Verfasser).

Interessant in diesem Zusammenhang ist die dezidierte Beurteilung vorliegender Programme zum *Einmaleins*, zu den *vier Grundrechenarten* und zu den *schriftlichen Rechenverfahren*. Einmaleinsprogramme beispielsweise „begnügen sich mit einer Vorgehensweise, die kaum über die Qualitätsstandards eines *bloßen Abfragens und Memorierens* hinausreicht. Vorherrschend ist die *symbolische Ebene*, *Ikonisierungen* haben in erster Linie *illustrative Funktion* und dienen kaum der Unterstützung von wirklichen *Einsichts- und Bewußtmachungsprozessen*. Handlungsaufforderungen zur Auseinandersetzung mit *konkretem Material* fehlen und Übergänge zwischen den Repräsentationsebenen und Assoziationsmöglichkeiten mit unterschiedlichen Modellen (mathematische Variation) werden nicht genutzt. Wirkliche *Problemorientierung* findet *nicht* statt, *unterschiedliche Komplexitätsgrade* und *entdeckendes Lernen*, dem gerade im Übungsbereich große Bedeutung beigemessen wird, werden geflissentlich *ignoriert*". (Krauthausen/Herrmann (1990), S. 182; Hervorhebungen durch den Verfasser). „*Gleiches* gilt im Grunde [auch] für Programme zu den *vier Grundrechenarten* oder zu den *schriftlichen Rechenverfahren*" (LSW (1991), S. 44).

Als ein *positives Beispiel* zum Einüben des *Einmaleins* wird exemplarisch ein von Mathematikdidaktikern – in Zusammenarbeit mit professionellen Programmierern – am „Instituut voor Leerplanontwikkeling" im niederländischen Enschede entwickeltes Softwareprogramm genannt, bei dem *operatives Üben verschiedenen Komplexitätsgrades* beim Einmaleins geschickt mit der Zielsetzung seiner *Automatisierung* verbunden wird. Die *verschiedenen Wahlmöglichkeiten* des Computers zur *Erleichterung* der Aufgabenlösung – vier Modelle: Sprünge auf dem Zahlenstrahl, Streifen, Gitter, Mengen; Stellung von (leichteren) Aufgaben aus dem Umfeld der ursprünglichen Aufgabe – geben den Schülern die Möglichkeit, „ihrem *eigenen Denk– und Lernstil* zu folgen" (vgl. Klep/Gilissen (1986), S. 20, S. 17).

Sieht die Situation im *Ausland günstiger* aus? Besitzt man dort – zumindestens in einigen Ländern – einen *Vorsprung*? Können die dort entwickelten Programme *übernommen und adaptiert* werden? Eine sehr umfangreiche *Analyse* der Situation in *20 europäischen und außereuropäischen Ländern* (darunter in den USA, Frankreich, Großbritannien, Japan und den Ländern des ehemaligen Ostblocks) kommt zu dem *wenig positiven Ergebnis*: Die Überprüfung der *behaupteten Vorsprünge* des Auslandes „zeigt entweder eine *erhebliche Differenz* zwischen der von der Ausstattung her *möglichen* und der *tatsächlichen Nutzung* oder daß der Computer in den jeweiligen *Elementarschulen kaum eine Rolle* spielt. . . . Die Argumentation, daß der Computer im Primarbereich eingesetzt werden müßte, weil *hinreichende wissenschaftliche Beweise* dafür vorlägen, daß mit seiner Hilfe *relevante, erwünschte* und *sonst* (mit traditionellen Methoden) *nicht erzielbare Lernfortschritte* erreichbar seien, ist durch vorliegende empirische Forschungen *nicht* zu legitimieren." (Hermann (1989), S. 126 bzw. 143; Hervorhebungen durch den Verfasser).

2.3 Resümee

Nach den in 2.2 geschilderten gegenwärtigen Gegebenheiten ist *zur Zeit* ein Computereinsatz in den deutschen Grundschulen *wenig sinnvoll*. Entsprechend resümiert auch das Landesinstitut für Schule und Weiterbildung in Nordrhein–Westfalen (LSW (1991), S. 53): „Unter den *derzeit* gegebenen Voraussetzungen aber muß vor einem konkreten Einsatz des Computers in der Klasse – so er denn wirklich *verantwortlich* geschehen soll – gewarnt werden."

Zu Recht macht Krauthausen (1991a), S. 172; Hervorhebungen durch den Verfasser) in diesem Zusammenhang auf drei *wichtige Voraussetzungen* aufmerksam, die bei einem Computereinsatz erfüllt sein müssen:

- „*Grundschulspezifische Prinzipien* (z.B. der Vorrang personaler Bezüge und der unmittelbaren Wirklichkeitserfahrung) haben *Priorität* vor allem *technisch Machbaren*.
- Ein eventueller Computereinsatz muß sich an den *Zielen der Grundschule* und *des jeweiligen Faches* orientieren.
- Bewährte Unterrichts- und Erziehungskonzepte (z.B. *entdeckendes Lernen, Differenzierung*, produktives [*operatives*] *Üben*) sind auch in diesem Zusammenhang umzusetzen."

Dennoch sollten die für die Grundschule Verantwortlichen *nicht* einfach in diesem Zusammenhang die Hände in den Schoß legen. Die Auseinandersetzung der Lehrer mit den hier angesprochenen Fragestellungen könnte sich nach den Vorstellungen des nordrhein-westfälischen Landesinstitutes für Schule und Weiterbildung etwa am folgenden *5-Phasen-Modell* orientieren (Krauthausen (1990), S. 13 f und LSW (1991), S. 53):

Phase 1 *Allgemeine Einarbeitung* in den Bereich „*Computer und Grundschule*" (u. a. mittels der Schriftenreihe „Neue Medien an der Grundschule" des nordrhein-westfälischen Landesinstitutes)

Phase 2 Erwerb *eigener Programmerfahrungen* durch den Umgang mit dem Computer im Rahmen persönlicher Weiterbildung, um so für potentielle *Wirkungen* und *Nebenwirkungen* sensibilisiert zu werden.

Phase 3 *Sichtung* des Angebotes *relevanter Unterrichtssoftware* (u.a. mittels der Vorarbeiten und Ergebnisse des nordrhein-westfälischen Landesinstitutes oder anderer Bewertungsinstitutionen).

Phase 4 Eventueller Einsatz des Computers bei der *eigenen Unterrichtsvorbereitung* (z.B. Erstellung von Arbeitsblättern, Folien, Klassenarbeiten, Lernerfolgskontrollen).

Phase 5 Durchführung von *Lehrerarbeitsgemeinschaften, schulinternen Fortbildungen* oder *pädagogischen Konferenzen* zur pädagogisch und fachdidaktisch orientierten Reflexion und Diskussion des Problemkreises „Computer in der Grundschule" und zur weiteren Entwicklung einer *pädagogischen Urteilskompetenz.*

Erst *danach* könnte ein Computereinsatz im Unterricht in Angriff genommen werden, *sofern* wirklich geeignete Software zur Verfügung steht. *Zur Zeit* gilt jedoch (Krauthausen (1990), S. 13 f): Der *Computereinsatz mit Schülern* ist im Augenblick (in Nordrhein–Westfalen, aber auch in den anderen Ländern entsprechend einem bestehenden Beschluß der Bund–Länder–Kommission) *„nicht vorgesehen* und bedarf im Einzelfall laut gültigem Erlaß der *Genehmigung des Kultusministers".*

Gegenwärtig werden im Rahmen eines auf 3 Jahre angelegten *Modellversuchs für den Computereinsatz in der Grundschule* (COMPIG 1990–1993) vom nordrhein–westfälischen Landesinstitut in Soest *Bausteine für eine exemplarische Software* entwickelt und erprobt (LSW (1991), S. 52); denn aufgrund der aufgezeigten Defizite ist die Entwicklung guter Software – sofern eine Computerbenutzung in der Grundschule in Erwägung gezogen wird – äußerst wichtig. Genauer soll im Rahmen dieses Modellversuchs u.a. abgeklärt werden:

- „ob und wie mit Hilfe von Multimedia–Lernumgebungen selbstbestimmtes, entdeckendes, konstruierendes und einsichtiges Lernen sowie Lernen in Sinn– und Sachzusammenhängen verbessert werden kann (...),
- ob und wie mit Hilfe von Multimedia–Lernumgebungen sinnstiftendes, sachbezogenes und festigendes Üben verbessert werden kann und gelernte Verfahren, Sachverhalte und Verhaltensweisen besser transferiert werden können,
- wie die unterrichtliche Lernumgebung, in der die Multimedia–Lernumgebung als ein Medium eingesetzt wird, zu gestalten ist und
- wie sich in diesem Unterricht die Rollen von Schülerinnen und Schülern sowie von Lehrerinnen und Lehrer ändern" (Kurzbeschreibung COMPIG, Soest o.J., zitiert nach Krauthausen (1992, S. 20).

Neben diesem Modellversuch in Nordrhein–Westfalen laufen gegenwärtig nur noch zwei große Modellversuche in Niedersachsen und Rheinland–Pfalz (Krauthausen, 1992, S. 8).

Wir beenden dieses Kapitel mit Hinweisen auf *Serviceleistungen der Softwaredatenbank* der Beratungsstelle für Neue Technologien im nordrhein–westfälischen *Landesinstitut* in Soest (LSW (1991), S. 11):

– Bei der Angabe von Stichworten können kostenlos „*Kurzübersichten*" über die *dokumentierten Programme* angefordert werden (Bezugsquelle, Preis, Einsatzmöglichkeiten, Kurzbeschreibung) sowie über ihre *Bewertung*.

– *Vorhandene Programme* können im Landesinstitut auf *entsprechenden Rechnern* auch persönlich genauer angesehen werden.

Anhang

Diagnostische Tests zu den vier Grundrechenverfahren

Wir stellen hier die von uns in unseren empirischen Untersuchungen entwickelten und benutzten diagnostischen Tests zur *Subtraktion, Multiplikation* und *Division* systematisch zusammen. Ergänzend nennen wir zur *Addition* zwei von Gerster (1982, S. 206 f) entworfene diagnostische Tests.

Die *Abfolge der Aufgaben* stimmt mit der Abfolge auf den Testbögen überein. Im Original wurden die Testaufgaben allerdings zur Erleichterung der Rechnung auf *Karopapier* kopiert. Ferner befand sich bei jeder Aufgabe *reichlich Platz* zur Berechnung.

1. Addition

Additionstest A 1

1)	32 + 46	2)	423 + 73	3)	276 + 202	4)	905 + 64	5)	70 + 528
6)	54 + 27	7)	825 + 48	8)	663 + 245	9)	450 + 90	10)	26 + 409
11)	24 + 94	12)	384 + 95	13)	407 + 203	14)	704 + 8	15)	53 + 107
16)	488 + 277	17)	138 + 93	18)	485 + 315	19)	693 + 9	20)	24 + 876
21)	496 + 496	22)	756 + 97	23)	98 + 45	24)	98 + 7	25)	918 + 91

Additionstest A2

1)	507401	2)	26745	3)	98533
	+ 312480		+ 9608		+ 4907

4)	271000	5)	96442	6)	93658
	1200		5294		96697
	+ 1250		+ 98		+ 79609

7)	640000	8)	63399	9)	62
	43000		4899		5135
	100		55566		5147
	210		84524		8774
	+ 14626		+ 735		+ 886

2. Subtraktion

1)	746	2)	8067	3)	5738	4)	713	5)	3279
	− 532		− 4020		− 717		− 281		− 628

6)	7705	7)	5437	8)	3964	9)	5268	10)	5643
	− 462		− 2091		− 2554		− 4838		− 4295

11)	9638	12)	1503	13)	8973	14)	74254	15)	123781
	− 675		− 396		− 8085		− 4156		− 116762

16)	88555	17)	43362	18)	60107	19)	20010	20)	72184
	− 33999		− 42974		− 309		− 420		− 3978

21)	51365	22)	6352	23)	1000	24)	8345
	− 9385		− 6413		− 333		− 37642

3. Multiplikation

1) $712 \cdot 23$ 2) $620 \cdot 41$ 3) $531 \cdot 30$ 4) $282 \cdot 33$
5) $905 \cdot 86$ 6) $627 \cdot 302$ 7) $47 \cdot 93$ 8) $380 \cdot 179$
9) $281 \cdot 980$ 10) $275 \cdot 289$ 11) $1044 \cdot 86$ 12) $239 \cdot 400$

4. Division

Divisionstest (4. Klasse)

Nr.	Gruppe A	Gruppe B
1)	6396 : 3	8628 : 2
2)	16884 : 4	12996 : 3
3)	34884 : 4	17886 : 2
4)	9548 : 7	9996 : 7
5)	44405 : 6	59206 : 8
6)	8002 : 2	80004 : 4
7)	4035 : 5	6432 : 8
8)	27846 : 7	87868 : 9
9)	54420 : 6	45350 : 5
10)	62811 : 9	34111 : 7
11)	6030 : 3	9060 : 3
12)	54224 : 8	23334 : 6
13)	63049 : 7	63054 : 9
14)	7854 : 5	5722 : 4
15)	9408 : 9	6204 : 6
16)	5225 : 6	7658 : 9
17)	4786 : 8	5218 : 6
18)	12030 : 30	20080 : 40
19)	257555 : 40	247915 : 30
20)	84112 : 14	69112 : 16
21)	7600 : 31	9600 : 41
22)	190827 : 47	231389 : 46

Divisionstest (5. Klasse)

Nr.	Gruppe A	Gruppe B
1)	439299 : 19	615699 : 29
2)	9130 : 22	1740 : 12
3)	65960 : 18	74620 : 28
4)	245895 : 39	196412 : 39
5)	62424 : 12	93654 : 18
6)	2188698 : 31	1664889 : 41
7)	84602 : 70	84409 : 60
8)	90060 : 30	60040 : 20
9)	231246 : 33	231278 : 77
10)	109650 : 15	180250 : 25
11)	266789 : 36	274189 : 37
12)	800200 : 20	900300 : 30
13)	55004 : 44	67001 : 54
14)	1249600 : 53	1454100 : 43
15)	180090 : 36	170050 : 34
16)	2817180 : 47	2547450 : 37
17)	760210 : 84	607170 : 86
18)	810011 : 67	1200489 : 57

Verzeichnis der im Text genannten Literatur

1. Bücher / Beiträge aus Büchern

Aebli, H.: Psychologische Didaktik. Stuttgart [4]1970

Bauersfeld, H.: Subjektive Erfahrungsbereiche als Grundlage einer Interaktionstheorie des Mathematiklernens und -lehrens. In: Lernen und Lehren von Mathematik, Analysen zum Unterrichtshandeln II, Köln 1983, S. 1-56

Berge, M.: Didaktische Spiele für das jüngere Schulkind. Berlin 1980

Breidenbach, W.: Rechnen in der Volksschule, Hannover 1963

Brousseau, G.: Kann man die Methode zur Berechnung von Produkten natürlicher Zahlen verbessern. In: Schriftenreihe des Instituts für Didaktik der Mathematik (IDM), Universität Bielefeld, 2/1974, S. 87-114

Brownell, W.A./Moser, H.E.: Meaningful vs. mechanical learning: A study in grade III subtraction. Duke University Press, Durham 1949

Dienes, Z.P.: Moderne Mathematik in der Grundschule. Freiburg 1968

Feil, S.: Zur Behandlung der schriftlichen Rechenverfahren im Unterricht der Grundschule. In: Lauter, J. (Hrsg.): Der Mathematikunterricht in der Grundschule, Donauwörth, 1976, S. 103-148

Floer, J.: Große Zahlen und schriftliche Rechenverfahren. In: Arithmetik für Kinder. Arbeitskreis Grundschule e.V.. Frankfurt 1985, S. 101-130

Floer, J.: Kinder und Zahlen. Einige psychologische und didaktische Fragen. In: Arithmetik für Kinder. Arbeitskreis Grundschule e.V.. Frankfurt 1985, S. 17-29

Fricke, A.: Operative Lernprinzipien im Mathematikunterricht der Grundschule. In: Fricke, A./Besuden, H.: Mathematik. Elemente einer Didaktik und Methodik, Stuttgart 1970

Fuson, K.C./Richards, J./Briards, D.J.: The Acquisition and Elaboration of the Number Word Sequence. In: Brainerd, Ch.J. (Ed.): Children's Logical and Mathematical Cognition. Progress in Cognitive Development Research. New York 1982, S. 33-92

Gerster, H.-D.: Schülerfehler bei schriftlichen Rechenverfahren – Diagnose und Therapie. Freiburg 1982

Gerster, H.-D.: Lerndefizite als Folge von Lehrdefiziten? – Erfahrungen aus der Analyse von Schülerfehlern bei den schriftlichen Rechenverfahren. In: Lorenz, J.H. (Hrsg.): Lernschwierigkeiten: Forschung und Praxis. Köln 1984, S. 56-74

Gelman, R./Gallistel, C.R.: The child's understanding of number. Cambridge (Mass.) 1978

Griesel, H.: Die Neue Mathematik für Lehrer und Studenten. Band 1: Mengen, Zahlen, Relationen, Topologie. Hannover 1971

Hamrick, K.B./McKillip, W.D.: How Computational Skills Contribute to the Meaningful Learning of Arithmetic. In: Developing Computational Skills, 1978 NCTM Yearbook, Reston 1979, S. 1-12

Herscovics, N. u.a.: Counting procedures used by kindergarten children. In: Tenth international conference on psychology of mathematics education — PME 10, 1986, S. 43-48

Jeziorsky, W.: Die schriftliche Multiplikation. In: Rechenunterricht in der Grundschule, Braunschweig 1960, S. 141-150

Johnson, J.Th.: The relative merits of three methods of subtraction. New York 1938

Karaschewski, H.: Wesen und Weg des ganzheitlichen Rechenunterrichts. Teil II, Stuttgart 1970 (Teil I: Stuttgart 1966)

Krampe/Mittelmann: Schülergerechter Mathematikunterricht in den Klassen 1/2 – erprobte Entwürfe und Beispiele. Donauwörth 1983 (1983 a)

Krampe/Mittelmann/Kern: Rechenspiele für die Klassen 1/2 – Kopiervorlagen. Donauwörth 1983 (1983 b)

Krampe/Mittelmann: Schülergerechter Mathematikunterricht in der Klasse 3/4 – erprobte Entwürfe und Beispiele. Donauwörth 1983 (1983 c)

Krampe/Mittelmann: Rechenspiele für die Klassen 3/4 – Kopiervorlagen. Donauwörth 1983 (1983 d)

Krampe/Mittelmann: Rechenspiele für die Klasse 1 – Kopiervorlagen. Donauwörth 1984 (1984 a)

Krampe/Mittelmann: Rechenspiele für die Klasse 2 – Kopiervorlagen. Donauwörth 1984 (1984 b)

Krauthausen, G.: „... dem Affen Zucker geben" – Zur Geschichtslosigkeit der Mathematik – Software für die Primarstufe. Manuskript zu einem Werkstattbuch zum Computereinsatz in der Grundschule. Erscheint im: Landesinstitut für Schule und Weiterbildung (LWS), Soest 1992

Kruckenberg, A.: Handbuch für den Rechenunterricht der Volksschule. Halle/Saale 1935

Kühnel, J.: Neubau des Rechenunterrichts. Koller, E. (Hrsg.), Bad Heilbrunn [10]1959

Landesinstitut für Schule und Weiterbildung: Computer und Grundschule — Software. Neue Medien in der Grundschule 1991, Soest 1991

Lauter, J.: Methodik der Grundschulmathematik. Donauwörth 1979

Leifhelm, P.-H./Sorger, P.: Zur Einführung der schriftlichen Addition und Subtraktion – Schülerreaktionen auf eine methodische Variante. In: Bauersfeld, H. (Hrsg.): Fallstudien und Analysen zum Mathematikunterricht, Hannover 1978, S. 112-129

Leutenbauer, H.: Das praktische Übungsbuch für den Mathematikunterricht an Grundschulen. Donauwörth 1980

Lichtenberger, J./Mittrowann, U.: Rechenspiele – Themenbezogene Spielauswahl für den Primarbereich. Düsseldorf 1985

Maier, H.: Didaktik des Zahlbegriffs. Ein Arbeitsbuch zur Planung des mathematischen Erstunterrichts. Hannover 1990

Menninger, K.: Zahlwort und Ziffer. Göttingen [3]1979

Müller, G./Wittmann, E.: Der Mathematikunterricht in der Primarstufe. Braunschweig 1977

Oehl, W.: Der Rechenunterricht in der Grundschule. Hannover 1962

Padberg, F.: Elementare Zahlentheorie. Mannheim [2]1991

Padberg, F.: Didaktik der elementaren Zahlentheorie. Freiburg 1981

Piaget, J./Szeminska, A.: Die Entwicklung des Zahlbegriffs beim Kind. Stuttgart [3]1972

Radatz, H.: Fehleranalysen im Mathematikunterricht. Braunschweig 1980

Radatz, H./Schipper, W.: Handbuch für den Mathematikunterricht an Grundschulen. Hannover 1983

Räther, H.: Theorie und Praxis des Rechenunterrichts. Breslau 1909

Rathmell, E.C.: Using Thinking Strategies to Teach the Basic Facts. In: Suydam, M.N. (Hrsg.): Developing Computational Skills, 1978 Yearbook (NCTM), Reston 1979, S. 13-38

Röhrl, E.: Das Verfahren der schriftlichen Multiplikation. In: Epping, J. u.a. (Hrsg.): Praxis des Mathematikunterrichts I, Braunschweig 1978, S. 205-229

Schipper, W.: Untersuchungen zur Stellung der Topologie im geometrischen Anfangsunterricht. Bad Salzdetfurth 1981 (1981 b)

Schmidt, R.: Zahlenkenntnisse von Schulanfängern. Ergebnisse einer zu Beginn des Schuljahres 1981/82 durchgeführten Untersuchung. Hessisches Institut für Bildungsplanung und Schulentwicklung, Wiesbaden 1982 (1982 c)

Spiegel, H.: Vom Nutzen des Taschenrechners im Mathematikunterricht der Grundschule. In: Bender, P. (Hrsg.): Mathematikdidaktik: Theorie und Praxis. Festschrift für H. Winter. Bielefeld 1988, S. 177–189

Trauerstein, H.: Anregungen und Beispiele zur Gruppenarbeit im Mathematikunterricht. In: Klafki, W./Meyer, E./Weber, A. (Hrsg.): Gruppenarbeit im Grundschulunterricht. Paderborn und München 1981, S. 125-145

Vortmann, H./Schmid, H.: Die Übung im Mathematikunterricht der Grund- und Hauptschule. Ratingen 1975

Weimer, H.: Psychologie der Fehler. Leipzig 1925

Wittmann, E.Chr./Müller, G.N.: Handbuch produktiver Rechenübungen. Band 1. Vom Einspluseins zum Einmaleins. Stuttgart 1990

2. Zeitschriftenaufsätze

Für die häufiger zitierten Zeitschriften benutzen wir folgende *Abkürzungen*:

AT: Arithmetic Teacher

BL: Blätter für Lehrerfortbildung

ESM: Educational Studies in Mathematics

GS: Die Grundschule

JMD: Journal für Mathematik-Didaktik

JRME: Journal for Research in Mathematics Education

MD: mathematica didactica

ML: Mathematik lehren

MUP: Mathematische Unterrichtspraxis

PW: Paedagogische Welt

SMP (früher SMG): Sachunterricht und Mathematik in der Primarstufe (früher: Sachunterricht und Mathematik in der Grundschule)

US: Die Unterstufe

ZDM: Zentralblatt für Didaktik der Mathemetik

Die übrigen Zeitschriftenabkürzungen entsprechen den im ZDM benutzten Abkürzungen.

Anghileri, J.: An Investigation Of Young Children's Understanding Of Multiplication. In: ESM, Nov. 1989, S. 367–385

Baroody, A.J.: Children's Difficulties in Subtraction: Some Causes and Questions. In: JRME, 3/1984, S. 203-213 (1984 a)

Baroody, A.J.: Children's Difficulties in Subtraction: Some Causes and Cures. In: AT, Nov. 1984, S. 14-19 (1984 b)

Baroody, A.J.: Mastery of Basic Number Combinations: Internalization of Relationships or Facts? In: JRME, März 1985, S. 83–98

Baroody, A.J.: How and When Should Place–Value Concepts and Skills Be Taught? In: JRME, Juli 1990, S. 281–286

Barr, G.: The Operation of Division and the embedded Zero. In: Mathematics in School, Sept. 1983, S. 4-5

Bathelt, I./Post, S./Padberg, F.: Über typische Schülerfehler bei der schriftlichen Division natürlicher Zahlen. In: MU, 3/1986, S. 29-44

Bednarz, N./Janvier, B.: A Constructivist Approach To Numeration In Primary School: Results Of A Three Year Intervention With The Same Group Of Children. In: ESM, August 1988, S. 299–331

Bermejo, V./Lago, M.O.: Developmental Processes and Stages in the Acquisition of Cardinality. In: Int. Journ. of Behav. Develop., 2/1990, S. 231–250

Besuden, H.: Die Division mit Rest. In: GS, 2/1977, S. 82-85

Bidwell, J.K.: Using Grid Arrays to Teach Long Division. In: School Science and Mathematics, März 1987, S. 233–238

Blando, J.A. u.a.: Analyzing and Modeling Arithmetic Errors. In: JRME, 3/1989, S. 301–308

Blankenagel, J.: Schätzen, Überschlagen, Runden. Bestandsaufnahme, Reflexion von Bedeutung und Möglichkeiten.
Teil 1: SMP, 1983, S. 278-284,
Teil 2: SMP, 1983, S. 315-322

Borges, R.: Die KMK-Richtlinien zur schriftlichen Subtraktion. In: SMP, 5/1978, S. 235-236

Brenner, A.: Schwierigkeiten mit dem kleinen Einmaleins – Bericht über Erfahrungen mit Grundschülern zu Beginn des 3. Schuljahres. In: MUP, 3/1980, S. 11-14

Briars, D./Siegler, R.S.: A Featural Analysis of Preschoolers' Counting Knowledge. In: Dev. Psychol., 4/1984, S. 607–618

Brownell, W.A.: An Experiment on "Borrowing" in Third-Grade Arithmetic. In: Journal of Educational Research, Nov. 1947, S. 161-171

Burns, P.C. / Hughes, F.G.: Two Methods of Teaching Multidigit Multiplication. In: Elementary School Journal, 1975, S. 452-457

Carpenter, Th./Hieber, J./Moser, J.: Problem Structure and First-Grade Children's Initial Solution Processes for simple Addition and Subtraction Problems. In: JRME, 1/1981, S. 27-39

Carpenter, Th./Moser, J.: The Acquisition of Addition and Subtraction Concepts in Grades one through three. In: JRME, 3/1984, S. 179-202

Cebulski, L.A./Bucher, B.: Identification and Remediation of Children's Subtraction Errors: A Comparison of Practical Approaches. In: Journ. Sch. Psychol., Summer 1986, S. 163-180

Cobb, P.: An Analysis of three Models of Early Number Development. In: JRME, 3/1987, S. 163-179

Comiti, C./Bessot, A.: A study of children's strategies for the comparison of numerals. In: Learning Math., Feb. 1987, S. 39-47

Conne, F.: Comptage et écriture des égalités dans les premiéres classes d'enseignement primaire. In: Math. Ecole, April 1987, S. 2-12

Cook, C.J./Dossey, J.A.: Basic Fact Thinking Strategies for Multiplication – Revisited. In: JRME, 3/1982, S. 163-171

Dahlke, E.: Üben im Mathematikunterricht. In: SMG, 4/1976, S. 188-195 und 5/1976, S. 226-237

Daniel, H.: Üben und fördern bei der schriftlichen Division. Mögliche Hilfen zur Vermeidung von Nullfehlern. In: Die Grundschulzeitschrift, Mai 1989, S. 12-13

Dick, T.: The Continuing Calculator Controversy. In: AT, April 1988, S. 37-41

Eccarius, D.: Arithmetische Kartenspiele. In: SMP, 4/83, S. 130-134

Eccarius, D.: Dominospiele im Mathematikunterricht der Grundschule. In: SMP 1984, S. 181-186

Eccarius, D.: Arbeitsvorlagen Mathematik: Neue Kreuzzahlrätsel. In: SMP, Sept. 1985, S. 340-343

Eidt, H.: Mathe-Lehrpläne - kindgerecht? In: GS, 1981, S. 118-121

Eidt, H./Kleineberg, K.: Die überarbeiteten Mathematiklehrpläne der 80er Jahre. In: GS, 12/1989, S. 36-38

Evered, L.: How Does A Computer Subtract? In: AT, Dezember 1989, S. 55-57

Evers, Th.: Rechnen mit Neperschen Streifen. In: Lehrer Journal, 2/1986, S. 65-68

Feller, G.: Das Verhältnis von Form und Inhalt bei Aufgaben aus der Primarstufe. In: JMD, 2/3 1986, S. 155–182

Floer, J.: Mathias und Stefanie. Oder: Wie kann man aus Fehlern lernen? In: GS, 4/1987, S. 38–41

Floer, J.: Üben und Einsicht im Mathematikunterricht. Beispiele für Materialien zum operativen Rechnen. In: Die Grundschulzeitschrift, 17/1988, S. 14–21

Floer, J.: Malen nach Zahlen. Einige Vorschläge, wie man mehr als bunte Bilder daraus machen kann. In: SMP, 2/1988, S. 60–67

Floer, J.: Taschenrechner in der Grundschule? In: Die Grundschulzeitschrift, 31/ 1990, S. 26–28, S. 50–54

Fricke, A.: Operative Methode und das Zählen im mathematischen Anfangsunterricht. In: SMP, 5/1985, S. 190–192

Fuson, K.: More Complexities in Subtraction, In: JRME, 3/1984, S. 214-225

Fuson, K.C.: Teaching Children to Subtract by Counting up. In: JRME, 3/1986, S. 172–189

Gerster, H.-D.: Schwierigkeiten von Schülern mit der Schreibweise bei der schriftlichen Division. In: MUP, 3/1980, S. 1-10

Gerster, H.-D.: Die Null als Fehlerquelle bei den schriftlichen Rechenverfahren. In: GS, 12/1989, S. 26–29

Glumpler, E.: Irfan rechnet anders. Ein Vergleich der Algorithmen der schriftlichen Multiplikation und Division in türkischen und bundesdeutschen Mathematiklehrgängen. In: SMP, 8/1986, S. 304–312

Goldinger, B.: Die 4 Grundoperationen. In: Die Neue Schulpraxis, 5/1983, S. 29-39

Goor, L.: Eine neue Methode der schriftlichen Division. In: Ehrenwirth Grundschulmagazin, 4/1976, S. 9-12

Gottbrath, G.: Zum Problem der Inversion bei zweistelligen Zahlen. In: MUP, 2/1984, S. 1-9

Hammer, J.: Einführung in die Normalverfahren. In: PW, 10/1978, S. 602-612

Hefendehl-Hebeker, L.: Zur Behandlung der Zahl Null im Unterricht, insbesondere in der Primarstufe. In: MD, 4/1981, S. 239-252

Hefendehl-Hebeker, L.: Zur Einteilung des Teilens in Aufteilen und Verteilen. In: MUP, 4/1982, S. 37-39

Hefendehl-Hebeker, L.: Ein Bühnenstück zu einem mathematischen Märchen: Als die Null in das Zahlreich kam. In: MUP, 3/1985, S. 19–30

Hendrickson, D.A.: An Inventory of Mathematical Thinking done by incoming First-Grade Children. In: JRME, 1/1979, S. 7-23

Hennes, C./Schmidt, S./Weiser, W.: Effekte der Behandlung nichtdezimaler Stellenwertsysteme im Mathematikunterricht der Grundschule. Eine empirische Untersuchung. In: Didaktik der Mathematik, 4/1979, S. 318-328

Hermann, V.: Computer in der Grundschule: Anspruch und Wirklichkeit. In: Zeitschrift für Sozialisationsforschung und Erziehungssoziologie, 2/1989, S. 126–149

Hermann, V.: Einmaleins mit dem Computer? In: Schulpraxis/Computer Bildung, 4/1989, S. 20–24

Hole, V.: Drei Probleme der Mathematik beim Schulanfang. In: PW, Okt. 1984, S. 582–589

Homann, G.: Zum Algorithmus der Division mit Rest. In: SMG, 8/1975, S. 395-399

Homann, G.: Lernspiele im Mathematikunterricht. In: GS, 3/1984, S. 40-41

Kieran, C.: Concepts associated with the Equality Symbol. In: ESM, 3/1981, S. 317-326

Kießwetter, K.: Assoziatives Kopfrechnen – spielerisch erworben. In: ML, Juni 1990, S. 6–7

Klep, J./Gilissen, L.: Computerhilfe beim Erlernen des Einmaleins. In: ML, Heft 18, 1986, S. 17–20

Klöckner, J.: Schreibrichtungsinversion beim Schreiben zweistelliger Zahlen — eine Untersuchung über Ursachen und Abhilfen. In: MUP, 3/1990, S. 15–30

Klöpfer, D.: 1000:0=? . In: SMP, 1979, S. 363-366

Koblischke, B.: Fehler bei der schriftlichen Division. In: MUP, 3/1983, S. 21-32

Kothe, S.: Sicherung des Lernerfolgs durch Übung. In: GS, 3/1977, S. 120-128 und 5/1977, S. 210

Kothe, S.: Weiterhin Mathematikunterricht im 1. Schuljahr? In: GS, 4/1984, S. 38-41

Krampe, J.: Übungen zur Steigerung der Rechenfertigkeit im Bereich der 1x1-Sätze. In: MUP, 2/1983, S. 5-20

Krampe, J.: Ausmalen: Subtraktion mit Zehnerüberschreitung. In: MUP, 1/1985, S. 43-46 (1985 a)

Krampe, J.: Rechendomino. Eine motivierende Spielform mit Selbstkontrolle im Mathematikunterricht der Primarstufe – Teil 1. In: SMP, 2/1985, S. 56-60 (1985 b)

Krauthausen, G.: Computereinsatz in der Grundschule? Pädagogik und Fachdidaktik sind gefordert. Manuskript des Vortrags auf der 24. Bundestagung für Didaktik der Mathematik in Salzburg 1990 (Kurzfassung: Krauthausen (1991a))

Krauthausen, G.: Computereinsatz in der Grundschule? Pädagogik und Fachdidaktik sind gefordert. In: Beiträge zum Mathematikunterricht 1990, Bad Salzdetfurth 1991, S. 169–172 (1991a)

Krauthausen, G./Hermann, V.: Gedanken zum Computereinsatz in der Grundschule: Plädoyer für eine pädagogisch-didaktisch reflektierte Diskussion. In: SMP, 4/1990, S. 177–186

Krauthausen, G.: Software im Mathematikunterricht: Eine Betrachtung aus fachdidaktischer Sicht. In: Schulpraxis/Computer Bildung, 1991, S. 36–41 (1991b)

Kühnhold, K./Padberg, F.: Über typische Schülerfehler bei der schriftlichen Subtraktion natürlicher Zahlen. In: MU, 3/1986, S. 6-16

Lampert, M.: Teaching Multiplication. In: Journ. of Math. Behavior, Dez. 1986, S. 241–280

Lauter, J.: Gedanken zur Methodik der Behandlung der Multiplikation im 2. Schuljahr. In: MUP, 1/1986, S. 15–24

Lauterbach, R.: Auf der Suche nach Qualität: Pädagogische Software. In: Zeitschrift für Pädagogik, 5/1989, S. 699–710

Leutenbauer, H.: Rechenpyramiden. In: MUP, 1/1991, S. 18–24

Liddle, I./Wilkinson, J.E.: The Emergence Of Order And Class Aspects Of Number In Children: Some Findings From A Longitudinal Study. In: Brit. Journ. educ. Psychol., Juni 1987, S. 237–243

Lörcher, G.A.: Einmaleinskenntnisse bei Schülern der Sekundarstufe. In: Beiträge zum Mathematikunterricht 1985. Bad Salzdetfurth 1985, S. 191-194

Lörcher, G.A./Rümmele, H.: Mit Taschenrechnern rechnen, üben und spielen. In: GS, 6/1986, S. 36–39

Lorenz, G.: Zur Behandlung des schriftlichen Dividierens durch mehrstellige Divisoren. In: US, 2/3/1983, S. 48-51

Lorenz, J.H.: Zur Methodologie der Fehleranalyse in der mathematikdidaktischen Forschung — oder: Wieweit sind Rezeptionen der Fehleranalyse fehlerhaft? In: JMD, 3/1987, S. 205–228

Lorenz, J.H.: Zahlenraumprobleme bei Schülern. In: SMP, 4/1987, S. 171–177

Lorenz, J.H.: Zähler und Fingerrechner — was tun? In: Die Grundschulzeitschrift, Mai 1989, S. 8–9

324

Maier, H.: Didaktisch-methodische Überlegungen zum Thema Normalverfahren. In: BL, 2/1979, S. 58-63

Maier, H.: Zur Übung im Fach Mathematik. In: PW, 3/1986, S. 103-107

Matros, N.: Ordnungszahlen im 3./4. Schuljahr am Beispiel der Platznumerierung in IC-Zügen der DB. In: ML, Heft 30, 1988, S. 16-19

Mcdonald, T.H.: A General Concept Internalization Model Exemplified by the Long Division Algorithm. In: International Journal of Mathematical Education, Science and Technology, 8/1977, S. 157-188

McKillip, W.: Computational Skill in Division: Results and Implications from National Assessment. In: AT, 7/1981, S. 34-37

Meißner, H.: Projekt TIM 5/12 — Taschenrechner im Mathematikunterricht für 5- bis 12-jährige. In: ZDM, 4/1978, S. 221-229

Mosel-Göbel, D.: Algorithmusverständnis am Beispiel ausgewählter Verfahren der schriftlichen Subtraktion. Eine Fallstudienanalyse bei Grundschülern. In: SMP, 12/1988, S. 554-559

Müller, G.N.: Das kleine 1·1. In: Die Grundschulzeitschrift, 1/1990, S. 13-16

Müllmann, B./Wille, U.: Lösungsstrategien und Fehlerursachen bei der Addition und Subtraktion im Erstrechenunterricht. In: MD, 4/1981, S. 227-237

Ottmann, A.: Probleme im Mathematikunterricht bei Ausländerkindern in der Hauptschule und Hinweise zu deren Lösung. In: MUP, 1/1982, S. 31-42

Padberg, F.: Problembereiche bei den schriftlichen Rechenverfahren. Typische Schülerfehler — mögliche Ursachen — Gegenmaßnahmen. In: SMP, 6/1987, S. 267-277

Pellegrino, J.W./Goldmann, S.R.: Information Processing and Elementary Mathematics. In: Journ. Learn. Disabil., 1/1987, S. 23-32 u. S. 57

Picker, B.: Aspekte der Multiplikation. In: SMP, 6/1989, S. 268-274

Picker, B.: 25 Jahre Neue Mathematik in der Grundschule — Eine Bilanz. In: Beiträge zum Mathematikunterricht 1991. Bad Salzdetfurth 1991, S. 393-396

Plunkett, St.: Wieweit müssen Schüler heute noch die schriftlichen Rechenverfahren beherrschen? In: ML, Heft 21, 1987, S. 43-46

Powarzynski, R.: „Unsere Kinder können nicht mehr rechnen!" In: SMP, Okt. 1986, S. 374-377

Quintero, A.H.: Children's Conceptual Understanding of Situations Involving Multiplication. In: AT, Jan. 1986, S. 34-37

Radatz, H.: Zwei Fragen zum arithmetischen Anfangsunterricht. In: MD, 4/1981, S. 219-225

Radatz, H.: Zählen – eine oft vernachlässigte Tätigkeit. In: GS, 4/1982, S. 159-162

Radatz, H.: Was können sich Schüler unter Rechenoperationen vorstellen? In: MUP, 1/1990, S. 3–8

Regelein, S.: Wir lernen Ziffern schreiben mit Versen. In: Lehrer Journal, Grundschulmagazin, 9/1987, S. 17–18

Röhrl, E.: Normierte schriftliche Rechenverfahren. In: GS, 9/1977, S. 75-81

Ross, S.H.: Children's Acquisition of Place–Value Numeration Concepts: The Roles of Cognitive Development and Instruction. In: Focus Learn. Probl. Math., Winter 1990, S. 1–7

Schiestl, P.: Die Wolkenmännchen — Ein Praxisbericht zum mathematischen Anfangsunterricht. In: MUP, 2/1986, S. 1–8

Schipper, W.: Aspekte des arithmetischen Anfangsunterrichts. In: MD, 4/1981, S. 201-217 (1981 a)

Schipper, W.: Stoffauswahl und Stoffanordnung im mathematischen Anfangsunterricht. In JMD, 2/1982, S. 91-120

Schipper, W./Hülshoff, A.: Wie anschaulich sind Veranschaulichungshilfen? Zur Addition und Subtraktion im Zahlenraum bis 10. In: GS, 4/1984, S. 54-56

Schipper, W.: Kopfrechnen: Mathematik im Kopf. In: Die Grundschulzeitschrift, 1/1990, S. 22–25

Schmidt, R.: Aufteilen und Verteilen als Zugänge zur Division. In: BL 6/1973, S. 213-227

Schmidt, R.: Das Problem des Divisionsalgorithmus. In: GS, 1972, S. 37-44

Schmidt, R.: Ziffernkenntnis und Ziffernverstänndis der Schulanfänger. In: GS, 4/1982, S. 166-167 (1982 a)

Schmidt, R.: Die Zählfähigkeit der Schulanfänger. Ergebnisse einer Untersuchung. In: SMP, 10/1982, S. 371-376 (1982 b)

Schmidt, S./Weiser, W.: Zählen und Zahlverständnis von Schulanfängern: Zählen und der kardinale Aspekt natürlicher Zahlen. In: JMD, 3/4/1982, S. 227-263

Schmidt, S./Weiser, W.: Zum Maßzahlverständnis von Schulanfängern. In: JMD, 2/3 1986, S. 121-154

Schmidt, S.: Zur Bedeutung und Entwicklung der Zählkompetenz für die Zahlbegriffsentwicklung bei Vor- und Grundschulkindern. In: ZDM, 2/1983, S. 101-111

Schönwald, H.G.: Geometrische Überlegungen am Multiplikationsschema. In: SMP, 1/1986, S. 27–31

Schönwald, H.G.: Verschiedene Axiomensysteme zur Beschreibung römischer Zahlzeichen. In: SMP, 7/1987, S. 324–325

Schräder, W.: Zur Einführung in das Ergänzungsverfahren der schriftlichen Subtraktion. In: SMP, 1976, S. 88-91

Secada, W./Fuson, K./Hall, J.: The Transition from Counting-All to Counting-On in Addition. In: JRME, 1/1983, S. 47-57

Sherill, J.M.: Subtraction: Decomposition versus Equal Addends. In: AT, 1/1979, S. 16-17

Sieber, J.: Zur Behandlung des dekadischen Positionssystems in Klasse 4. In: US, 2/3/1978, S. 32-35

Sieber, J.: Die Entwicklung sicherer Rechenfertigkeiten in Verbindung mit der Entwicklung des Denkens der Schüler, dargestellt an der Multiplikation und Division. In: US, 1975, S. 47-58

Siegler, R.S./Shrager, J.: Strategy Choices in Addition and Subtraction: How Do Children Know What to Do? In: Origins of cognitive Skills, Mai 1983, S. 229–293

Simpson, P.A.: A Duplation Method of Long Division. In: The mathematics teacher, Nov. 1978, S. 646-647

Sophian, C.: Limitations on Preschool Children's Knowledge About Counting: Using Counting To Compare Two Sets: In: Dev. Psychol., 5/1988, S. 634–640

Sorger, P.: Die Schreibweise der schriftlichen Division mit Rest – ein vertracktes und ach so typisch deutsches Problem! In: GS, 4/1984, S. 50-51

Sorger, P.: 25 Jahre Bewegung im Mathematikunterricht der Grundschule, doch was hat sich wirklich bewegt? In: Beiträge zum Mathematikunterricht 1991. Bad Salzdetfurth 1991, S. 33–40

Sowder, J.T.: Mental Computation and Number Sense. In: AT, März 1990, S. 18–20

Spiegel, H.: Zur Situation des Mathematikunterrichts in der Primarstufe. In: SMP, 7/1983, S. 234-244

Spiegel, H.: Vom Numerieren und Rechnen mit Nummern — Brief an eine Lehrerin. In: SMP, 7/1989, S. 319–232

Starke, H.: Die Anwendung vermittelter Lösungsverfahren beim Addieren und Subtrahieren mit natürlichen Zahlen in Klasse 2. In: US, 1977, S. 128-132

Starke, H.: Zur Vermittlung von Verfahrenskenntnissen für das Addieren und Subtrahieren mit natürlichen Zahlen in Klasse 2. In: US, 1977, S. 96-101

Steffe, L.P.: Children's Algorithms As Schemes. In: ESM, Mai 1983, S. 109–125

Stiewe, S./Padberg, F.: Über typische Schülerfehler bei der schriftlichen Multiplikation natürlicher Zahlen. In: MU, 3/1986, S. 18-28

Streeffland, L./Treffers, A.: Produktiver Rechen- und Mathematikunterricht. In: JMD, 4/1990, S. 297–322

Studeny, G.: Didaktische Planung der ersten Zahlarbeit — heute. In: PW, 2/1990, S. 83–84

Sundar, V.K.: Thou Shalt Not Divide by Zero. In: AT, März 1990, S. 50–51

Swart, L.W.: Teaching the Division by Subtraction Process. In: AT, 1, 1972, S. 71-75

Ter Heege, H.: Von Situationen und Modellen über Strategien zum 1 × 1. In: ML, Nov. 1983, S. 10-15

Thornton, C.A./Smith, P.J.: Action Research: Strategies for Learning Subtraction Facts. In: AT, April 1988, S. 8–12

Thornton, C.A.: Solution Strategies: Subtraction Number Facts. In: ESM, Juni 1990, S. 241–263

Tirosh, D./Graeber, A.O.: Preservice Elementary Teachers' Explicit Beliefs About Multiplication And Division. In: ESM, Februar 1989, S. 79–96

Treffers, A.: Fortschreitende Schematisierung, ein natürlicher Weg zur schriftlichen Multiplikation und Division im 3. und 4. Schuljahr. In: ML, 1/November 1983, S. 16-20

Treffers, A.: Integrated Column Arithmetic According To Progressive Schematisation. In: ESM, Mai 1987, S. 125–145

Uhr, H.: Grundrechenarten in der Grundschule. In: PW, 2/1982, S. 71-81

Usnick, V./Engelhardt, J.M.: Basic Facts, Numeration Concepts and the Learning of the Standard Multidigit Addition Algorithm. In: Focus Learning Problems Math., Spring 1988, S. 1–14

Usnick, V.: Children's and Preservice Teachers' Choices of Difficult Basic Addition Facts. In: Focus Learning Problems Math., Spring 1988, S. 43–54

Vest, F.R.: A Catalog of Models for Multiplication and Division of Whole Numbers. In: ESM, 1971, S. 220-228

Viet, U.: Fallunterscheidungen bei Gruppen ähnlicher Aufgaben. In: MU, 2/1989, S. 37–44

Wagemann, E.B.: Kritische Anmerkungen zur Übung im Mathematikunterricht. In: Beiträge zum Mathematikunterricht 1985, Bad Salzdetfurth 1985, S. 346–350

328

Wagemann, E.B.: Über Übung im Mathematikunterricht. In: PW, 9/1990, S. 399–403

Weis, V.: Mechanisierung beim Lösen mathematischer Aufgaben und Möglichkeiten zu ihrer Vermeidung. In: Schule und Psychologie, 1970, S. 57-64

Wilimsky, H.: Einführung in das schriftliche Subtraktionsverfahren. In: Die Scholle, Nov. 1978, S. 842-849

Winter, H.: Zur Division mit Rest. In: MU, 4/1978, S. 38-65

Winter, H.: Das Gleichheitszeichen im Mathematikunterricht der Primarstufe. In: MD, 4/1982, S. 185-211

Winter, H.: Begriff und Bedeutung des Übens im Mathematikunterricht. In: ML, 2/1984, S. 4-16

Winter, H.: Nepersche Streifen — ein selbstgebauter und verständlicher Computer in der Grundschule. In: ML, 13/1985, S. 4–6

Wittmann, E.: Die Komplexität des Zahlbegriffs. Ihre Erfaßbarkeit in zwei Modellen der natürlichen Zahlen. In: GS, 4/1972, S. 106-111

Wittmann, E. Ch.: Die weitere Entwicklung des Mathematikunterrichts in der Grundschule — was muß sich bewegen? In: Beiträge zum Mathematikunterricht 1991. Bad Salzdetfurth 1991, S. 41–48

3. Schulbücher

Die im Text benutzten *Abkürzungen* bezeichnen folgende Schulbücher:

Griesel-Sprockhoff
   Welt der Mathematik
   Schroedel Schulbuchverlag, Hannover
   1. Schuljahr 1984
   2. Schuljahr 1985
   3. Schuljahr 1980
   ferner:
   1. Schuljahr 1978

Griesel-Sprockhoff

Mathematik für Kinder

Nordrhein-Westfalen

Schroedel Schulbuchverlag, Hannover

1. Schuljahr 1987
2. Schuljahr 1986
3. Schuljahr 1988

Leifhelm-Sorger

ABC der Zahl

Herder Verlag, Freiburg

4. Schuljahr 1982

Mathematik in der Grundschule

Nordrhein-Westfalen

Klett Verlag, Stuttgart

2. Schuljahr 1980

Mathemax

Mathematik für Grundschulkinder

in Nordrhein-Westfalen

Cornelsen-Velhagen und Klasing, Berlin

4. Schuljahr 1986

Neunzig-Sorger

Wir lernen Mathematik

Herder Verlag, Freiburg

2. Schuljahr 1974

Nußknacker

Unser Rechenbuch

Nordrhein-Westfalen

Ausgabe B

E. Klett Schulbuchverlag, Stuttgart

1. Schuljahr 1991
2. Schuljahr 1991

Oehl-Palzkill
Die Welt der Zahl
Neubearbeitung
Schroedel Schulbuchverlag, Hannover
1. Schuljahr 1982
2. Schuljahr 1984
3. Schuljahr 1985
4. Schuljahr 1985

Palzkill-Rinkens
Die Welt der Zahl
Nordrhein-Westfalen
Schroedel Schulbuchverlag, Hannover
3. Schuljahr 1991
4. Schuljahr 1991

Palzkill-Rinkens-Hänisch
Die Welt der Zahl
Nordrhein-Westfalen
Schroedel Schulbuchverlag, Hannover
1. Schuljahr 1992

Picker
Mathematik Grundschule Neu
Schwann Verlag, Düsseldorf
Band 3 1981
Band 4 1982

Schmidt, NRW
Denken und Rechnen
Nordrhein-Westfalen
Westermann Schulbuchverlag, Braunschweig
2. Schuljahr 1985

Schmidt
Mathematik
Denken und Rechnen
Westermann Verlag, Braunschweig
3. Schuljahr 1976

Index